21世纪高等院校计算机基础教育课程体系规划教材

博学·大学公共课系列

大学计算机基础与应用实践教程 （第二版）

主　编　刘　琴　李东方　胡　光

副主编　陈海燕　郑　奋　卫　玉

编写人员（按姓氏笔画排序）

卫　玉　王永全　王学光

王　弈　刘　琴　李东方

冯桂尔　宋云娟　陈海燕

陈德强　金惠芳　胡　光

胡耀芳　郑　奋　单美静

赵祖荫　徐玉麟　钱正德

唐　玲　焦　娜　程　燕

复旦大學出版社

内 容 提 要

本书以上海市高等院校学生计算机应用能力的水平为依据，参照教育部计算机教学指导委员会《高等院校计算机教学基本要求（2010版）》和上海市教育委员会《上海市高校学生计算机等级考试（一级大纲2011修订版）》的精神，结合2011、2012、2013年的考试实际情况，在作者总结多年教学经验的基础上，以案例组织教学的思路编写了这本教材。

全书提供了操作系统（Windows 7）、办公软件（Office 2010）、声音和视频（GoldWave 和Windows Live）、动画制作(Flash CS4)、图片处理(PhotoShop CS4)、网页制作(DreamWeaver CS4)、网络基础和检索工具、数据库应用(Access 2010)共24个案例及3套试卷，在编写上改变了传统的教材编写思路，从项目的概念出发，并由案例分析、案例实现引出相关的知识点，形成了面向应用、面向技能实践的特色。

本书适合作为高等院校计算机基础课教学的教材，也可作为信息技术基础的培训和自学教材。

自从第一台电子计算机诞生到现在,仅仅 60 多年的时间,计算机技术的发展已达到了相当高的程度,并形成了以计算机技术和网络技术为龙头的 IT 产业。计算机和网络对社会的影响越来越大,它彻底改变了人们的工作、学习和生活方式,成为人类探索自然、组织生产、策划贸易和金融业的必不可少的工具。网上购物、网上书店、网上学校、网上银行等如雨后春笋般涌现出来,特别是电子政务、电子政府已成为政府决策、社会保障、社区服务的重要手段。对信息的管理方法和技术是衡量一个国家社会发展和经济实力的重要标志。正如尼葛洛庞帝所言:"计算机不再只和计算有关,它决定着我们的生存。"掌握现代信息技术的知识和应用的能力是当代大学生必需具备的文化素养。

为了提高高等院校学生计算机应用能力的水平,并尽快适应社会发展的需要,按照教育部计算机教学指导委员会《高等院校计算机教学基本要求(2010 版)》和上海市教育委员会《上海市高校学生计算机等级考试(一级)大纲(2011 修订版)》,结合近 3 年的考试实际情况,我们总结了多年的教学经验,以案例组织教学的思路编写了这本教材。

根据实践教学内容的安排并结合常用的软件平台,安排了操作系统(Windows 7)、办公软件(Office 2010)、声音和视频(GoldWave 和 Windows Live)、动画制作(Flash CS4)、图片处理(Photoshop CS4)、网页制作(DreamWeaver CS4)、网络基础和检索工具、数据库应用(Access 2010)等实验内容,全书共提供了 24 个案例及 3 套模拟试题。

本教材的编者均是计算机基础教育第一线的教师,他们结合多年的教学经验,改变了传统的教材编写思路,从项目的概念出发并由案例分析、案例实现引出相关的知识点,形成了这套面向应用技能实践的教材。全书的 24 个案例分布在 10 个项目中,每个案例都提供了详细的操作提示。

本教材由华东政法大学信息科学与技术系、第二军医大学基础部、上海外国语大学教育技术中心联合编写,由刘琴、李东方、胡光任主编,陈海燕、郑奋、卫玉任副主编。案例 1 由王永全编写、案例 2 由焦娜编写,案例 3 由唐玲编写,案例 4 由胡光、宋云娟编写,案例 5、案例 6 由胡耀芳编写,案例 7、案例 8 由金惠芳编写,案例 9、案例 10 由徐玉麟编写,案例 11、案例 12 由王学光编写,案例 13 由单美静编写,案例 14 由陈德强编写,案例 15 由李东方编写,案例 16 由陈海燕编写,案例 17 由王弈编写,案例 18 由刘琴编写,案例 19、案例 20 由赵祖荫编写,案例 21 由郑奋编写,案例 22 由胡光、卫玉、冯桂尔编写,案例 23 由程燕编写,案例 24 由卫玉、钱正德编写。

本书可作为高等院校计算机基础课教学的教材。也可作为信息技术基础的培训和自学教材。限于编者的水平,书中难免有不妥或错误之处,请读者批评指正。

作者
2014 年 6 月

项目一　Windows 7

目的与要求

1. 掌握 Windows 7 的桌面及其操作
2. 掌握文件、文件夹的管理及其操作
3. 掌握 Windows 7 的打印管理、控制面板及其操作
4. 掌握 Windows 7 的其他附件及其操作
5. 掌握 Windows 7 的系统管理及其操作

案例1　Windows 7 的基本操作与桌面管理

 案例说明与分析

本案例主要包括 Windows7 的帮助系统的使用、应用程序的启动与退出以及计算器和画图工具的使用等。

本案例属于 Windows 7 的基本操作及桌面管理等范畴，各操作方面相对具有独立性，可以单独进行。在对 Windows 7 登录与退出、鼠标、键盘、窗口、菜单等操作较为熟悉的基础上着重介绍桌面属性设置和管理、任务栏和开始菜单属性设置与管理以及开始菜单中的级联菜单创建、快捷方式的创建、Windows 7 的帮助系统使用等操作。

 案例要求

启动机器并选择登录用户名登录到该用户所对应的 Windows 7 桌面。

1. 桌面属性的设置：主题、桌面背景、窗口颜色、声音和屏幕保护程序。
2. 任务栏、开始菜单或工具栏属性的设置。
3. 在桌面上创建名为"计算器"的快捷方式（快捷方式所对应的应用程序名称为 C:\windows\system32 下的"calc. exe"）。
4. 在 C 盘根文件夹的 abc 子文件夹中创建名为"记事本"的快捷方式（快捷方式所对应的应用程序名称为 C:\windows\system32 下的"notepad. exe"）。
5. 在"开始"菜单的"所有程序"子菜单下创建名称为"实验"的级联子菜单，并在该级联子菜单"实验"中创建名称为"画图 1"的快捷方式（快捷方式所对应的应用程序名称为 C:\windows\system32 下的"mspaint. exe"）。
6. 使用 Windows 7 帮助系统，搜索有关"安装打印机"主题帮助信息，并将该信息窗口界面以文件名 dyj. Rtf 保存到 C:\abc 文件夹中（写字板文件【开始】|【所有程序】|【附件】|【写字板】）。
7. 利用计算器将二进制数 100110101B 转换成十进制数，将十六进制数 AB8CFH 转换成十进制数，将十进制数 53671 转换成二进制数，将十六进制数 5EDCH 转换成二进制数，将十

进制数 871234 转换成十六进制数。

8. 打开"计算器"和"记事本"两个窗口,然后将整个桌面上的图像画面利用"画图"程序在水平和垂直方向各缩小 50％,同时水平方向扭曲 45 度,完成后以 256 色的位图格式并以文件名"xxht. bmp"保存到 C:\abc 文件夹中。

操作步骤

第 1 题:右单击桌面空白处,打开桌面快捷菜单,选择【个性化】命令,打开【个性化】对话框,如图 1-1-1 所示,在该对话框中可分别通过【我的主题】、【桌面背景】、【窗口颜色】、【声音】和【屏幕保护程序】选项卡根据需要对桌面显示属性进行相关设置。

图 1-1-1 桌面【个性化】对话框

第 2 题:右单击任务栏空白处,打开任务栏快捷菜单,选择【属性】命令,打开【任务栏和「开始」菜单属性】对话框,如图 1-1-2 所示,在该对话框中可分别通过【任务栏】、【「开始」菜单】和【工具栏】选项卡根据需要对任务栏、开始菜单和工具栏属性进行相关设置。

第 3 题:右单击桌面空白处,打开桌面的快捷菜单,选择【新建】|【快捷方式】命令,打开【创建快捷方式】对话框窗口,并按照【创建快捷方式】对话框中的各项进行设置,如图 1-1-3 所示。

说明:单击【浏览…】按钮,打开【浏览文件夹】对话框,在该对话框中根据所对应的应用程序位置和名称,如 C:\windows\system32\calc. exe 找到并选择"calc. exe",单击【确定】按钮,随后自动返回到【创建快捷方式】对话框窗口,最后单击【完成】按钮。此时桌面上出现了名为"计算器"的快捷方式图标。

注意:快捷方式可以直接创建在桌面上,也可以创建在某磁盘的根文件夹或子文件夹下,还可以创建在开始菜单中(或【开始】中的某级联子菜单中。

图 1-1-2　【任务栏和「开始」菜单属性】对话框

图 1-1-3　【创建快捷方式】对话框

第 4 题：单击【开始】按钮，选择【计算机】命令，打开窗口，双击或选择 C 盘，进入 C 盘根文件夹，双击名为"abc"的子文件夹进入该文件夹窗口。单击【文件】|【新建】|【快捷方式】命令，打开【创建快捷方式】对话框窗口，在"请输入项目的位置："输入框中直接输入："C:\windows\system32\notepad.exe"（或单击该输入框右侧的【浏览…】按钮，在打开【浏览文件夹】对话框，选择"C:\windows\system32\"位置，找到并选择"notepad.exe"，单击【确定】按钮，自动返回到【创建快捷方式】对话框窗口。单击【下一步】按钮，出现【选择程序标题】对话框窗口，在"输入该快捷方式的名称："输入框中输入"记事本"（如果没有指定所建的具体快捷方式的名称，可以自定名称或由系统默认名称），单击【完成】按钮。此时在"C:\abc"下出现了名为"记事本"的快捷方式图标。

第5题:单击【开始】菜单,选择【所有程序】,右键选择快捷菜单的【打开】命令,打开「开始」菜单窗口,双击【程序】图标进入【程序】窗口。选择【文件】||【新建】||【文件夹】命令,此时出现名为"新建文件夹"的图标,将名为"新建文件夹"的名称改为"实验"。双击【实验】图标进入【实验】窗口,选择【文件】||【新建】||【快捷方式】命令,打开【创建快捷方式】对话框,在"请输入项目的位置:"输入框中直接输入快捷方式对应的应用程序位置及名称"C:\windows\system32\mspaint.exe"或单击该输入框右侧的【浏览…】按钮,打开【浏览文件夹】对话框,在该对话框中寻找位置"C:\windows\system32\"并选择"mspaint.exe"后,单击【确定】按钮,随后自动返回到【创建快捷方式】对话框窗口,单击【下一步】按钮,在"输入该快捷方式的名称:"输入框中输入"画图1",单击【完成】按钮。

说明:通过选择【开始】||【所有程序】,可以看到在【所有程序】级联菜单下已经存在【实验】级联子菜单,并在【实验】级联子菜单中存在了【画图1】子菜单。

第6题:单击【开始】||【帮助和支持】命令,打开 Windows7 的【Windows 帮助和支持】对话框。在"搜索帮助"输入框中输入"打印机",然后单击【搜索帮助】按钮,则出现【已找到的主题】对话框,选择名为"安装打印机"的主题,单击【安装打印机】按钮,则"安装打印机"主题的帮助内容显示在下面的窗口中,按〈Alt〉+〈PrintScreen〉键,将此时的活动窗口复制到剪贴板,单击【开始】||【所有程序】||【附件】||【写字板】,打开【写字板】程序窗口,选择【主页】标签的【粘贴】命令,选择 标签的【另存】||【RTF 文本文档】命令,打开【保存为】对话框,在"保存在:"下拉列表框中找到并选择文件保存所在的子文件夹 C:\abc,在"文件名:"输入框中输入文件主名"dyj",在"保存类型:"下拉列表框中选择"RTF 文档(RTF)(*.rtf)",单击【保存】按钮,完成操作。

第7题:单击【开始】||【所有程序】||【附件】||【计算器】,打开【计算器】程序窗口,选择【查看】||【程序员】命令,则【计算器】窗口成为"程序员"的【计算器】窗口,如图 1-1-4 所示,选择【二进制】单选框,在窗口中的输入框中依次输入"100110101"(最尾的符号"B"表示的是该数是二进制数,此处不用输入),然后单击【十进制】单选框,数字 309 是上述输入的二进制数转换而来的十进制数。类似上述的操作可完成十六进制数 AB8CFH 转换成十进制数、十进制数 53671 转换成二进制数、十六进制数 5EDCH 转换成二进制数、十进制数 871234 转换成十六进制数的操作。

图 1-1-4 程序员型的【计算器】程序窗口

注意:构成二进制数的基本数字只有两个,即 0 和 1,最尾用大写英文字母 B 来标记。类推,构成八进制数的基本数字有 8 个,即 0、1、2、3、4、5、6、7,最尾用大写英文字母 O 来标记;构成十六进制数的基本数字有 16 个,即 0、1、2、3、4、5、6、7、8、9、A、B、C、D、E、F,最尾用大写英文字母 H 来标记。

第8题:分别打开【计算器】和【记事本】窗口,按〈PrintScreen〉键,将整个桌面复制到剪贴板,打开【画图】窗口,选择【编辑】||【粘贴】命令,此时,整个桌面画面被粘贴到【画图】程序窗口中,选择【主页】||【重新调整大小】命令,打开【调整大小和扭曲】对话框,在对话框"重新调整大

小"栏目中的"水平"和"垂直"输入框内分别输入"50",在"倾斜(角度)"栏目中的"水平"输入框中输入"45",单击【确定】按钮。选择【画图】|【另存为…】命令,打开【保存为】对话框,在"保存在:"下拉列表框中找到并选择文件保存所在的子文件夹 C:\abc,在"文件名:"输入框中输入文件主名"xxht",在"保存类型:"下拉列表框中选择"256 色位图（＊.bmp；＊.dib)",单击【保存】按钮,完成操作。

注意:在"保存类型:"中可选择如"单色位图(＊.bmp；＊.dib)"、"16 色位图(＊.bmp；＊.dib)"、"256 色位图(＊.bmp；＊.dib)"、"24 位位图(＊.bmp；＊.dib)"进行保存。

技能与要点

1.1　窗口及其操作

1. 窗口的组成部分

Windows 7 中,应用程序窗口和文档窗口其结构基本一致,它们都具有边框、标题栏、控制菜单图标、窗口角、滚动条、状态栏等部分。此外,应用程序窗口还有菜单栏、工具栏等。

2. 窗口的基本操作

应用程序窗口的基本操作:最小化窗口、最大化窗口、还原窗口、关闭窗口、放大或缩小窗口、移动窗口、窗口间的切换。

使用快捷键〈Alt〉+〈F4〉,可以关闭当前的活动窗口,关闭应用程序窗口将终止应用程序的运行,而最小化窗口只是将应用程序的窗口缩为任务栏上的图标按钮,并不会终止应用程序的运行,并且相同类型的文件最小化到任务栏的一个图标当中,在鼠标放在任务栏的图标上时会出现缩略图。当打开了多个窗口时,只有一个窗口处于屏幕的最前面覆盖在其他窗口之上,该窗口标题栏的颜色(颜色或透明度稍深)不同于其他各个窗口标题栏的颜色,称此窗口为当前窗口(或活动窗口),其他应用程序窗口的标题栏颜色或透明度稍浅,都是后台程序。将某一后台程序变成前台程序,称为窗口间的切换。

在窗口间进行切换的方法一般有如下三种。

方法一:单击桌面任务栏上的图标或图标上的缩略图。

方法二:单击桌面上要变为当前(活动)窗口的那个非活动窗口的可见区域。

方法三:使用快捷键〈Alt〉+〈Esc〉或〈Alt〉+〈Tab〉进行切换。

在桌面上排列窗口:由于 Windows 7 可以同时运行多个程序或任务,桌面上经常会同时有几个窗口处于打开状态,Windows 7 提供了层叠和平铺(横向平铺与纵向平铺)两种方式排列桌面上的窗口。

右单击桌面上任务栏的空白区域,打开快捷菜单,选择【层叠窗口】或【横向平铺窗口】或【纵向平铺窗口】命令(此时所选相应命令名前有勾号"√"出现),就可以对窗口进行对应的排列。

3. 对话框的基本操作

对话框是系统与用户之间进行交互的界面,它一般由标题栏、选项卡(标签)、列表框、文本框(下拉列表框)、按钮(命令按钮、单选或复选按钮、滑动按钮、数字增减按钮)等若干部分组成。对话框形式多样,大小相对固定。如图 1－1－5 为某应用程序中【选项】对话框的示例。

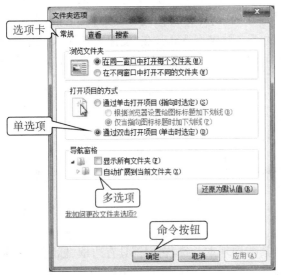

图 1-1-5 对话框示例

对话框的操作有移动、关闭、选项卡的选择等操作。

1.2 菜单及其操作

Windows 7 中,对菜单的操作比较简单,通过鼠标可以方便地实现相关操作。当然,通过键盘也可以实现相关操作。

① 打开菜单和选择菜单命令:单击菜单栏上的菜单名,即可打开该菜单成为下拉菜单列表,进一步用鼠标在下拉菜单列表中单击可选择相关菜单命令进行操作。

② 打开快捷菜单:用鼠标右单击所选定的对象,即可打开该对象的快捷菜单。右击的对象不同,所得到的快捷菜单中的命令项也不尽相同。

③ 打开窗口控制菜单:鼠标单击该窗口左上角的控制菜单图标或按〈Alt〉+〈Space(空格)〉即可打开当前(活动)窗口的控制菜单。

④ 打开【开始】菜单:鼠标单击桌面任务栏上的【开始】菜单或按〈Ctrl〉+〈Esc〉键即可。

⑤ 撤销菜单:菜单打开后,如果不想执行其中的菜单命令,可以在菜单外任意位置处单击,或者按 Esc 键,即可撤销已打开的菜单。

1.3 Windows 7 的桌面及其操作

启动 Windows 7(或登录)进入系统后,展现在用户面前的是 Windows 7 的桌面。桌面上一般有任务栏、图标及(桌面)空白区域等。

1.【开始】菜单及其操作

【开始】菜单位于桌面底部任务栏的左侧,【开始】菜单有"简洁型"和"经典型"两种风格。

(1) 打开【开始】菜单

打开【开始】菜单至少有三种方法:用鼠标单击屏幕左下角的【开始】菜单、按快捷键〈Ctrl〉+〈Esc〉或按键盘上的标有 Windows 图标标记的按键。在【开始】菜单中,左侧是附加的程序、最近打开的文档、打开程序的跳跃菜单和搜索框,右侧是自定义菜单项。如图 1-1-6 为【开始】菜单的示例。

(2)【开始】菜单的自定义

①附加的程序　　④搜索框
②最近打开的文档　⑤最近附加的程序
③打开程序的跳跃菜单　⑥自定义菜单项

图 1-1-6 【开始】菜单示例

　　方法一:选择【开始】|【控制面板】|【任务栏和「开始」菜单】,打开【任务栏和「开始」菜单属性】对话框,选择「开始」菜单选项卡(或标签),单击【自定义】,可以对自定义链接、图标和菜单在【开始】菜单中的外观和行为进行自定义,也可以对电源按钮操作及隐私进行自定义。

　　方法二:右击任务栏空白区域,打开任务栏的快捷菜单,选择【属性】命令,弹出【任务栏和「开始」菜单属性】对话框,余下的操作与方法一中相同。

　　2. 任务栏及其有关操作

　　Windows 7的任务栏默认位于桌面屏幕的底部,当然任务栏也可以用鼠标拖曳到桌面屏幕的其他适当位置。

　　(1) 移动任务栏

　　方法一:右键单击任务栏上的空白空间。如果其旁边的"锁定任务栏"有复选标记,请单击它以删除复选标记。

　　方法二:单击任务栏上的空白空间,然后按下鼠标按钮,并拖动任务栏到桌面的四个边缘之一。当任务栏出现在所需的位置时,释放鼠标按钮。

　　(2) 隐藏任务栏与合并、隐藏标签:右击任务栏空白区域,打开任务栏的快捷菜单,选择【属性】命令,随后打开【任务栏和「开始」菜单属性】对话框,选择【任务栏】标签,再选择该标签中的【自动隐藏任务栏】复选框,单击【确定】按钮,可以隐藏任务栏。在【任务栏】标签,选任务栏按钮中的【始终合并、隐藏标签】选项,可以合并、隐藏标签。

　　3. 快捷方式

　　(1) 快捷方式及其图标

　　快捷方式是指将应用程序映射到一个图标上,这个图标建立后一般放置在桌面上、某文件夹内或【开始】菜单上,可以双击桌面上所建立的快捷方式图标打开对应的应用程序窗口。

　　快捷方式的图标有两类:系统图标和用户定义图标(左下角有一个右向上的小箭头)。删除快捷方式的图标仅表示删除快捷方式本身,而与其对应的应用程序或文档文件并没有被删除。

　　(2) 创建快捷方式

　　创建快捷方式时必须明确对哪一个对象(主要指应用程序、文档或文件夹等),以及所创建的快捷方式所放置的位置。一般地讲,快捷方式根据用户需要,可以放置在桌面上、某文件夹内或者开始菜单中。

　　① 在桌面上创建快捷方式

● 右单击桌面空白区域打开桌面快捷菜单,选择【新建】|【快捷方式】命令,打开【创建快捷方式】对话框,单击【浏览…】按钮进一步打开【浏览文件夹】对话框,在对话框中选择相应文件夹或子文件夹,选中应用程序名或文档名,单击【确定】按钮。

● 在【创建快捷方式】对话框中单击【下一步】按钮,进入【选择程序标题】对话框,在文本输入框内输入快捷方式的名称(可默认,也可自行定义别的名称),然后单击【完成】按钮即可。

　　② 在文件夹内创建快捷方式

　　方法一操作步骤:

● 双击桌面上【计算机】图标打开【计算机】窗口,选择存放快捷方式的文件夹(或子文件夹)。

- 右单击该文件夹中的空白区域打开快捷菜单，选择【新建】|【快捷方式】命令，打开【创建快捷方式】对话框，余下的操作完全与在桌面上创建快捷方式的相应过程相同。

方法二操作步骤：

- 双击桌面上【计算机】图标打开【计算机】窗口，选择存放创建快捷方式的文件夹（或子文件夹）。
- 选择【文件】|【新建】|【快捷方式】命令，打开【创建快捷方式】命令，使用上述方法在文件夹中创建快捷方式。

③ 在【开始】菜单的某级联菜单里创建快捷方式

操作步骤：

- 单击【开始】菜单，选择所有程序，选中需要创建快捷方式的文件夹，右键单击该文件夹，在打开快捷菜单中选择【打开】命令，打开所选择文件夹的窗口。
- 选择【文件】|【新建】|【快捷方式】命令，打开【创建快捷方式】命令，使用上述方法在文件夹中创建快捷方式。

（3）快捷方式的重命名、改变属性和删除

快捷方式（桌面上、文件夹中或【开始】菜单的某级联菜单里的快捷方式）均可以改变名称、属性和删除。

- 改变快捷方式的名称：右击某一快捷方式图标，打开快捷菜单，选择【重命名】命令，然后输入新的名称。
- 改变快捷方式的属性：右击某一快捷方式图标，打开相应的快捷菜单，选择【属性】命令，然后在对话框中通过其中的【常规】和【快捷方式】等标签可以对快捷方式的属性、图标、运行方式及快捷键等进行修改。

- 删除快捷方式：右击要删除的快捷方式图标，打开快捷菜单，选择【删除】命令，或者选中要删除的快捷方式图标，直接按 Delete 键，也可以直接将要删除的快捷方式拖曳到回收站。

1.4 练习题

1. 在桌面上创建名为"画图"的快捷方式（该快捷方式对应的应用程序位置及名称为 C:\windows\system32\mspaint.exe）。

2. 在 C 盘根文件夹中创建名为"计算器"的快捷方式（该快捷方式对应的应用程序位置及名称为 C:\windows\system32\calc.exe），完成后把该快捷方式拖曳到桌面上。

3. 利用计算器计算 789×2345 和 $233 \times \sqrt{564}$。利用计算器将二进制数 1011110101B 转换成十进制数、将十六进制数 DE8CFH 转换成十进制数、将十进制数 72235 转换成二进制数、将十六进制数 5EA4H 转换成二进制数、将十进制数 32761 转换成十六进制数。

操作提示

第 1 题：右单击桌面空白处，打开桌面的快捷菜单，选择【新建】|【快捷方式】命令，打开【创建快捷方式】对话框窗口，完全类似地按照前述案例 1 中案例实现部分第 3 题操作方法依次完成各项操作即可（注意对应的应用程序 C:\windows\system32\mspaint.exe）。

第 2 题：单击【开始】按钮，选择【计算机】，打开窗口，双击或选择 C 盘，进入 C 盘根文件夹窗口。单击【文件】|【新建】|【快捷方式】命令，打开【创建快捷方式】对话框窗口，在"请输入项

目的位置:"输入框中直接输入:C:\windows\system32\calc.exe"或单击该输入框右侧的【浏览…】按钮,在打开【浏览文件夹】对话框,选择"C:\windows\system32\"位置,找到并选择calc.exe,单击【确定】按钮,自动返回到【创建快捷方式】对话框窗口。单击【下一步】按钮,出现【选择程序标题】对话框窗口,在"输入该快捷方式的名称:"输入框中输入"计算器",单击【完成】按钮。此时在"C:\"下出现了名为"计算器"的快捷方式图标,拖曳该图标到桌面的空白处即可把快捷方式移动到桌面上放置。

第3题:限于篇幅,请读者自行按照前述案例1案例实现部分第7题操作方法完成本题。

案例2　Windows 7 的文件管理和系统管理

案例说明与分析

本案例主要包括 Windows 7 的文件和文件夹的搜索、创建、重命名、属性设置、复制、移动、删除、多窗口之间的文件内容的传递、打印机的安装、文件打印及打印管理等文件管理和系统管理方面的相关操作。

本案例属于 Windows 7 的文件管理及系统管理范畴,各操作方面相对具有独立性,可以单独进行。主要在计算机和控制面板中进行有关操作。

案例要求

1. 设置文件夹的显示方式、文件的隐藏或显示、文件扩展名的隐藏或显示。

2. 搜索 C:\文件夹及其子文件夹中的字节数最多为 1KB、文件名字包含"Command"文字的全部文本文件(扩展名为 txt)。

3. 在 C 盘根文件夹下建立名为 test-1 和 test-2 的两个子文件夹,并在 test-2 下再建立名为 test 的子文件夹。

4. 将 C:\windows\system32 文件夹下的名为"write.exe"文件复制到 C:\test-2\test 文件夹下,并改名为"wri.com",同时将改名后的文件设置为"只读"和"存档"属性。

5. 将磁盘 C 的卷标设置或修改为"xxjb"。

6. 安装惠普 HP LaserJet 2300L PS 打印机。然后在"记事本"程序窗口中输入引号内"学习和了解计算机网络与信息安全知识显得越来越重要。"的文字内容,并以文件主名"xxjsj"保存到 C:\test-2 文件夹中。利用 HP LaserJet 2300L PS 打印机将上述保存的"xxjsj.txt"的文本文件发送到 C:\test-2\xxdy-1.prn 文件。

7. 安装爱普生 Epson LQ-1150 打印机,并设置为默认打印机,打印方向为横向,将测试页打印输出到磁盘文件 C:\test-2\xxdy-2.prn。

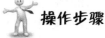

操作步骤

第1题:单击【开始】菜单,打开【计算机】窗口,选择【工具】|【文件夹选项…】命令,打开【文件夹选项】对话框,选择【查看】选项卡或标签中的各单选或多选项目的设置,特别是其中的"隐藏已知文件类型的扩展名"复选框主要用于对已与应用程序关联的文件其扩展名进行隐藏或显示,如图 1-2-1 所示。

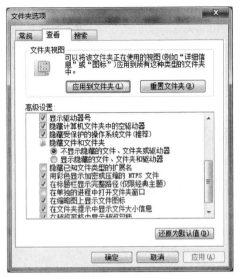

图 1-2-1 【文件夹选项】对话框

注意: 对上述操作步骤中有关选项含义的理解要充分重视,否则将给具体的操作带来盲目性。

第2题:单击【开始】菜单,打开【计算机】窗口,在左侧选择 C 盘或相关的子文件夹,在窗口右上角的搜索框中输入"Command",单击搜索框,在添加搜索筛选器中可以修改日期、类型、大小等。本题输入"Command 类型:=.txt 大小:<=1 KB",则满足条件的有关文件名或文件名列表将会显示在窗口下面的文件列表栏目中。

注意: 如果满足条件的文件不存在,则会提示"没有与搜索条件匹配的项"。另外,可以根据需要对搜索的结果进行复制、移动、删除、重命名等操作。

第3题:打开【计算机】窗口,在该窗口中选择盘符 C,选择【文件】|【新建】|【文件夹】命令,则在 C 盘根文件夹下出现名为"新建文件夹"的子文件夹,将"新建文件夹"的名字改成"test-1",则完成在 C 盘根文件夹下建立名为"test-1"的一级子文件夹。类似前面操作可在 C 盘根文件夹下建立名为"test-2"的子文件夹。双击 C 盘中"test-2"的子文件夹,进入 C 盘"test-2"子文件夹窗口,在该窗口下类似上述操作方法可在 C:\test-2 中建立名为"test"的二级子文件夹。

第4题:按照第2题所介绍的搜索操作方法,打开【计算机】窗口,在该窗口中根据要求设置搜索条件(比如本题搜索的文件夹是 C:\windows\system32、搜索的文件名为"write.exe"),则所找文件的文件名"write.exe"会显示在窗口下面的文件列表栏目中。选中该文件并右单击鼠标打开快捷菜单,选择【复制】命令,并在该窗口中选择"C:\test-2\test"文件夹,按快捷键〈Ctrl〉+〈V〉粘贴所复制的文件到所选的目标文件夹中(或选择【编辑】|【粘贴】命令项粘贴所复制的文件到所选的目标文件夹)。两次单击(不等于双击)"write.exe"的文件名称框,并输入"wri.com"(需要注意的是:在做此操作前应选择【工具】|【文件夹选项…】命令,在打开的对话框的【查看】选项页中去掉【隐藏已知文件类型的扩展名】复选项前面的勾)。右单击文件"wri.com",在打开的快捷菜单中选择【属性】命令,在【属性】窗口的【常规】选项卡(标签)中,单击【只读】属性和【存档】属性前的复选框,再单击【确定】按钮,完成文件属性的设置或修改。

第5题:打开【计算机】,右单击 C 盘,在快捷菜单中选择【属性】命令,打开属性对话框,在该窗口中选择【常规】选项卡,在该选项卡的文本输入框中输入"xxjb",单击【确定】按钮。

第6题:选择【开始】|【控制面板】,打开【控制面板】窗口,双击【设备和打印机】图标项,打开【设备和打印机】窗口。单击【添加打印机】项,打开【添加打印机向导】对话框,并按照"打印机安装向导"打开【选择打印机端口】窗口,在使用现有的端口中分别选择端口为"File:打印到文件"、厂商为"惠普"(或 HP)、打印机型号为"HP LaserJet 2300L PS"、设置为默认打印机、打印机名称为"HP LaserJet 2300L PS"、不共享等项。在出现"要打印测试页吗?"的窗口中,根据具体操作要求选择【是】或【否】(本题这里选择【否】),单击【下一步】,再单击【完成】按钮,所

要安装的打印机安装完成。

选择【开始】|【所有程序】|【附件】|【记事本】命令,打开【记事本】应用程序窗口,在【记事本】应用程序窗口中输入"学习和了解计算机网络与信息安全知识显得越来越重要。"的文字。选择【文件】|【另存为…】命令,打开【另存为】对话框,在"文件名:"的输入框中输入"C:\test-2\xxjsj.txt",单击【保存】

图 1-2-2　【打印到文件】对话框

按钮。选中文件"C:\test-2\xxjsj.txt",并将其拖放到【打印机】窗口中的【HP LaserJet 6L】打印机图标上,随后弹出【打印到文件】对话框,如图 1-2-2 所示,在弹出的【打印到文件】对话框中输入文件名称"C:\test-2\xxdy-1.prn"(扩展名不需区分大小写),单击【确定】按钮。

第 7 题:使用上述方法安装"Epson LQ-1150",并选中"Epson LQ-1150"打印机图标,右单击鼠标打开快捷菜单,选择【设置为默认打印机】命令。再次打开"Epson LQ-1150"打印机的快捷菜单,选择【打印机属性】,打开【Epson LQ-1150 属性】对话框,选择【常规】选项卡,单击【首选项…】按钮,弹出【Epson LQ-1150 打印首选项】对话框,在该对话框的【布局】选项卡中"方向"栏目中选择"横向",然后单击【确定】按钮。选择【常规】选项卡,单击【打印测试页】按钮,在【打印到文件】对话框中输入"C:\test-2\xxdy-2.prn",单击【确定】按钮。

技能与要点

2.1　文件、文件夹的管理及其操作

1. 文件和文件夹概述

(1) 文件、文件夹其命名

Windows 7 的文件名最长可达 254 个字符,并可以有多个点号分隔符".",文件名中可以加入空格、标点或汉字(一个汉字相当于两个英文字母或阿拉伯数字)。但文件名中不能使用正斜杠"/"、反斜杠"\"、冒号":"、星号"*"、问号"?"、引号"""、小于号"<"、大于号">"、竖线"|"等符号。这些符号在命令行中都有特殊的意义。在命名文件时是不区分英文大小写字母的。

文件可以是一个应用程序或一个文档。应用程序是为用户提供某些功能的可以执行的程序,在 Windows 中,扩展名为 exe、com、bat、pif、scr 的文件通常是可执行的程序文件。文档是文件的另一种形式,它是由应用程序创建的文件。文档一般都与某相应的应用程序相关联,双击文档名打开文档时自动打开与其相关联的应用程序。如文本文件.txt、Word 文档文件.docx、Excel 工作簿文件.xlsx、PowerPoint 演示文稿文件.pptx、图画文件.bmp、音频声音文件.wav、视频文件.avi 等都是文档型文件。

文件夹是一组文件的集合。文件夹中可以存放文件或者文件夹(称为子文件夹),其命名与文件命名格式相同。这里的"文件夹"和"子文件夹"与 DOS 中的"目录"与"子目录"概念相同。为避免冲突,同一文件夹里不能有同名的文件或子文件夹,但不同文件夹里的文件名、子文件夹名可以相同。

(2) 文件夹结构

文件夹结构(在 DOS 中称目录结构),是 Windows 7 组织文件的形式。其结构采用倒树

型结构,最上面的"根"(根文件夹),存放着所有文件和子文件夹。要找到一个文件,必须从根开始,把文件夹一级一级地打开,找到文件的具体存放位置。

(3)路径

文件夹名或各级子文件夹名之间用反斜杠分隔后而形成的"长串"称为路径,用以确定文件或子文件夹在磁盘上的确切位置,文件位置由"盘符、路径、文件名"这三个要素唯一确定。

如"C:\wang\jsj\ks\xtj.doc"中,"C:"是"盘符","\wang\jsj\ks\"是"路径","xtj.doc"是"文件名"。

(4)驱动器、文件和文件夹的常用图标

每个驱动器、文件和文件夹都有不同的图标。一般而言,文档型文件的图标与其相关联的应用程序文件的图标相类似。

2. 文件夹的相关操作

文件夹的操作一般在"库"窗口中进行。

启动"库",操作方法如下:

选择【计算机】窗口在左侧列表中选择【库】或者右单击【开始】菜单打开快捷菜单,选择【打开 Windows 资源管理器】可打开库窗口或者直接打开桌面上的【计算机】打开库窗口。

库是用于管理文档、音乐、图片和其他文件的位置。可以使用与在文件夹中浏览文件相同的方式浏览文件,也可以查看按属性(如日期、类型和作者)排列的文件。

在某些方面,库类似于文件夹。例如,打开库时将看到一个或多个文件。但与文件夹不同的是,库可以收集存储在多个位置中的文件。这是一个细微但重要的差异。库实际上不存储项目。它们监视包含项目的文件夹,并允许您以不同的方式访问和排列这些项目。例如,如果在硬盘和外部驱动器上的文件夹中有音乐文件,则可以使用音乐库同时访问所有音乐文件。

文件夹窗口的菜单栏主要由【文件】、【编辑】、【查看】、【工具】和【帮助】等组成。窗口地址栏下方的左侧是浏览栏(可通过【查看】菜单中的【浏览器栏】在各种浏览方式中选择一种,如选择【文件夹】项等),而右侧用于显示浏览栏中选取相应部分(如某文件夹)后的详细内容。

必须指出,浏览栏中的某文件夹名左边如有"▷"号,表示该文件夹可以进一步展开,如果是"◢"号,表示该文件夹可以折叠。

如果在【计算机】窗口中,使用【查看】菜单中的【状态栏】、【浏览器栏】、【排列图标】子菜单以及其他各命令的操作可以对窗口的显示方式、文件与图标的显示和排列方式进行设置。

选择【工具】|【文件夹选项…】命令,可以打开【文件夹选项】对话框,在此对话框中,通过【常规】、【查看】、【搜索】等重要标签中有关单选框、复选框的选项操作,可以对文件夹窗口的打开形式、文件扩展名的显示与否、具有隐藏属性的文件或文件夹显示与否等进行灵活设置。特别对文件扩展名显示与否的设置将会对以后更改文件名(主要是需要更改扩展名时)的操作产生影响。

3. 文件和文件夹的管理及其相关操作

(1)新建文件夹

在桌面上、【开始】菜单及其某级联子菜单中、磁盘以及磁盘的某文件夹内均可以新建子文件夹。

① 在桌面上新建文件夹:右单击桌面的空白区域,打开桌面的快捷菜单,选择【新建】|【文件夹】命令,并输入文件夹的名称后按回车键(新建文件夹的默认名为"新建文件夹")。

②在【开始】菜单及其某级联子菜单中新建文件夹:在【开始】菜单及其某级联子菜单中新建文件夹,就是在【开始】菜单及其某级联子菜单中新建级联子菜单。

单击【开始】菜单,选择所有程序,选择新建文件夹所放置的位置,右键打开快捷菜单,选择【打开】命令,打开所选择文件夹的窗口,选择【文件】|【新建】|【文件夹】命令,输入文件夹的名称并按回车键。

③在磁盘以及磁盘的某文件夹内新建子文件夹:方法一:打开【计算机】窗口或右单击【开始】菜单,打开【打开 Windows 资源管理器】窗口,在该窗口中选择盘符和路径,选择【文件】|【新建】|【文件夹】命令,输入文件夹名称并按回车键。

方法二:打开【计算机】窗口或右单击【开始】菜单,打开【打开 Windows 资源管理器】窗口,在该窗口中选择盘符和路径,在空白区域内右单击鼠标打开快捷菜单,选择【新建】|【文件夹】命令,输入文件夹名称并按回车键。

（2）文件或文件夹的选取

在 Windows 7 中,无论是打开文档、运行程序、复制或移动文件、删除文件等,用户都要首先选取被操作的对象(文件或文件夹、图标等各种操作对象)。文件或文件夹的选取根据操作需要可以"单个选取"、"多个连续选取"、"多个分散选取"、"全部选取"等,以便提高操作效率。

①单个选取:在文件夹窗口的内容显示栏中,用鼠标单击所要选取的对象。

②多个连续选取:在文件夹窗口的内容显示栏中,用鼠标单击所要选取的多个连续的对象中的第一个对象,然后按住〈Shift〉键,再单击所要选取的对象中的最后一个对象。

③多个分散选取:在文件夹窗口的内容显示栏中,单击要选取的第一个对象,然后按住〈Ctrl〉键,再依次单击要选取的每一个对象。

④全部选取:在文件夹窗口中选择【编辑】|【全部选定】或按组合键〈Ctrl〉＋〈A〉。

必须指出,要取消文件或文件夹的选取,只需在文件夹窗口的内容显示栏空白区域的中任意处单击即可,此时没有任何文件或文件夹被选中。

（3）文件或文件夹的改名

方法一:在打开的相应文件夹窗口的内容显示栏中,单击选取欲改名的文件或子文件夹,选择【文件】|【重命名】命令,在该文件或文件夹图标下方或右方的矩形框中键入新的文件或文件夹名称并按回车键。

方法二:在打开的相应文件夹窗口的内容显示栏中,找到并右单击需要改名的文件或文件夹,打开相应的快捷菜单,选择【重命名】命令,在该文件或文件夹图标下方或右方的矩形框中输入新的文件或文件夹名称并按回车键。

必须指出,更改文件名,特别是文件的扩展名需要更改时,应显示文件的全名(主名.扩展名),然后分别修改。

（4）文件、文件夹的复制和移动

文件或文件夹的复制或移动操作是 Windows 7 中非常重要而又常用的操作,可以使用"菜单命令"方法、"快捷菜单"方法、"快捷键"方法、"鼠标拖曳"方法等,读者可根据自己的操作习惯灵活选用。

①文件、文件夹的复制

方法一:在文件夹窗口的内容显示栏中选取所要复制的文件或文件夹,选择【编辑】|【复制】命令,再打开并转到文件或文件夹复制到的目标文件夹窗口中,选择【编辑】|【粘贴】命令。

方法二:在文件夹窗口的内容显示栏中选取所要复制的文件或文件夹,右单击鼠标打开快捷菜单,选择【复制】命令,再打开并转到文件或文件夹复制到的目标文件夹窗口,在该目标文件夹窗口的内容显示栏中的任意空白区域右单击鼠标打开快捷菜单,选择【粘贴】命令。

方法三:选取要复制的文件或文件夹,按〈Ctrl〉+〈C〉,随后转到复制的目标位置,再按〈Ctrl〉+〈V〉。

方法四:先选取要复制的文件或文件夹,用鼠标拖曳可将所选取的文件或文件夹复制到不同的磁盘驱动器中的有关文件夹中。注意,先按住 Ctrl 键不放,再拖曳所选对象到目标位置总是表示复制,不论是同一磁盘驱动器还是不同的磁盘驱动器。

② 文件、文件夹的移动

与上述"文件、文件夹的复制"操作方法完全类似,只不过将【复制】命令改为【剪切】命令,将〈Ctrl〉+〈C〉改成〈Ctrl〉+〈X〉热键,其他操作都与上述方法相同。

必须指出,用鼠标拖曳的操作在同一磁盘驱动器中仅表示文件或文件夹的移动,而非复制,在不同的磁盘驱动器中才表示复制。不论是同一磁盘还是不同的磁盘,按住〈Ctrl〉键不放,再拖曳所选对象到目标位置总是表示复制;而按住〈Shift〉键不放,再拖曳所选对象到目标位置总是表示移动。简言之,在文件、文件夹的复制或移动操作中,"拖曳"的效果是"同盘移动、异盘复制";然而,不论是同盘还是异盘,"〈Ctrl〉+拖曳"其效果总是复制,"〈Shift〉+拖曳"其效果总是移动。

(5) 文件或文件夹的删除

为节省空间,应随时删除不需要的文件或文件夹。Windows 7 删除硬盘中的文件和文件夹,并没有真正删除,而是先把删除的对象放入"回收站"(此时并不释放磁盘空间),即逻辑删除 Delete,需要时可以恢复。确实不要了再清空回收站,清空后无法恢复(此时磁盘空间被释放)。使用〈Shift〉+〈Delete〉,删除盘中选定的文件或文件夹时,不会放入回收站,而是直接删除(此方法称为物理删除)。

其操作类似于文件、文件夹的复制和移动操作。

① 逻辑删除文件或文件夹

方法一:先在已打开的相应文件夹窗口的内容显示栏中选取所要删除的文件或文件夹,选择【文件】|【删除】命令(或按〈Delete〉键),在【确认文件(夹)删除】对话框中单击【是】命令按钮。

方法二:选取要删除的文件或文件夹,用鼠标拖曳可将所选取的文件或文件夹移放到"回收站"中。

注意:逻辑删除的文件或文件夹存放在"回收站"中,在回收站窗口中选择【清空回收站】命令可进行物理删除。在回收站窗口中选择【还原】或【恢复删除】命令,可将还未物理删除的文件或文件夹还原到原来的位置。

② 物理删除文件或文件夹

选取要删除的文件或文件夹,按〈Shift〉+〈Delete〉键。做此种删除操作应特别小心和慎重,以免造成损失。

4. 文件和文件夹的搜索及其相关操作

单击【开始】,在【搜索程序和文件】文本框中输入要查找的文件和文件夹的名字,可以对所有的索引文件进行检索,而那些没有加入索引当中的文件,则是无法搜索到的。Windows 7 中的索引模式搜索很快,若没有索引文件,则搜索时间较长。

Windows 7中采用了新的索引搜索模式,索引是动态更新的,不会因为一些文件移动造成索引失效,从而无法搜索到文件的问题。自定义索引目录,可以在系统的开始菜单中搜索框里输入"索引选项"(或打开控制面板后选择大图标方式显示,再点击"索引选项"),打开"索引选项"设置窗口,进入"修改"就可以任意添加、删除和修改索引位置了。

单击【开始】菜单,打开【计算机】窗口,或打开任意文件夹窗口,都可搜索文件和文件夹,在左侧选择盘符或相关的子文件夹,单击右上角搜索框中输入文件和文件夹的名字,再添加搜索筛选器。在添加搜索筛选器中可以对种类、修改日期、类型、大小、名称等进行设定,满足条件的有关文件名或文件名列表将会显示在窗口下面的文件列表栏目中。不知道具体文件和文件夹的名字,可以用通配符"?"或"＊"能够搜索更全面的结果,"?"代表任意一个字符,"＊"代表任意多个字符(例如:如果想搜索 Dos Windows、DosWindows 和 WindowsDos 三个文件,若在搜索框输入 Win,只能搜索到 Dos Windows 和 WindowsDos 两个文件,在搜索框输入＊Win才能搜索到三个文件)。

对搜索的结果(文件、文件夹等)可进行如选取、复制、移动、删除、改名等各种操作。在搜索结果上,点击鼠标右键,选择"保存搜索",或者直接点击工具栏上的"保存搜索"按钮即可把搜索结果保存起来。

5. 文件和文件夹的属性查看及修改

文件和文件夹都有属性,在属性对话框中,可对文件或文件夹的类型、打开文件的应用程序名称、包含在文件夹中的文件和子文件夹的数目、文件被修改或访问的最后时间项进行查看或设置。在"计算机"、"我的文档"窗口等中,选择需要操作的文件或子文件夹,然后右单击鼠标打开快捷菜单,选择【属性】命令,打开该对象的属性对话框。如图 1-2-3 所示。

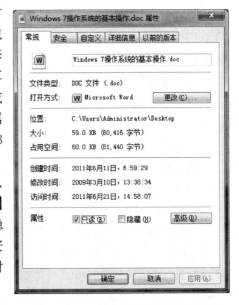

属性对话框一般由【常规】、【安全】、【自定义】、【详细信息】和【以前的版本】标签组成,通过【常规】标签中的复选框可以对文件或文件夹的"只读"、"隐藏"、"存档"等属性进行设置和修改。还可通过【安全】、【自定义】、【详细信息】和【以前的版本】标签对文件的摘要信息等进行设置和修改。

图 1-2-3　某文档的【属性】对话框

6. 多窗口之间的文件内容传递(剪贴板的操作)

剪贴板是内存中用于存储信息的一块动态的临时储存区,可存储文字、图像、图形、声音以及活动着的应用程序窗口等。

(1) 信息入录剪贴板

① 窗口入录剪贴板:打开某一应用程序窗口并选中该窗口,使用〈Alt〉＋〈Print Screen〉键即可将此时选中的活动窗口图像画面复制到剪贴板。

② 桌面入录剪贴板:使用〈Print Screen〉键即可将当前的整个桌面图像画面复制到剪贴板。

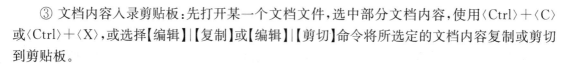

③ 文档内容入录剪贴板:先打开某一个文档文件,选中部分文档内容,使用〈Ctrl〉+〈C〉或〈Ctrl〉+〈X〉,或选择【编辑】|【复制】或【编辑】|【剪切】命令将所选定的文档内容复制或剪切到剪贴板。

(2) 信息的传递

① 在当前窗口中传递剪贴板中的信息:确定插入点,使用〈Ctrl〉+〈V〉或者选择【编辑】|【粘贴】命令,将剪贴板中的信息传递到当前窗口的当前光标处。

② 在多窗口中传递剪贴板中的信息:打开需要传递信息的应用程序窗口,确定插入点,使用〈Ctrl〉+〈V〉或者选择【编辑】|【粘贴】命令,将剪贴板中的信息传递到当前窗口的当前光标处。

2.2 Windows 7 的打印管理、控制面板及其操作

1. Windows 7 的打印管理及其操作

(1) 打印机的安装、设置与删除

① 打印机的安装:选择【开始】|【控制面板】项,打开【控制面板】窗口,在该窗口中选择【设备和打印机】|【添加打印机】项,打开【添加打印机向导】对话框,根据该向导对话框的提示依次单击【下一步】按钮,在各步中对依次出现的相应选项根据具体情况做出适当选择,最后单击【完成】按钮。

在上述操作【添加打印机向导】对话框的各步操作中,必须注意打印机端口(如 LPT1、LPT2、LPT3、USB、FILE 打印到文件等)、是否打印测试页以及是否设为默认打印机等项目的设置和选择。

② 打印机的设置与删除:打印机的设置主要指对其属性根据使用需要进行重新设置或修改,而打印机的删除则是在【设备和打印机】窗口中删除不需要再使用的打印机图标,本质是取消该打印机的驱动程序对打印机硬件的驱动控制。

打开【设备和打印机】窗口,在该窗口中右单击需要重新设置属性或进行删除等其他操作的打印机图标,打开快捷菜单,选择有关操作命令项(如【属性】、【删除】、【重命名】、【打印首选项…】等)可进行相关操作。

(2) 测试页或文件的打印

打印机安装完成后,通常通过打印测试页调试其打印质量和打印效果或打印文档内容。

① 打印测试页:打开【设备和打印机】窗口,在该窗口中右单击打印机图标,打开快捷菜单,选择【打印机属性】项打开该打印机的【属性】对话框,在对话框中选择【常规】标签,并单击【打印测试页】命令按钮,如果端口设置为"FILE(打印到文件)",则显示【打印到文件】对话框(【打印到文件】对话框可能会有多样形式),在对话框中输入盘符、路径和文件名(扩展名为prn)后回车确认或单击【确定】按钮。被打印的测试页将以磁盘文件的形式(扩展名为 prn)保存到指定的磁盘和文件夹中。如果端口设置为 LPT1、LPT2 或 USB 时,通过打印机直接打印出测试页的页面内容。

② 文件的打印:打开需要打印的文件,选择【文件】|【打印…】命令,打开【打印】对话框,单击【确定】按钮。如果端口设置为"FILE(打印到文件)",则打开【打印到文件】对话框,在【打印到文件】对话框中输入盘符、路径和文件名(扩展名为 prn)后回车确认,将以磁盘文件的形式(扩展名为 prn)保存到指定的磁盘和文件夹中,否则通过打印机直接打印文档页面的内容。

（3）打印作业管理

打开【设备和打印机】窗口，再双击该窗口中的某打印机图标，打开该打印机窗口，如图1-2-4所示，在打印机窗口中，通过【打印机】、【文档】、【查看】等菜单可以对文件的打印操作进行管理。

图1-2-4　某打印机窗口

2．Windows 7 的控制面板及其操作

（1）控制面板窗口界面的分类和打开

Windows 7 的控制面板窗口界面查看方式分成类别、大图标和小图标，用户可以根据自己的操作习惯在这三类查看方式中切换并选择其中一种视图模式。

选择【开始】|【控制面板】命令，打开的分类视图【控制面板】窗口，分类视图中有【系统和安全】、【用户账户和家庭安全】、【网络和 Internet】、【外观和个性化】、【硬件和声音】、【时钟、语言和区域】、【程序】、【轻松访问】八类。在该窗口右上方的【查看方式】中选择【大图标】项或【小图标】项，便可显示所有常见的 26 个项目。三类视图间可随时按前述切换方法进行切换，如图1-2-5所示。

图1-2-5　分类视图【控制面板】窗口

（2）控制面板的操作

在分类视图【控制面板】窗口中，用鼠标单击可打开相应的各类目窗口和项目，进而进行相关具体操作。而在打开的【控制面板】窗口中，用鼠标双击各项目可打开相应的各项目对话框窗口，进而进行相关具体操作。

关于控制面板中各具体项目的详细操作请读者自行完成。特别是重要而又常用的项目如【任务栏和「开始」菜单】、【设备和打印机】、【显示】、【系统】、【文件夹选项】、【程序和功能】、【声音】、【设备管理器】、【用户账户】、【管理工具】和【网络和共享中心】等项进行详细操作或设置，如图1-2-6所示，其中Windows 7的中有多个安全方面的设置，主要有三部分【系统和安全】、【用户账户和家庭安全】和【网络和Internet】，在这里不再赘述。

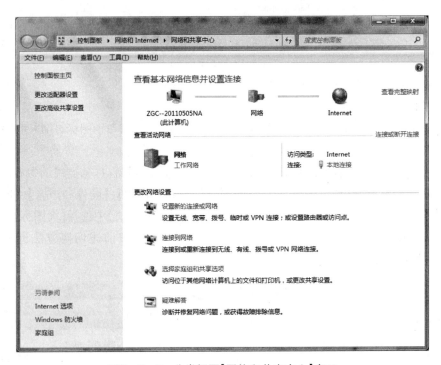

图1-2-6　分类视图【网络和共享中心】窗口

2.3　Windows 7的其他附件及其操作

1. 记事本、写字板、画图、计算器、截图工具等图文编辑程序的操作

Windows 7为用户提供了几个常见的图文编辑工具"记事本"、"写字板"、"画图"、"计算器"、"截图工具"等。选择【开始】|【所有程序】|【附件】子菜单，然后单击其中相应的名称打开他们的窗口并使用。

2. 几个多媒体娱乐程序的操作

Windows 7为用户提供了多个简单而又实用的多媒体播放工具，即"Windows Media Player"、"录音机"、"音量控制"等。分别选择【开始】、选择【开始】|【所有程序】|【附件】子菜单和【控制面板】，然后单击其中相应的多媒体播放工具名称，打开它们进行使用或操作。

3. 几个游戏的操作

Windows 7为用户提供了13种小游戏(其中5种网上游戏)。在使用电脑疲惫之余，读者

可选择【开始】|【所有程序】|【游戏】子菜单,然后单击其中相应的游戏名称,打开你所喜欢的游戏,娱乐或消遣一会。这也不失为一种较好的休息或消除疲劳的方式。

4．截图工具的操作

Windows 7 为用户提供了截图工具,读者可选择【开始】|【所有程序】|【附件】子菜单,然后单击截图工具,单击【新建】,可以用鼠标选取你要截图的区域,在截图工具中可进一步进行编辑截取的图像。

2.4　Windows 7 的系统管理及其操作

1．磁盘的维护管理及其操作

（1）格式化磁盘

用户常常用磁盘存储一些文件,这些磁盘都是经过格式化的。格式化的作用就是在磁盘上划分磁道和扇区、标记有缺陷的磁道、为系统写入引导程序并为其建立根目录和文件分配表。必须指出,格式化磁盘的操作应慎重,不要轻易进行,以免造成巨大损失。

操作步骤

双击桌面上【计算机】图标,打开【计算机】文件夹窗口,右单击需要格式化的磁盘图标(如 U 盘:U 盘格式化需事先将 U 盘插入到 USB 接口中),打开快捷菜单,选择【格式化…】命令,打开【格式化】对话框,对该对话框中的选项进行适当选择,单击【开始】命令按钮便开始格式化磁盘。

（2）设置磁盘卷标

磁盘卷标是用来标识磁盘的,卷标的长度是有限的,对 FAT 和 FAT32 文件系统的磁盘,系统规定卷标名称的长度不得超过 11 个字符。而 NTFS 文件系统的磁盘,卷标名可达 32 个字符。磁盘卷标可以在格式化时进行设置,也可以在其他任何时候加入卷标或修改原有的卷标。

双击桌面上【计算机】图标,打开【计算机】文件夹窗口,在该窗口中右单击需要设置或修改卷标的磁盘图标(如 A:,B:,C:,D:等),打开快捷菜单,选择【属性】命令,打开【属性】对话框,在该对话框【常规】标签的卷标名文本输入框中输入卷标的名称,单击【确定】按钮。

（3）磁盘驱动器属性操作

双击桌面上【计算机】图标,打开【计算机】文件夹窗口,在该窗口中右单击需要查看或修改属性的磁盘图标(如 C:,D:等),打开快捷菜单,选择【属性】命令,打开【属性】对话框,该对话框有四个标签即【常规】(包括卷标、磁盘类型、文件系统、磁盘空间的使用情况等)、【工具】(包括磁盘查错、碎片整理、备份等工具)、【硬件】、【共享】、【以前的版本】、【自定义】对这六个标签中的选项可以进行设置、修改或操作,以完成它们各自代表的功能。

（4）磁盘清理、磁盘碎片整理、数据备份和还原

选择【开始】|【所有程序】|【附件】|【系统工具】,在拉出的级联子菜单中单击【磁盘清理】、【磁盘碎片整理程序】等命令项,可以对磁盘进行清理、磁盘碎片整理等维护操作。

2．添加或删除程序、添加硬件、系统及设备管理器的操作

（1）添加或删除程序

选择【开始】|【控制面板】项,打开【控制面板】窗口,将【控制面板】窗口切换到小图标,在【控制面板】窗口中,双击【程序和功能】图标项,打开【程序和功能】窗口,在此窗口中可以为计

算机安装新的软件、删除不再需要使用的软件或添加先前未被安装的 Windows 组件等。

(2) 添加硬件

选择【开始】|【控制面板】命令,打开【控制面板】窗口,将【控制面板】窗口切换到小图标,在【控制面板】窗口中,双击【设备和打印机】图标项,单击【添加设备】,打开【添加设备】对话框,在此对话框中根据提示依次完成各步骤,可以为计算机安装新的硬件设备及相应的驱动程序。

3. 本地安全策略的维护

选择【开始】|【控制面板】项,打开【控制面板】窗口,将【控制面板】窗口切换到小图标,在【控制面板】窗口中,双击【管理工具】图标项,选择【本地安全策略】,打开【本地安全策略】窗口,在此窗口中可以为计算机账户策略、本地策略等进行设置。

2.5 练习题

1. 在【开始】|【所有程序】级联菜单中创建名为"我的程序"级联子菜单,并在该子菜单中创建名为"计算器"的快捷方式(该快捷方式对应的应用程序位置及名称为 C:\windows\system32\calc.exe)。

2. 在 C 盘根文件夹下建立名为 mytest1 和 mytest2 的两个子文件夹,然后将 C:\Windows 文件夹下所有文件长度至多是 100KB 且扩展名为 bat 的文件复制到 C 盘的 mytest1文件夹,而将 C:\Windows 文件夹及其子文件夹下所有文件长度小于 100KB 且扩展名为 bat的文件复制到 C 盘的 mytest2 文件夹。

3. 把 C 盘中的名为"command.com"的文件复制到 C 盘的 mytest1 文件夹,并改名为"commd.exe",同时将改名后的文件设置为"只读"和"存档"属性。

4. 安装 Epson LQ-1150 打印机,并将测试页用该打印机打印输出到磁盘文件 C:\mytest1\test1.prn。

5. 在"写字板"程序窗口中输入引号内"学习计算机知识显得越来越重要。"的文字内容,然后打开"画图"程序窗口,将该"画图"程序窗口截取下来作为"写字板"中上述内容的下一行,完成后将"写字板"中的内容保存到 C:\caozuo3.rtf。

6. 打开"计算器"程序,并将"计算器"窗口图像画面利用"画图"程序在水平和垂直方向各缩小 50%,同时水平方向扭曲 45 度,完成后以 256 色的位图格式保存到 C:\caozuo4.bmp。

7. 将硬盘 D:的卷标设置或修改为"backup",完成后观察磁盘图标旁的文字的变化。

操作提示

限于篇幅,以下给出练习题的操作提示。请读者自行根据案例 1 和案例 2 中的案例实现部分相关题目的操作方法举一反三。

第 1 题:单击【开始】菜单,选择【所有程序】,右键选择快捷菜单的【打开】命令,打开「开始」菜单窗口,双击【程序】图标进入【程序】窗口。选择【文件】|【新建】|【文件夹】命令,此时出现名为"新建文件夹"的图标,将名为"新建文件夹"的名称改为"我的程序"。双击【我的程序】图标进入【我的程序】窗口,选择【文件】|【新建】|【快捷方式】命令,打开【创建快捷方式】对话框,在"请输入项目的位置:"输入框中直接输入快捷方式对应的应用程序位置及名称"C:\windows\system32\calc.exe"(或单击该输入框右侧的【浏览…】按钮,打开【浏览文件夹】对话框,在该对话框中寻找位置"C:\windows\system32\"并选择"calc.exe"后,单击【确定】按钮,随后自动返回到【创建快捷方式】对话框窗口,单击【下一步】按钮,在"输入该快捷方式的名

称:"输入框中输入"计算器",单击【完成】按钮。

说明:完全类似地,我们还可以在本题创建的名为"我的程序"级联子菜单中创建名为"记事本"的快捷方式(该快捷方式对应的应用程序 C:\windows\system32\notepad. exe)。全部完成后,通过选择【开始】|【所有程序】,可以看到在【所有程序】级联菜单下已经存在【我的程序】级联子菜单,并在【我的程序】级联子菜单中存在了【计算器】和【记事本】两个子菜单项目。

第 2 题:仿照案例 2 中案例实现部分的第 2 题、第 3 题和第 4 题操作方法综合进行操作加以完成。

第 3 题:仿照案例 2 中案例实现部分的第 4 题操作方法操作完成。

第 4 题:仿照案例 2 中案例实现部分的第 7 题操作方法操作完成。

第 5 题:仿照案例 2 中案例实现部分的第 6 题操作方法操作完成。

第 6 题:仿照案例 1 中案例实现部分的第 8 题操作方法操作完成。

第 7 题:仿照案例 2 中案例实现部分的第 5 题操作方法操作完成。

综合实践

1. 将 Windows 7 的帮助和支持窗口在"写字板"中以 Help1. rtf 为名保存到 C:\Windows 文件夹。

2. 在【开始】|【所有程序】|【附件】子菜单中建立名为"练习"的文件夹,并在该文件夹中建立名为"Telnet 终端"的快捷方式,该快捷方式的命令文件名为"telnet. exe"。

3. 在 C 盘根文件夹下建立名为 Study 的子文件夹,并将 C 盘 Windows 文件夹及其子文件夹下所有包含"core"且大小为 0 - 10 KB 的文本文件(扩展名为 txt)复制到 C 盘的 Study 文件夹下。

4. 安装 Epson LQ1600KII 打印机,并将测试页打印到 C:\Study_Test. prn 文件。

5. 安装 HP LaserJet 4200 Series 打印机并将其设置为默认打印机,把 C:\Windows\System32\drivers 文件夹下的"gmreadme. txt"文本文件利用该打印机发送到 C:\Study_Test1. prn 文件。

6. 把 C 盘中的名为 Notepad. exe 的文件复制到 C 盘的 Study 文件夹,并改名为"notep. com",同时将改名后的文件设置为"只读"和"隐藏"属性。

7. 在 C 盘上建立如下的文件夹结构:

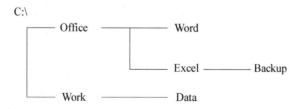

8. 将 C 盘 Windows 文件夹中所有第一个字母为 F 且扩展名为 txt 的文件复制到 C 盘的 Data 文件夹中,并将文件属性改为只读。

9. 将标准型计算器的窗口复制到写字板,并以"calc_caozuo. rtf"保存到 C:\文件夹下。

10. 在桌面上建立名为"My_test"的文件夹和名为"字体预览"的快捷方式,其中快捷方式的命令文件为"fontview. exe"。

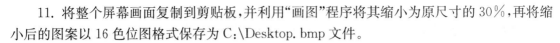

11. 将整个屏幕画面复制到剪贴板,并利用"画图"程序将其缩小为原尺寸的 30%,再将缩小后的图案以 16 色位图格式保存为 C:\Desktop. bmp 文件。

12. 删除已经安装的所有打印机,安装打印机 Epson PX - V500(M)和 HP LaserJet 3050 PCL5,并设置后者为默认打印机且连接在 LPT1。

13. 利用 Epson LX - 1170/II 打印机将打印测试页打印到 C:\Tsetpage. prn 文件中,将 C 盘中的文件大小至多为 2KB 的"gmreadme. txt"打印到 C:\Data\Lice. prn 文件中。

项目二　文字处理制作软件 Word 2010

目的与要求

1. 掌握文档的建立、编辑和保存
2. 掌握文档的格式化
3. 掌握表格和公式的操作
4. 掌握图形的操作
5. 掌握 Word 2010 的高级应用

案例3　讲 义 文 稿

案例说明与分析

案例 3 中使用的素材位于"项目二\素材"文件夹，样张位于"项目二\样张"文件夹，本案例的结果文件："word_al1 案例. docx"，使用的素材："word_al1. docx"。

要创建《信息科学》讲义，需要输入文字、编辑文字、设置讲义的页面大小、美化页面、保存文件和打印等操作技能。

案例要求

启动 Word 2010，打开"wordal1.docx"文件，按要求完成以下各题的操作。

1. 设置页面的属性：A4 纸、页边距：上、下、右均为 2 厘米、左 2.5 厘米、装订线位置 0.3 厘米。

2. 设置制表位：第一个制表位：6 个字符、左对齐；第二个制表位：40 个字符、右对齐、加"……"前导符。

3. 输入目录内容和格式设置："第×章"使用宋体、五号字、加粗、首行缩进 2 个字符、左对齐；"×.×"的节使用宋体、五号字、首行缩进 4 个字符、左对齐。

4. 正文内容从下一页开始。

5. 文字内容的查找和替换：将正文部分的"信息科学"文字替换为：仿宋体、粗斜体、五号字、蓝色。

6. 设置讲义中文字内容的格式：正文格式：宋体、五号字、首行缩进 2 个字符、两端对齐、单倍行距。

7. 对"香农理论有关的缺陷内容"加上项目符号，同时加文本框，文本框格式：红色双线边框、加"左下斜偏移"阴影、阴影颜色：紫色。

8. 将"参考文献"内容转换为表格，并设置表格格式：外框黑色双细线、内框黑色单细线、文字格式：楷体、五号字。

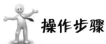

操作步骤

选择【文件】|【打开】命令,打开:word_al1. docx 文件。

第 1 题:选择【页面布局】|【纸张大小】|【A4】命令,设置纸张大小。选择【页面布局】|【页边距】|【自定义边距】命令,打开【页面设置】对话框,如图 2-3-1 所示。在对话框中按图 2-3-1的项目和数值设置,并按【确定】按钮。

图 2-3-1 【页面设置】对话框   图 2-3-2 【制表位】设置对话框

第 2 题:选择【开始】选项卡,单击"段落"组右下角的按钮,在弹出的【段落】对话框中,单击【制表位】按钮,打开【制表位】对话框,如图 2-3-2 所示,在对话框中新建两个制表位:6 个字符、左对齐,40 个字符、右对齐,"……"前导符。

第 3 题:输入文字"第一章"、按 Tab 键、输入文字"信息科学与信息技术"、按 Tab 键、输入页码后按回车键。重复上述步骤,可将所有的目录内容按预先设置好的制表位位置排列,如图 2-3-3目录内容输入窗口所示。选中文本,选择【开始】选项卡,分别单击"段落"组和"字体"组右下角的按钮,在弹出的【段落】和【字体】对话框中,设置段落格式:首行缩进 2 个字符(或 4 个字符)、左对齐,设置文字的格式。

第 4 题:光标移到目录内容的最后一行尾部,选择【页面布局】|【分隔符】命令,打开【分隔符】对话框,在对话框中选中【分节符】类型中的【下一页】选项,并单击【确定】按钮。

第 5 题:选择【开始】|【替换】命令,打开【查找和替换】对话框,如图 2-3-4 所示,按图 2-3-4所示的设置项目进行(文字格式设置时选择【格式】|【字体】命令,打开【字体】对话框,在对话框中设置文字格式,并单击【确定】按钮),在【查找和替换】对话框中的"查找内容"项中输入文字"信息科学",在"替换为"项中设置文字格式:仿宋体、粗斜体、五号字、蓝色文字。单击【全部替换】按钮自动进行替换,最后单击【确定】按钮。

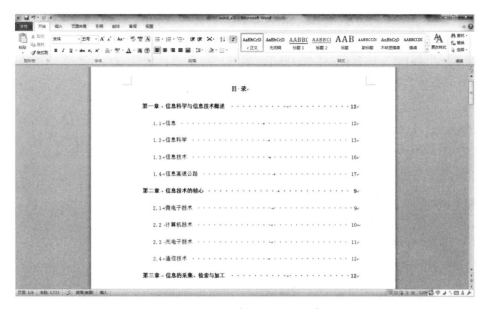

图 2-3-3 【目录输入窗口】

图 2-3-4 【查找和替换】对话框

第 6 题：选中所有的正文内容，选择【开始】选项卡，分别单击"段落"组和"字体"组右下角的按钮，在弹出的【段落】和【字体】对话框中，设置段落格式：首行缩进 2 个字符、两端对齐、单倍行距。设置文字的格式：宋体、五号字。

第 7 题：选中"香农理论有关的缺陷内容"，选择【开始】|【剪切】命令，将文字内容录入剪贴板。选择【插入】|【文本框】|【简单文本框】命令，使用鼠标在原文字处画一个文本框，并选择【开始】|【粘贴】命令，将剪贴板中文字复制到文本框内。选中文本框中的文字，选择【开始】|【项目符号】命令 ，在对话框中选择项目符号。选中文本框，选择【绘图工具】|【格式】选项卡，单击"形状样式"组右下角的按钮，在弹出的【设置形状格式】对话框中设置文本框的线条颜色，线型，阴影。

第8题:选中"参考文献"的全部内容,选择【插入】|【表格】|【文字转换为表格】命令,打开【将文字转换成表格】对话框,在对话框中设置表格的列数为1、行数为7。选中表格中的第一行,选择【表格工具】|【布局】|【拆分单元格】,打开【拆分单元格】对话框,在对话框中设置列数为4,并单击【确定】按钮(重复上述步骤可拆分以下几行的单元格)。选中第一行,选择【表格工具】|【布局】|【在上方插入】命令,插入空行,按样张编辑文字的排列位置。光标点在表格内,选择【表格工具】|【设计】|【边框】和【底纹】命令,按照对话框项目设置边框的线型和颜色。选中表格内的所有文字,选择【开始】选项卡,利用"字体"组里的按钮设置文字格式。

选择【文件】|【保存】命令,保存修改结果。

技能与要点

3.1 工作界面简介

Office2010家族的所有成员与以往版本相比,除了在功能上有所改进和增强外,最大的特点就是操作界面上的变化。2010中,用选项卡取代了传统的菜单,使用功能区取代了传统的菜单栏和工具栏,同时,会根据用户操作的上下文来自动展现相关的选项卡,提供实时的文档预览效果。所有这些变化都会让用户的操作更加自如、更加直观。

下面,我们以Word为例(如图2-3-5所示),来简单介绍一下Office2010中的新界面。

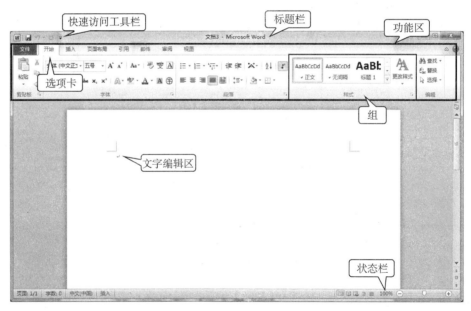

图2-3-5 Word 2010工作界面

1. 选项卡

(1)【文件】选项卡

实现文件的打开、保存、打印、新建和关闭等功能。

(2)【开始】选项卡

实现文字的字体、段落、样式以及文字的编辑等功能。

(3)【插入】选项卡

实现插入页、表格、插图、连接、页眉和页脚、文本和符号等功能。

（4）【页面布局】选项卡

实现文本的主题、页面、稿纸、页面背景、段落和排列等的设置功能。

（5）【引用】选项卡

实现目录、脚注、题注等的插入功能。

（6）【邮件】选项卡

实现邮件的创建、开始邮件合并、编写和插入域、预览结果和完成等功能。

（7）【审阅】选项卡

实现校对、语言、中文简繁转换、批注的编辑、修订、更改、文档的比较和保护等功能。

（8）【视图】选项卡

实现文档视图的切换、标尺的显示、控制显示比例、布局窗口和宏等功能。

此外，Office 还会根据用户选择对象的不同，来动态地显示出选项卡。例如，在 Word 中，如果选中表格，则会显示出一组【表格工具】选项卡。

2．功能区

功能区是菜单和工具栏的主要显示区域，几乎涵盖了所有的操作命令、命令按钮和对话框。它将选项卡中的控件细化为不同的组，例如，在【开始】选项卡中细分为"剪贴板"、"字体"、"段落"、"样式"、和"编辑"等组。

3．快速访问工具栏

用户可以使用快速访问工具栏实现常用的功能，例如，保存、撤销、恢复、打印预览和快速打印等。用户还可以根据需要自定义快速访问工具栏。

4．状态栏

用户可通过状态栏了解页面总数和当前页面，切换页面视图和调整显示比例。

3.2　视图模式的控制

Word 2010 提供了五种视图方式，即页面视图、阅读版式视图、Web 版式视图、大纲视图和草稿。

页面视图：可用于编辑页眉和页脚、调整页边距和处理分栏和图形对象。页面视图是主要的视图形式。

阅读版式视图：该视图中把整篇 Word 文档分屏显示，Word 文档中的文本为了适应屏幕自动换行。这是适合阅读的方式，不显示页眉和页脚，在屏幕的顶部显示了文档当前的屏数和总屏数。

Web 版式视图：可看到背景和为适应窗口而换行显示的文本，且图形位置与在 Web 浏览器中的位置一致。

大纲视图：显示文档的结构，在大纲视图下可以通过拖动标题来移动、复制和重新组织文本。显示文件内容的等级，共有标题级和文本级两种，可分为 1 - 9 级和正文文本级。在大纲视图中不显示页边距、页眉和页脚、图片和背景。

草稿：查看草稿形式的文档，以便快速编辑文档。在此视图中，不会显示某些文档元素（例如页眉和页脚）。

1．控制视图的切换方法

有两种切换方法：

① 选择【视图】选项卡，在"文档视图"组中，可选择不同的按钮，切换到各个视图。

② 单击窗口右下角的视图按钮（⬛⬛⬛⬛⬛），确定文档编辑的显示方式。

2. 窗口重要元素的组成

① 标尺：水平标尺和垂直标尺，用来查看工作区中的文字、表格、图片等对象的大小和位置。水平标尺用来设置制表位、段落的缩进和页边距。垂直标尺在页面视图和打印预览时才能出现，选择【视图】选项卡，在"显示"组中，选择【标尺】命令可"显示"或"隐藏"标尺。

② 选定区：文档工作区的左边空白区，用于快速选取文档内容。

③ 段落标记：按回车键产生的符号称为段落标记，段落标记记录了本段落的格式。

3.3 文件的创建、修改和保存

1. 文件的创建

（1）建立一个空白文档

使用以下几种方法可建立空白文档：

① 首先选择【文件】|【新建】|【空白文档】命令，然后单击【创建】按钮。

② 按快捷键〈Ctrl〉＋〈N〉。

③ 系统默认的快速访问工具栏不包括【新建命令】，可以单击快速工具栏右下角的按钮，打开【自定义快速访问工具栏】，单击【新建】命令，将其设为"选中"状态，就可以把【新建】命令添加到快速访问工具栏中，方便今后的使用。

（2）使用模板创建文档

选择【文件】|【新建】命令，在【office.com 模板】列表中，可以选择系统提供了各种的"通用模板"，然后按【下载】按钮，建立新文档。

2. 文件的打开

打开文件的方法有：

① 选择【文件】|【打开】命令。

② 按快捷键〈Ctrl〉＋〈O〉。

在弹出的对话框中选择要打开的文件名，单击【打开】按钮，打开该文件。

3. 保存文件

保存文件的方法：

① 选择【文件】|【保存】命令，或者单击快速访问工具栏上的【保存】按钮。如果创建新文件时打开【另存为】对话框，则可以输入文件名、选择保存类型后，单击【保存】按钮，系统默认文件类型为 docx。已保存过的文件则以原文件名保存修改的操作结果。

② 选择【文件】|【另存为】命令，如果是新创建文件时操作同上，否则以新文件名保存操作结果。

3.4 文档内容的输入和编辑

1. 文档的输入

① 插入与改写：按快捷键 Insert，设置字符的插入或改写状态。

② 特殊符号的输入：用"拼音输入法"的软键盘输入特殊符号"★☆№§◎◇※"，或选择【插入】选项卡，在"符号"组中，选择【符号】|【其他符号】命令，插入特殊符号。

③ 时间和日期的输入:直接输入日期。或者选择【插入】选项卡,"文本"组中的【日期和时间】命令。

2. 文档的内容选定

① 在选定区(即左页边距区)用鼠标选定:左单击鼠标选定一行,双击鼠标选定一段,三击鼠标选定整篇文档。

② 在文档区

● 双击鼠标选定一个短语(以语义、","、""""、"("、")"等分隔)。

● 〈Ctrl〉+单击鼠标选定光标所在的一句(以""分隔)。

● 三击鼠标选定光标所在的一段。

● 拖曳:选定从拖曳出到放开鼠标时所经过文档的内容。

③ 选择矩形文本块:矩形文本块亦称为"列"方式,用组合键〈Ctrl〉+Shift+〈F8〉激活"列"方式,用〈Ctrl〉+〈Shift〉+〈F8〉、〈Esc〉或已选定的矩形文本区内的任意位置单击鼠标可取消"列"方式。

3. 中文版式

可以自定义中文或混合文字的版式,中文版式包括合并字符、纵横混排、双行合一、调整宽度、字符缩放等。操作步骤:选择【开始】选项卡,在"段落"组中,单击【中文版式】按钮 ✕‧。

4. 文档内容的复制、移动和删除

(1) 文档内容的复制

选择被复制的内容、选择【开始】|【复制】命令或按快捷方式〈Ctrl〉+〈C〉,确定插入点,选择【开始】|【粘贴】命令或按快捷方式〈Ctrl〉+〈V〉。

(2) 文档的内容移动

选择被移动的内容、选择【开始】|【剪切】命令或按快捷方式〈Ctrl〉+〈X〉,确定插入点,选择【开始】|【粘贴】命令或按快捷方式〈Ctrl〉+〈V〉。

(3) 格式的复制

选定带格式的内容,选择【开始】|【格式刷】按钮,拖曳鼠标指针到准备复制格式的内容上;而双击【格式刷】可重复复制已有的格式。

3.5　查找与替换

1. 文字内容的替换

文字内容的替换,是指将文档中的某些文字内容替换为另外的文字。操作步骤如下:

选择【开始】选项卡,在"编辑"组,选择【替换】命令,打开【查找和替换】对话框,【查找内容】项中输入查找内容,【替换为】项中输入准备替换的内容。单击【全部替换】按钮,完成替换操作。

2. 纯格式的替换

纯格式替换,是指将文内容中的某文字格式替换为另一种格式。操作步骤如下:

选择【开始】|【替换】命令,打开【查找和替换】对话框。单击【更多】按钮,扩展【替换】对话框。光标定位于"查找内容"和"替换为"项中,单击【格式】按钮,进行格式设置,单击【全部替换】按钮,完成替换操作。

3. 特殊字符的替换

特殊字符的替换,是指文档中数字字符、字母字符、回车符等字符替换为另外的文字字符。

操作步骤如下：

选择选择【开始】|【替换】命令,打开【查找和替换】对话框。单击【更多】按钮,扩展【替换】对话框。光标定位于"查找内容"项中,单击【特殊格式】按钮,选择某一符号,如回车符、制表符、任意字母、任意字符、任意数字等。光标定位于"替换为"项中,输入所需替换内容或者进行格式设置(单击【格式】按钮或者单击【特殊格式】按钮)。输入完成后单击【全部替换】按钮,完成替换操作。

4. 通配符的替换

在 Word 2010 中,系统提供通配符"?"和"＊",方便用户进行模糊查找和替换。其中"?"代表单个字符。例如："s? t"可以找到"sit"和"set"。"＊"则代表任意多个字符串。例如："s＊d"可以找到"sad"和"started"。操作步骤如下：

选择【开始】|【替换】命令,打开【查找和替换】对话框。单击【更多】按钮,扩展【替换】对话框。选中"搜索选项"的"使用通配符"的复选框即可。这时,系统的"区分大小写"和"全字匹配"的复选框将不可用(灰显),这表示这些选项已自动开启,用户是无法关闭这些选项的。

3.6　格式编排

1. 字符格式化

字符的格式化,主要是指字体、颜色以及字符间距等的设置。操作方法为：选中文本,选择【开始】选项卡,单击"字体"组右下角的按钮,在弹出的【字体】对话框中,进行文字的格式设置。其中,【字体】选项卡中可以设置字符的字体、字形和字号。也可以对字符的颜色、下划线的线型进行设置;【高级】选项卡中可以设置字符的间距。

2. 段落格式

段落的格式有：对齐方式、缩进、间距和行距的设置。

操作的方法为：选中文本,选择【开始】选项卡,单击"段落"组右下角的按钮,在弹出的【段落】对话框中,进行段落的格式设置。单击【缩进和间距】选项卡,可以设置段落的对齐方式、缩进、间距和行矩。

3. 制表位

制表位可使文本内容垂直对齐,例如书的目录等。

操作方法,单击文档右侧的【标尺】按钮,出现标尺,然后双击标尺,或者选择【开始】选项卡,单击"段落"组右下角的按钮,在弹出的【段落】对话框中,选择【制表位】命令,打开制表位对话框,在对话框中建新的制表位,同时对每一个制表位进行对齐方式和前导符号的设置。

4. 边框和底纹

边框和底纹是修饰的又一个特性,可对段落、文字、图片等对象加上边框和填充色。操作步骤如下：

① 选中对象,选择【页面布局】选项卡,在"页面背景"组中,选择【页面边框】弹出【边框和底纹】对话框,单击【边框】选项卡,在【应用于】项中选择对象(如段落、文字和图片),分别对"设置"、"样式"、"颜色"和"宽度"各项进行设置。

② 单击【底纹】选项卡,在【应用于】项中选择对象(如段落、文字和图片),分别对"填充"、"样式"、"颜色"各项进行设置。

5. 项目符号和编号

选择【开始】选项卡,在"段落"组中,选择【项目符号】≣▾和【编号】按钮≣▾进行文本设置。

6．首字下沉

选中文本，选择【插入】选项卡，在"文本"组中，选择【首字下沉】按钮，进行文本的设置。

7．分隔符

选中文本，选择【页面布局】选项卡，在"页面设置"组中，选择【分隔符】按钮，单击下拉菜单，插入分节符或者分页符。

8．文本分栏

选中文本，选择【页面布局】选项卡，在"页面设置"组中，选择【分栏】按钮，进行文本分栏的设置。

3.7　表格

表格是文本的一种特殊对象，Word 2010 具有创建表格和编辑表格的功能，利用它可以轻松地制作各种表格。

1．创建表格

建立表格首先创建一个表格框架，然后输入文字，调整表格，然后根据需要对表格进行格式化。

创建表格有以下几种方法：

① 选择【插入】|【表格】命令，在【插入表格】对话框中输入行数与列数。

② 选择【开始】选项卡，在"段落"组中，单击【下框线】右侧的倒三角按钮，选择【绘制表格】命令，拖曳鼠标可以画出各种不同的表格。

2．公式的使用

为了方便用户，Word 2010 对表格汇总的数据可以使用公式进行计算。

① 运算符号：＋（加）、－（减）、＊（乘）、/（除）、＾（乘方）。

② 常用函数：sum（left），提供求和计算；average（above），提供求平均值计算；count（right），提供求记录个数计算。

其中 sum、average、count 是函数名，left（左边）、above（上方）、right（右边）为自变量范围（或者参数个数）。

③ 表达式：用运算符将数字、数学函数等连接起的数学数字。

④ 公式的输入。操作步骤如下：

● 插入点移至需要公式进行计算的单元格。

● 选择【表格工具】|【布局】选项卡，在"数据"组中，单击【公式】命令，打开【公式】对话框，如图 2-3-6 所示。

● 在【公式】栏中输入表达式（以"＝"开始），或者打开【粘贴函数】下拉列表框，所选择的函数会粘贴到【公式】栏中。

● 单击【确定】按钮。

图 2-3-6　【公式】对话框

3．表格的编辑

表格的编辑有行或者列的插入、单元格的插入、行或列的删除、单元格的删除、行和列的移动、单元格的移动或表格的移动、行或列的复制、单元的复制、表格的复制、单元格的合并、单元格的拆分、表格的拆分、表格的合并、文字转换为表格、表格转换为文字、表格内容的排序等操作。有关表格的操作,均通过选择【表格工具】命令菜单进行。

4. 表格的格式化

表格的格式化包括单元格数据的格式化、单元格和表格的对齐、编码框和底纹等设置。表格格式化可选择自动套用表格格式,也可以进行自定义格式。

(1) 自动套用表格格式

把光标移入表格,系统会动态打开【表格工具】选项卡,选择【设计】,在"表格样式"组中选择一种样式,单击选中即可,如图2-3-7所示。

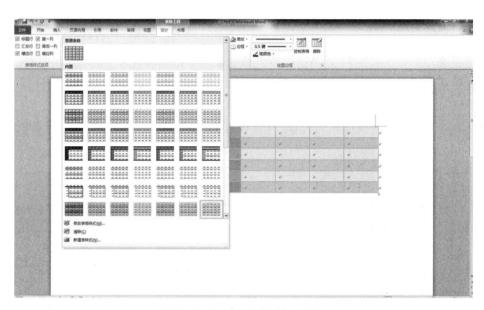

图2-3-7 【表格样式】对话框

图2-3-8 【表格属性】对话框

(2) 自定义表格格式

选择【表格工具】|【布局】选项卡,单击"单元格大小"组右下角的按钮,在弹出的【表格属性】对话框中进行设置,如图2-3-8所示。在对话框中对表格、行、列或单元格进行属性设置。

5. 表格转化为文本

选中需要转换为文本的表格。选择【表格工具】|【布局】选项卡,然后单击"数据"组中的【转换为文本】按钮。在弹出的【表格转换成文本】对话框中(如图2-3-9所示),选中"段落标记"、"制表符"、"逗号"或"其他字符"单选框,将所选择的表格转换成文本。格式设置完毕后,单击"确定"按钮。

6. 文本转化为表格

选择要转换的文本,选择【插入】|【表格】命令,然后在下拉列表中单击【文本转换成表格】命令。在【文本转换成表格】的对话框中进行设置,如图 2‐3‐10 所示。

图 2‐3‐9 【表格转换为文本】对话框   图 2‐3‐10 【将文字转换为表格】对话框

3.8 练习题

1. 打开 Word_lx1_1.docx 文件,按图 2‐3‐11Word 样张 1 所示,编辑要求如下:

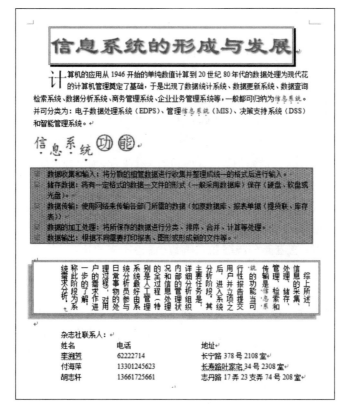

图 2‐3‐11 Word 样张 1

① 将全文除标题外的"信息系统",替换成红色、楷体、带着重号。

② 设置标题格式:隶书,小初号,阴影。蓝色文字,并加蓝色、阴影边框线。

③ 设置第一段格式:首行缩进2个汉字,行间距为固定值:18磅,首字下沉2行。

④ 按样张将第二段文字中"信息系统功能"设置为二号字,并重新排列:"息"和"统"字降低10磅。"功"和"能"两字设置为红色的带圈文字。

⑤ 按样张加上蓝色项目符号(该符号位于Wingdings中),并加红色边框和10%深蓝色图案、浅绿色填充底纹。

⑥ 设置最后一段样式:文字竖排,并加上蓝色、3磅、双线边框、对边框使用"左下斜偏移",紫色阴影。

⑦ 按样张先设置制表位,然后按制表位输入文字。第一制表位:4个字符、左对齐,第二制表位:12个字符、左对齐,第三制表位:24个字符、左对齐。

操作提示

第①题:选择【开始】|【替换】命令,打开【查找和替换】对话框,在对话框"查找内容"项中输入文字"信息系统",选中"替换为"项,选择【格式】|【字体】命令,在字体对话框在中设置文字格式:红色、楷体、带着重号。

第②题:选中一行文字,选择【开始】|【字体】命令,在下拉列表中设置字体格式:隶书,小初号,阴影。蓝色。选择【页面布局】|【页面边框】命令,在弹出的【边框和底纹】对话框中,设置:阴影,应用于"文字"对象、蓝色。

第③题:光标选定在第一段,选择【开始】选项卡,单击"段落"右下角的按钮,打开【段落】对话框,在对话框中设置:首行缩进2个汉字,行间距为固定值:18磅。选择【插入】|【首字下沉】命令。

第④题:选中文字"信息系统功能",选择【开始】选项卡,单击"字体"组右下角的按钮,打开【字体】对话框,选择【字体】选项卡,设置文字:二号字,着重号:·。选中文字"息"和"统",打开【字体】对话框,选择【高级】选项卡,在【位置】下拉列表中设置字符:降低10磅。选中文字"功",选择【开始】|【带圈字符】命令⑩,设置带圈的文字,用同样的方法设置文字"能"。

第⑤题:选中多个段落,选择【开始】|【项目符号】命令,为文字添加了项目符号,右键单击这些段落,在弹出的快捷菜单中选择【项目符号】|【定义新项目符号】,在弹出的对话框中,单击【符号】按钮,选择所需要的项目符号(符号位于Wingdings中)。选中段落,选择【开始】选项卡,在"段落"组中,单击【下框线】右侧的倒三角,选择【边框和底纹】按钮,打开【边框和底纹】对话框,在对话框中设置红色边框和浅绿色,10%深蓝色图案填充。

第⑥题:选中最后一段文字,选择【开始】|【剪切】命令,将文字复制到剪贴板,选择【插入】|【文本框】|【绘制竖排文本框】命令,用鼠标画一个文本框,光标指在文本框内,选择【开始】|【粘贴】命令,将文字复制到文本框内。选择【绘图工具】|【格式】选项卡,单击"形状样式"组右下角的按钮,弹出【设置形状格式】对话框,选择【线条颜色】和【线型】选项卡,在对话框中设置文本框的格式:蓝色、3磅、双线边框,选择【阴影】选项卡,在【预设】下拉菜单中设置阴影样式,在【颜色】下拉菜单中设置相应的颜色,选择【填充】选项卡,设置纯色填充,填充颜色为白色。

第⑦题:选择【开始】选项卡,单击"段落"组右下角的按钮,在弹出的【段落】对话框中,单击【制表位】按钮,在对话框中设置4个字符、12个字符、24个字符的制表位,并设置每个制表位的格式。按制表位输入文字内容。

选择【文件】|【保存】命令，保存修改结果。

2. 打开 Word_lx1_2.docx 文件，按图 2-3-12Word 样张 2 所示，编辑要求如下：

① 设置文档主题为“暗香扑面”，标题文字的格式：隶书、初号、空心、字符间距加宽 2 磅。橄榄色边框、金色“浅色横线”图案底纹。

② 设置全文的英文字母格式：蓝色文字，突出显示。

③ 设置所有段落格式：两端对齐、单倍行间距、首行缩进 2 个汉字。

④ 按样张，设置第四段落分栏显示。

⑤ 设置最后一段段落的格式：竖排、文本框的大小：高 2 厘米、宽 14 厘米、黑色向下偏移阴影。

⑥ 设置第二、第三、第四段的首字格式：红色、中文带圈字符、增大圈号、菱形。

⑦ 按样张，插入表格，并输入文字和插入符号，设置符号的格式：红色、初号，设置表格样式：浅色底纹。

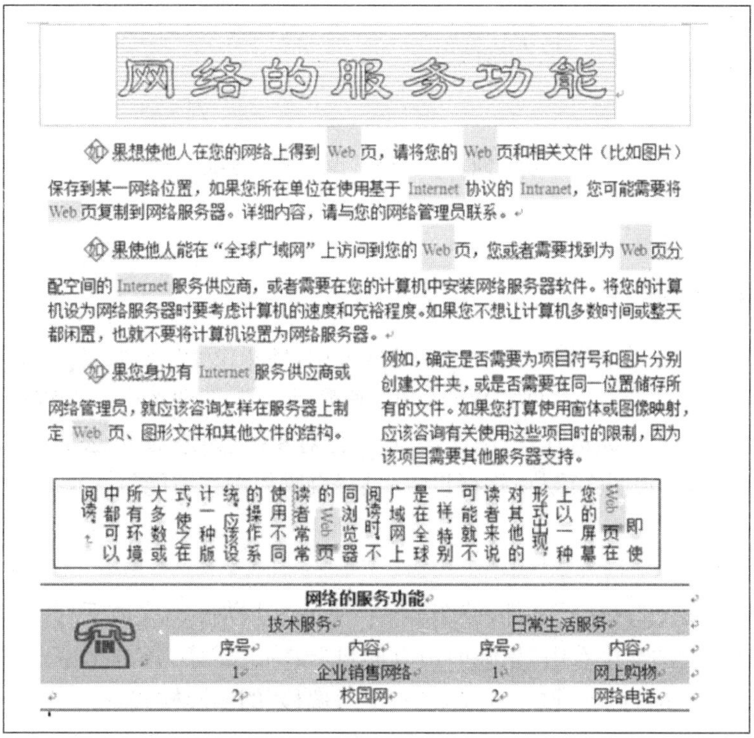

网络的服务功能

如果想使他人在您的网络上得到 Web 页，请将您的 Web 页和相关文件（比如图片）保存到某一网络位置，如果您所在单位在使用基于 Internet 协议的 Intranet，您可能需要将 Web 页复制到网络服务器。详细内容，请与您的网络管理员联系。

如果使他人能在“全球广域网”上访问到您的 Web 页，您或者需要找到为 Web 页分配空间的 Internet 服务供应商，或者需要在您的计算机中安装网络服务器软件。将您的计算机设为网络服务器时要考虑计算机的速度和充裕程度。如果您不想让计算机多数时间或整天都闲置，也就不要将计算机设置为网络服务器。

如果您身边有 Internet 服务供应商或网络管理员，就应该咨询怎样在服务器上制定 Web 页、图形文件和其他文件的结构。例如，确定是否需要为项目符号和图片分别创建文件夹，或是否需要在同一位置储存所有的文件。如果您打算使用窗体或图像映射，应该咨询有关使用这些项目时的限制，因为该项目需要其他服务器支持。

即使 Web 页在您的屏幕上以一种形式呈现，对其他的读者来说可能就不一样，特别是在全球广域网上阅读时。不同浏览器的 Web 页读者常常使用不同的操作系统，应该设计一种版式使之在大多数或所有环境中都可以阅读。

网络的服务功能				
	技术服务		日常生活服务	
	序号	内容	序号	内容
	1	企业销售网络	1	网上购物
	2	校园网	2	网络电话

图 2-3-12　Word 样张 2

操作提示

第①题：选择【页面布局】|【主题】|【暗香扑面】，其余略。

第②题：选择【开始】|【替换】命令，打开【查找和替换】对话框，在对话框“查找内容”项中，选择【特殊格式】|【任意字母】命令，选中“替换为”项，选择【格式】|【字体】命令，在字体对话框在中设置文字格式：蓝色。再次选择【格式】命令，选择“突出显示”项。

第③题：略。

第④题：选择第四段落，选择【页面布局】|【分栏】|【两栏】，把光标停留在“例”前，选择【页面布局】|【分隔符】|【分栏符】。

第⑤题:选中第五段文字,选择【插入】|【文本框】|【绘制竖排文本框】命令,用鼠标画一个文本框。选中该文本框,右单击鼠标打开快捷菜单,选择【其他布局选项】对话框,单击"大小"选项。设置文本框的大小:高2厘米、宽14厘米。选中文本框,选择【绘图工具】|【格式】选项卡,单击"形状样式"组右下角的按钮,在弹出的【设置形状格式】对话框中,单击【阴影】选项,在【预设】中设置阴影样式,在【颜色】中设置相应的颜色。

第⑥题:略。

第⑦题:将光标移到最后,选择【插入】|【表格】命令,打开【插入表格】对话框,并设置为5行、5列。选中第一行,选择【表格工具】|【布局】|【合并单元格】命令("合并"组中),将第一行的5个单元格合并为一个单元格,并在该单元格中输入文字。选中第一列下面的4个单元格,右单击鼠标,选择【合并单元格】命令,将该列的4个单元格合并为一个单元格。选择【插入】|【符号】命令,打开【符号】对话框,在对话框中选择符号,选中符号并设置符号的格式。使用同样的方法将样张表格中的其他单元格进行合并,并按照样张输入文字。选择【表格工具】|【设计】|【浅色底纹】(在"表格样式"组中)。

选择【文件】|【保存】命令,保存修改结果。

案例4　图文混排

 案例说明与分析

本案例使用的素材位于"项目二\素材"文件夹中,样张位于"项目二\样张"文件夹中,素材文件:"Word_al2.docx",结果文件:"Word_al2案例.docx",如图2-4-1Word样张3所示。

在Word文档中插入编辑图片、图形,以及其他对象(例如艺术字、公式等),需要掌握对这些对象的格式设置,实现图文混排;掌握设置页眉、页脚等操作技能。

 案例要求

打开素材"word_al2.docx"文件,按图2-4-1 Word样张3,完成下列操作:

1. 将文件的标题"雾里看山-识破庐山真面目"改为艺术字,该艺术字式样在"艺术字"库第一行第五列,按照样张进行排放,并设置"右下斜偏移"的阴影样式。

2. 插入图片"庐山.jpg",高5厘米,宽6厘米,水平与页边距为8厘米,垂直与页边距为6厘米。

3. 按word样张3,在文件中添加一个数学公式,居中对齐。

4. 按word样张3设置页眉和页脚,其中页眉字体格式为4号字、隶书。

5. 以原文件名"Word_al2.docx"保存。

 操作步骤

打开"Word_al2.docx"文件。

第1题:选中标题文字,选择【插入】|【艺术字】命令,选择第一行第五列的样式;选中艺术字,选择【绘图工具】|【格式】选项卡,在"排列"组中,选择【自动换行】|【紧密型环绕】;在"艺术

字样式"组中,选择【阴影】|【右下斜偏移】。

第 2 题:选择【插入】|【图片】命令,打开【插入图片】对话框,选择"庐山.jpg"图片文件,单击【插入】按钮。选中插入的图片,选择【图片工具】|【格式】选项卡,单击"大小"组右下角的按钮。弹出与第 1 题类似的【布局】对话框,依次设置图片的"大小","文字环绕"和"位置"。

第 3 题:选择【插入】选项卡,在"符号"组中,选择【公式】命令,打开【公式工具】选项卡。按样张进行公式的输入和编辑。

第 4 题:选择【插入】|【页眉】|【编辑页眉】,按样张输入页眉,页眉输入"上海计算机一级考试"后,将字体格式设置为 4 号字、隶书;选择【插入】|【页码】|【页面底端】,在"X/Y"选项组中选择"加粗显示的数字 3",按样张输入"第""页""共""页"。第 5 题:选择【文件】|【保存】命令,按原文件名保存 Word 文档。

图 2-4-1 Word 样张 3

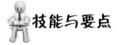

技能与要点

4.1 图形、图片的插入与编辑

掌握在 Word 2010 中插入图片、剪贴画、形状和艺术字的方法,并设置这些对象的格式,实现图文混排。

1. 图片的插入和编辑

(1) 剪贴画和文件型图片的插入

选择【插入】|【图片】或【插入】|【剪贴画】命令,打开相应的对话框进行图片插入操作。

(2) 图片的编辑

插入的图片可以进行缩放、颜色的调整,也可以与文字进行混排。图片编辑操作步骤如下:

选中插入的图片对象,选择【图片工具】|【格式】命令,如图2-4-2对"调整"、"图片样式"、"排列"、"大小"等项进行设置。其中,在"排列"组中的【位置】命令可以设置图片与文本的环绕方式和位置。环绕方式有"嵌入型"、"四周型"和"上下型"等类型;图片在文档中的位置可按"对齐方式"、"绝对位置"和"相对位置"等进行设置。

图2-4-2 图片工具

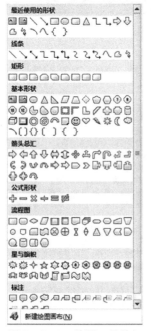

图2-4-3 绘图工具按钮

2. 形状的插入和编辑

(1)形状的插入

选择【插入】|【形状】命令,显示"绘图"工具如图2-4-3所示,选择相应按钮,插入图形或用绘图工具绘制图形。

(2)形状的编辑

选中插入的形状后,会动态的出现【绘图工具】|【格式】选项卡,选中该选项卡,可通过【形状样式】、【形状填充】、【形状轮廓】、【形状效果】等命令,对所绘制的图形对象进行编辑和格式处理。

图形上添加文字的操作,可以在图形上单击右键,在快捷键中单击【添加文字】命令实现。

4.2 其他对象的插入与编辑

Word 2010还提供了公式、艺术字、符号、文件、声像和文本框等对象的插入。

1. 插入公式

选择【插入】选项卡,在"符号"组中,选择【公式】|【插入新公式】命令,或者在"文本"组中,选择【对象】命令,打开【对象】对话框,在对话框中选择"Microsoft 公式3.0",然后通过"公式编辑器"进行公式输入。

2. 插入艺术字

选择【插入】|【艺术字】命令,选择一种艺术字样式。

选中插入的艺术字,在动态出现的【绘图工具】|【格式】选项卡中,在"艺术字样式"组和"排列"组中有相关的命令可对艺术字的样式、文本填充、文本轮廓、文本效果、位置等进行设置。

公式和艺术字的编辑、缩放、颜色处理,对象与文字的混排等,同上述图片图形的操作类似。

3. 插入符号

选择【插入】|【符号】命令,在打开的"符号"中选择需要的符号。

4. 插入日期和时间

选择【插入】|【日期和时间】命令（"文本"组中），选择一种日期时间格式。

5. 插入声像对象

选择【插入】|【对象】命令（"文本"组中），在打开的"对象类型"中选择相应的声像对象。

6. 插入文本框

选择【插入】|【文本框】命令（"文本"组中），在打开的对话框中选择内置的文本框模板，或者选择【绘制文本框】以及【绘制竖排文本框】命令。

4.3　样式和模板

利用样式和模板，可以直接对段落或整个文档，进行快速和统一的格式化。

1. 样式

（1）使用样式

Word 2010 可以直接调用目前文档中已经使用的样式或系统提供的样式，对段落进行格式化的套用，以保持文章段落格式化的统一和提高段落格式化的效率。使用 Word 2010 内置的样式可以帮助用户快速格式化 Word 文档的标题、正文等样式，操作步骤如下：

第 1 步，打开 Word 2010 文档窗口，选择【开始】选项卡，在"样式"组中，单击【更改样式】按钮。

第 2 步，在打开的【更改样式】下拉菜单中指向"样式集"选项，并在打开的样式集列表中选中其中一种样式即可。

（2）修改样式

第 1 步，打开 Word 2010 文档窗口，选择【开始】选项卡，在"样式"组中，单击右下角的按钮。

第 2 步，在打开的【样式】窗格中右键单击准备修改的样式，在打开的快捷菜单中选择【修改】命令。

第 3 步，打开【修改样式】对话框，用户可以在该对话框中重新设置样式定义。

2. 模版

选择【文件】|【新建】，选择可用模板，创建 Word 文件，文档将直接使用所选择的模板内容和格式排版。

4.4　页码、页眉页脚与打印预览

1. 页码与页眉页脚设置

页眉页脚的设置，可以在文档每页的顶部和底部打印固定的内容，包括在页眉页脚中设置按页变化的页码、页数，设置奇数页和偶数页、首页和其余页不同的页眉页脚内容等。操作方法如下：

① 选择【插入】选项卡，在"页眉和页脚"组中，选择相应的命令按钮，对页眉和页脚进行编辑。其中页码和页数、日期和时间等，可以随文档内容或系统日期时间的变化而变化。

② 选择【页面布局】选项卡，单击"页面设置"组右下角的按钮，打开【页面设置】对话框，在对话框中设置奇数页和偶数页、首页和其余页不同的页眉页脚内容。

说明：设置页眉页脚的奇数页和偶数页、首页和其余页不同后，对前后页、首页的页眉页脚

编辑不同的内容即可。

2. 打印预览

打印预览的目的是查看文档打印出来的效果。操作步骤如下:

① 打开 Word 2010 文档窗口,选择【文件】|【打印】命令。

② 在打开的"打印"窗口右侧预览区域可以查看 Word 2010 文档打印预览效果,纸张方向、页边距等设置都可以通过预览区域查看效果。并且还可以通过调整预览区下面的滑块改变预览视图的大小。

③ 单击"打印预览"窗口中的【打印】工具按钮可直接打印。在打开的"打印"窗口右侧预览区域可以查看 Word 2010 文档打印预览效果,用户所选的纸张方向、页边距等设置都可以通过预览区域查看效果。并且用户还可以通过调整预览区下面的滑块改变预览视图的大小。

4.5 练习题

1. 打开"Word_lx2_1. docx"文件,按图 2-4-4word 样张 4 所示,操作要求如下:

温暖的气候、优质的海水、和其它海藻植物,使三亚成为水观光活动有两种选择:乘潜水船和直接潜水。

乘潜水船包括观光潜艇:号"观光潜艇可以让游客通过水下行程 50 分钟左右。

半潜式海底游船:位于三游客通过座位旁的玻璃钢窗口个海底观光行程约 1 小时。

直接潜水可以浮潜:向每个客人提供一套潜水镜、呼吸管、脚蹼和救生衣,由浮潜导游讲解有关知识和注意事项后,和浮潜导游一起下水观光,主要活动在 1—3 米的浅水区。

水肺潜水:游客穿戴专门的潜水衣和潜水设备,由教练培训约半小时,携带压缩空气瓶,在潜水教练带领下潜入海底。下潜深度 4—15 米不等。

夜潜:和白天潜水所不同的是配备声音的手电筒,在夜间的海底潜水更神秘、更刺激。

【海底漫步:配戴供气的防压头盔,同教练陪同顺着游船直通海底的水梯走到 4—5 米深的海底珊瑚周围。整个行程约 20—30 分钟。】

多姿多彩的珊瑚、各种热带鱼海南潜水活动的最佳之处。潜水船和直接潜水。
位于三亚市大东海的"航旅一闭路电视看到海底景致。整个亚市亚龙湾。可下潜 1.7 米,可观海底珊瑚和热带鱼群。整

$$y = \int_0^8 \frac{x^2}{(1-x)^8} \sqrt[3]{(x+6) \cdot sinx dx}.$$

图 2-4-4 Word 样张 4

① word 样张 4,将标题"海底世界探秘"改为艺术字,样式为第六行第三列;隶书、粗体、28 号字;并设置其形状样式为"中等效果-红色,强调颜色 2"。位置为"顶端居中,四周型文字环绕"。文字方向为"垂直"。

② 插入图片"旅游. bmp",添加黑色、1 磅的图片边框,图片高 3.5 厘米,宽 4 厘米,水平与页边距为 10 厘米,垂直与页边距为 5 厘米,设置阴影样式为"右上斜偏移"。

③ 在最后一段的开始和结尾处插入相应符号。

④ 在文件中添加一个数学公式,居中对齐。

操作提示

第① 题:选中标题文字,选择【插入】|【艺术字】命令,将显示的标题文字"海底世界探秘"分为两行,并设置字体格式:隶书、粗体、28 号。

选中艺术字,选择【绘图工具】|【格式】命令,在"形状样式"组中,选择"中等效果-红色,强调颜色 2"。在"排列"组中,选择【位置】为"顶端居中,四周型文字环绕"。在"文本"组中,选择【文字方向】|【垂直】。

第②题:选择【插入】|【图片】命令,打开【插入图片】对话框,选择"旅游.bmp"文件,单击【插入】按钮;选中图片,选择【图片工具】|【格式】,在"图片样式"组中,选择【图片边框】设置边框宽度和颜色;选择【图片工具】|【格式】,在"大小"组中,设置高 3.5 厘米,宽 4 厘米;选择【图片工具】|【格式】|【位置】|【其他布局选项】命令,在【文字环绕】选项卡中,设置"环绕方式"为"四周型",在【位置】选项卡中,设置距离正文的距离;选择【图片工具】|【图片效果】|【阴影】命令,选择合适的阴影效果。

第③题:光标移至最后一段的开头,选择【插入】|【符号】命令,打开【符号】对话框,选择"〖"符号插入。重复上述方法在最后一段的结尾处插入"〗"符号。

第④题:将光标移至文档的最后,选择【插入】|【公式】|【插入新公式】命令,按样张输入公式。

选择【文件】|【保存】命令,保存文件。

2. 打开"Word_lx2_2.docx"文件,按图 2-4-5Word 样张 5 所示,操作要求如下:

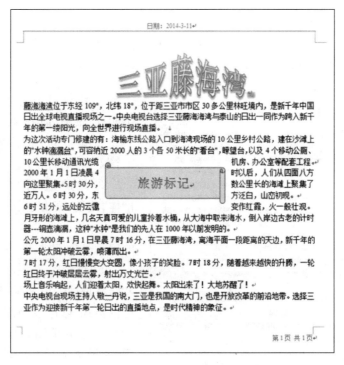

图 2-4-5　Word 样张 5

① 将标题"三亚藤海湾"改为艺术字,样式为第三行第二列;自动换行方式为"上下型环绕",文本效果为"正三角"。

② 插入"横卷形"图形,将该图形水平翻转,设置红色线条,黄色填充,并添加文字"旅游标记",字号为"小二"、居中对齐、样式为"渐变填充-橙色,强调文字颜色 6,内部阴影";图形高 2 厘米,宽 6 厘米,按样张位置放置。

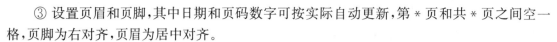

③ 设置页眉和页脚,其中日期和页码数字可按实际自动更新,第 * 页和共 * 页之间空一格,页脚为右对齐,页眉为居中对齐。

操作提示

第①题:略。

第②题:选择【插入】|【形状】,选择"星与旗帜"中的"横卷形"自选图形,然后在文件中拖动鼠标,文件中即插入了"横卷形"图形;选中图形,选择【绘图工具】|【格式】,在"排列"组中选择【旋转】|【水平翻转】命令;单击"形状样式"组中右下角的按钮,在弹出的对话框中设置颜色和填充;在"大小"组中,设置大小:高 2 厘米、宽 6 厘米;在"排列"组中,选择【位置】按钮,设置环绕方式;右键单击图形,从快捷菜单中选择"添加文字"命令,输入文字"旅游标记";选中文字,在【开始】选项卡的"字体"组中设置字号为"小二",居中对齐,在【绘图工具】|【格式】,"艺术字样式"组中设置字体样式。

第③题:选择【插入】|【页眉】或者【页脚】命令,出现【页眉和页脚工具】|【设计】选项卡,按Word 样张 5 输入内容。其中,日期使用【日期和时间】按钮,页码和页数使用【页码】按钮,按样张设置。

选择【文件】|【保存】命令,保存文件。

综合实践

1. 打开"word_zhlx. docx"文件,按下列要求和样张编辑,如下图"Word 综合练习样张 1"所示,编辑结果保存为"word_zhlx1. docx"。

① 将标题设置为艺术字:第三行、第四列、隶书、加粗、40 号。

② 设置全文的段落格式:首行缩进 2 个汉字、1.5 倍行距、两端对齐。

③ 设置全文中"信息"文字的格式:楷体、蓝色、突出显示。

④ 合并第一、第二段落。将合并后的段落等分三栏、首字下沉 2 行。

⑤ 将最后一段按样张分成二段,按样张将最后一段文字竖排、加边框、设置边框格式:蓝色、双细线、紫色阴影。

⑥ 插入剪贴画"Buildings",图片格式:衬于文字下方,图片颜色为:"茶色,背景颜色 2,浅色",并按样张与文字混排。

⑦ 按样张插入表格,表格格式:蓝色双细线外框、蓝色单细线内框、黄色底纹填充;文字格式:宋体、4 号字、居中对齐。

Word 综合练习样张 1

2. 打开"word_zhlx. docx"文件，按下列要求和样张编辑，如图"Word 综合样张 2"所示，编辑结果保存为"word_zhlx2. docx"。

Word 综合练习样张 2

① 标题文字格式：紫色、华文彩云、初号、蓝色 5％图案填充、蓝色双线边框线。

② 设置文中除标题以外的"信息科学"的文字格式：绿色、隶书；并合并第一、第二段落。

③ 合并第三段、第四段段落，并将合并后的段落首字下沉二行，下沉的文字格式：隶书、红色、蓝色双细边框线、茶色底纹，并将该段落分成偏右两栏。

④ 插入"旅游. bmp"图片，红色边框，并按样张与文字混排。

⑤ 对"信息的表示不是……"段落竖排，加上文本框，设置文本框格式：画布纹理填充，红色双线边框。

⑥ 在文件的末尾插入"香农理论. docx"文件，并按样张加上项目符号（该符号位于：Wingdings 2 中）。

⑦ 将文字"香农信息概念的一些缺陷"转变成：第四行、第二列样式的艺术字，四号字体，按样张位置放置。

⑧ 按样张在末尾插入公式。

项目三 电子表格处理软件 Excel 2010

案例5　单元格与区域

案例说明与分析

本案例对电子表格中的数据进行编辑、计算和格式化，文件位于"项目三\素材"文件夹中，样张位于"项目三\样张"文件夹中，文件名为"Excel_案例1. xlsx"。

本案例对电子表格中单元格的数据进行编辑、计算和格式化的操作。编辑操作要注意单元格有属性；计算中可以应用公式、函数、单元格引用和区域名称；数据格式化可以选择自动套用格式、自定义格式和条件格式。

案例要求

启动 Excel 2010，打开"Excel_案例1. xlsx"文件，按要求完成以下各题的操作。

1. 添加工号，从 001 开始，前置 0 要保留。

2. 计算所有教职工的津贴（津贴＝基本工资×职贴率）和实发工资（实发工资＝基本工资＋奖金＋津贴－Sheet2 工作表中的公积金）。

3. 将职称为教授的基本工资区域定义为名称 JSGZ，并计算其平均值，计算结果存放在 I23 单元格中。

4. 将批注移至 C21 单元格，并把批注的内容修改为"院士、博导"，显示批注。

5. 取消 D 列、F 列数据的隐藏，隐藏第 12 行的数据。计算所有教职工的临时补贴（工龄大于等于 20 年的基本工资×25％；工龄大于等于 10 年的基本工资×15％；工龄小于 10 年的基本工资×8％）。

6. 对基本工资为 3 700 元以下的工号填充"橙色，强调文字颜色 6，淡色 60％"，对实发工资为 5 500 元以上的数据用"深红色"、粗体字表示。

7. 将标题设置为隶书、粗体、20 磅、红色、跨列居中，对 A1、C1、E1、G1、I1 和 K1 单元格填充"水绿色，强调文字颜色 5，淡色 60％"颜色，"平均值"和"职贴率"行填充"白色，背景 1，深色 15％"颜色，并添加"6.25％灰色"的图案。为数据表外框添加蓝色最粗实线，内框添加蓝色双线。

8. 对区域名称为"工资"的数据设置货币符号(人民币)、粗斜体、保留两位小数,并设置最合适的列宽。

9. 在 Sheet3 工作表中建立"九九乘法表",要求计算中只能输入一次公式,最多拖曳 4 次。输入标题"九九乘法表",字体为隶书、蓝色、18 磅、合并居中。设置列宽为 5,为表格添加框线。

10. 以原文件名保存操作结果。

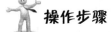

操作步骤

第 1 题:选择【文件】|【打开】命令,打开 Excel_案例 1. xlsx 文件。选中 A3 单元格,输入'001,确认后拖曳填充柄至 A21 单元格,或双击填充柄。

第 2 题:选中 I3 单元格,输入公式:＝G3×＄B＄23,拖曳填充柄至 I21 单元格。选中 J3 单元格,输入公式:＝G3＋H3＋I3－Sheet2! B2,拖曳填充柄至 J21 单元格。

第 3 题:分别选中教授基本工资的单元格,在编辑栏的名称框中输入 JSGZ。选中 I23 单元格,输入公式:＝Average(JSGZ)。

第 4 题:选中 C11 单元格,按〈Ctrl〉+〈C〉键,选中 C21 单元格,选择【开始】|【粘贴】|【选择性粘贴】命令,在对话框中选择"批注"单选项。右单击 C21 单元格,在快捷菜单中选择【显示/隐藏批注】命令。将批注内容修改为"院士、博导",并移到适当位置。右单击 C11 单元格,在快捷菜单中选择【删除批注】命令。

第 5 题:选中 C、E 列,选择【开始】|【格式】|【可见性】|【隐藏和取消隐藏】|【取消隐藏列】命令。用同样的方法取消 F 列的隐藏。选中第 12 行,选择【开始】|【格式】|【可见性】|【隐藏和取消隐藏】|【隐藏行】命令。选中 K3 单元格,输入公式:＝IF(F3＞＝20,G3 * 0.25,IF(F3＞＝10,G3 * 0.15,G3 * 0.08)),拖曳填充柄至 K21 单元格。

第 6 题:选中 A3:A21 区域,选择【开始】|【条件格式】|【新建规则】命令,打开【新建格式规则】对话框,【选择规则类型】选择"使用公式确定要设置格式的单元格"选项,输入公式"＝G3＜3700",单击【格式】按钮,设置单元格的填充色为"橙色,强调文字颜色 6,淡色 60％",如图 3-5-1 所示,单击【确定】按钮。

选中 J3:J21 区域,选择【开始】|【条件格式】|【新建规则】命令,打开【新建格式规则】对话框,【选择规则类型】选择"只为包含以下内容的单元格设置格式"选项,满足条件为＞5500,单击【格式】按钮,单元格的字体设置为粗体字、"深红色",单击【确定】按钮。

第 7 题:选中 A1:K1 区域,选择【开始】选项卡,单击"对齐方式"组右下角的对话框启动器,打开【设置单元格格式】对话框,在【字体】选项卡中设置文字的格式为"隶书、加粗、20 磅、红色字";在【对齐】选项卡中,水平对齐选择"跨列居中"选项,单击【确定】按钮。按〈Ctrl〉+单击,分别选中 A1、C1、E1、

图 3-5-1 【条件格式】对话框

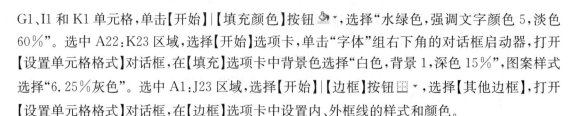

G1、I1 和 K1 单元格,单击【开始】|【填充颜色】按钮 ,选择"水绿色,强调文字颜色 5,淡色60％"。选中 A22:K23 区域,选择【开始】选项卡,单击"字体"组右下角的对话框启动器,打开【设置单元格格式】对话框,在【填充】选项卡中背景色选择"白色,背景 1,深色 15％",图案样式选择"6.25％灰色"。选中 A1:J23 区域,选择【开始】|【边框】按钮,选择【其他边框】,打开【设置单元格格式】对话框,在【边框】选项卡中设置内、外框线的样式和颜色。

第 8 题:在编辑栏的名称框中选择"工资",选择【开始】|【单元格样式】|【货币】,添加货币符号。单击【开始】|【加粗】按钮 **B** 和【倾斜】按钮 *I*。选择【开始】|【格式】|【单元格大小】|【自动调整列宽】。

第 9 题:单击 Sheet3 工作表,选中 B2 单元格输入 1,选中 C2 单元格输入 2,选中 B2、C2 单元格拖曳填充柄至 J2;选中 A3 单元格输入 1,选中 A4 单元格输入 2,选中 A3、A4 单元格拖曳填充柄至 A11。选中 B3 单元格输入公式:＝＄A3×B＄2;拖曳填充柄至 B11;再拖曳填充柄至 J11。选中 A1 单元格输入"九九乘法表",选择【开始】选项卡,在"字体"组中设置文字的字体为"隶书",颜色为蓝色,大小为 18 磅;选中 A1:J1 区域,选择【开始】|【合并后居中】按钮。选中 A 列到 J 列,选择【开始】|【格式】|【单元格大小】|【列宽】命令,在对话框中列宽输入 5。选中 A1:J11 区域,选择选择【开始】|【边框】按钮,选择【所有框线】,为表格添加框线。

第 10 题:选择【文件】|【保存】命令,将操作结果以原文件名保存。

技能与要点

5.1 文件的创建和编辑

1. 创建和编辑电子表格

(1) 创建新文件

① 启动 Excel 2010,系统自动打开空白工作簿,默认文件名为工作簿 1。选择【文件】|【新建】命令也能打开空白工作簿。

② 选择单元格或区域,输入数据。

③ 选择【文件】|【保存】命令或选择【文件】|【另存为】命令,保存文件。

(2) 编辑电子表格

① 选择【文件】|【打开】命令,打开已建好的电子表格文件。

② 按要求计算、编辑电子表格中的数据或对电子表格格式化。

③ 选择【文件】|【保存】命令或选择【文件】|【另存为】命令,保存操作结果。

2. 工作表的操作

一个 Excel 文件(工作簿)可以由若干个工作表组成,系统默认三张表。

(1) 工作表的选取

选取一张工作表:单击表标签;选取连续多张工作表:〈Shift〉＋单击表标签;选取不连续多张工作表:〈Ctrl〉＋单击表标签。若工作簿含有多张工作表,可使用工作表选取按钮前后翻页。

(2) 工作表的插入

选择【开始】选项卡,在"单元格"组中,选择【插入】|【插入工作表】命令或者按〈Shift〉＋〈F11〉组合键,在选中的工作表前增加了一张新工作表。或单击工作表标签栏右侧的【插入工

作表】按钮，插入一张新工作表。

（3）工作表的移动

选中要移动的工作表标签，拖曳至需要的位置。

（4）工作表的复制

选中要复制的工作表标签，按住〈Ctrl〉键，拖曳至需要的位置。复制的工作表标签名在原表标签名后加（2），表示同名的第二张表。例如复制 Sheet1 工作表，它的副本表标签名为 Sheet1(2)。

若要复制或移动到另一个工作簿中去，选择【开始】选项卡，在"单元格"组中，选择【格式】|【组织工作表】|【移动或复制工作表】，打开【移动或复制工作表】对话框，选中【建立副本】复选框表示复制，不选表示移动。

（5）工作表的重命名

双击工作表标签，输入新表标签名。或右单击工作表标签，在快捷菜单中选择【重命名】命令。

（6）工作表表标签颜色

右单击工作表标签，在快捷菜单中选择【工作表表标签颜色】|【颜色】。

（7）工作表的删除

选中要删除的工作表标签，选择【开始】选项卡，在"单元格"组中，选择【删除】|【删除工作表】命令。注意：被删除的工作表不能恢复。

5.2　单元格数据的输入和编辑

1. 数据的输入

（1）单元格、区域的选取

① 单元格的选取：单击所需选取的单元格。单元格的快速定位：按功能键 F5。

② 区域的选取：单击左上角的单元格拖曳至右下角的单元格，或者单击区域四个角的任何一个单元格，按住〈Shift〉键，再单击区域对角的单元格。

③ 不相邻单元格或区域的选取：单击第一个单元格或区域，按住〈Ctrl〉键，分别选取所需选取的单元格或区域。

④ 行和列的选取：单击行号选取一行；单击列标选取一列。

⑤ 取消选取区域：单击选区外的任意一个单元格即可取消区域的选取。

（2）数据的输入

① 输入文本：选取单元格，输入字符，按回车键。

字符型的数字输入方法是：在数字前面加上半角的单引号，单元格左上角有个小绿点。例如输入 0123，正确的方法是：选中单元格，输入'0123，按回车键确认。

② 输入数值：数值只可以是下列字符：0～9、＋、－、（）、/、＄、％、E、e，其他数字与非数字的组合将被视作文本，在默认情况下，所有的数值在单元格中均右对齐。

若输入分数，在分数前要输入 0 和空格，例如分数二分之一，正确的方法是："0 1/2"。

若输入的数值长度超出单元格的宽度，采用科学记数法。例如输入 123456789012，确认后，在单元格中显示的数据为 1.234567E＋11。

③ 输入日期和时间。日期格式：年-月-日或年/月/日；输入当前日期按快捷键〈Ctrl〉＋；

(分号)。时间格式:时:分:秒;输入当前时间按快捷键〈Ctrl〉+〈Shift〉+;。

④ 自动填充输入系列数据:单元格或区域右下角有一个小方块称为填充柄,它可以自动填充数据,例如星期、月份、季度、甲乙丙……。单击填充柄右下角的快捷菜单按钮,打开快捷菜单,选择填充的方式。

2. 数据的编辑

(1) 修改单元格内容

双击单元格,在单元格中直接输入新内容。或单击单元格,输入内容,新内容取代原有的内容。

(2) 插入单元格、行或列

插入单元格:选中单元格,选择【开始】选项卡,在"单元格"组中选择【插入】|【插入单元格】。

插入行:选中行,选择【开始】选项卡,在"单元格"组中选择【插入】|【插入工作表行】,插入的行在该行的上面。

插入列:选中列,选择【开始】选项卡,在"单元格"组中选择【插入】|【插入工作表列】,插入的列在该列的左边。

(3) 移动单元格或区域的内容

同一工作表:选中要移动的单元格或区域,拖曳至目标单元格。

不同工作表:选中要移动的单元格或区域,选择【开始】选项卡,在"剪贴板"组中选择【剪切】或按快捷键〈Ctrl〉+〈X〉,选择目标单元格,选择【开始】|【粘贴】或按快捷键〈Ctrl〉+〈V〉。此操作方法也可用于同一工作表中单元格或区域的移动。

(4) 复制单元格或区域的内容

同一工作表:选中要复制的单元格或区域,按住〈Ctrl〉键,拖曳至目标单元格。

不同工作表:选中要复制的单元格或区域,单击【开始】|【复制】或按快捷键〈Ctrl〉+〈C〉,选择目标单元格,单击【开始】|【粘贴】或按快捷键〈Ctrl〉+〈V〉。此操作方法也可用于同一工作表中单元格或区域的复制。

(5) 删除单元格、行或列

选中要删除的单元格,选择【开始】选项卡,在"单元格"组中选择【删除】|【删除单元格】命令。用同样的方法删除行和列。

3. 单元格属性的编辑

单元格有属性,其属性包括内容、批注和格式。

(1) 批注

① 插入批注:选中单元格,选择【审阅】选项卡,在"批注"组中选择【新建批注】。或单击右键在快捷菜单中选择【插入批注】命令。

② 编辑批注:修改批注中的内容:单击【审阅】选项卡,在"批注"组中选择【显示/隐藏批注】,显示批注,修改内容;设置批注格式:右单击批注边框,在快捷菜单中选择【设置批注格式】命令,打开设置批注格式对话框,在对话框中完成对文字、框线和填充颜色的设置。

③ 删除批注:选中单元格,单击【审阅】选项卡,在"批注"组中选择【删除】。或单击右键在快捷菜单中选择【删除批注】命令。

(2) 复制单元格或区域的属性

选中要复制的单元格或区域,单击【开始】|【复制】或按快捷键〈Ctrl〉+〈C〉,选择目标单元格,选择【开始】|【粘贴】|【选择性粘贴】。

(3)清除单元格属性

清除单元格的内容:选中单元格,按〈Del〉键。

清除单元格的属性:选中单元格,选择【开始】选项卡,在"编辑"组中选择【清除】选项中要清除的单元格属性。

4. 恢复

若编辑过程中操作有误,可单击【快速访问工具栏】上的【撤销】按钮,撤销操作。

5.3 公式和函数

公式是电子表格的核心。

1. 公式

(1)创建公式

格式:以等号开始,由常数、单元格引用、函数和运算符等组成。

① 运算符及优先级:公式中运算符的优先级同数学中运算符的优先级相同。

② 输入公式:单击要输入公式的单元格,键入"=";输入公式内容;按回车键锁定。计算的结果显示在单元格中,公式显示在编辑栏中,因此,公式的编辑可直接在编辑栏中进行。

若希望在单元格中显示公式而不是计算结果,选择【公式】选项卡,在"公式审核"组中选择【显示公式】。

③ 单元格引用:

相对引用:随单元格位置变化而自动变化的引用,用相对地址名 A1 表示。

绝对引用:随单元格位置变化不变的引用,用绝对地址名＄A＄1 表示。

混合引用:随单元格位置变化行变列不变的引用,用混合地址名＄A1 表示;随单元格位置变化列变行不变的引用,用混合地址名 A＄1 表示。

不同类型的引用可以通过键盘直接输入或使用功能键 F4 切换,其次序为:相对引用(A1)→绝对引用(＄A＄1)→混合引用(A＄1)→混合引用(＄A1)循环切换。

注意:在公式中若变量是绝对引用,将其移动或复制到其他单元格,其值不变;若变量是相对引用,移动到其他单元格其值不变;复制到其他单元格,其值就会随单元格位置的变化而变化。据此,在运算中,同一种运算只需输一次公式,其余的通过填充柄复制。

④ 工作表引用

参与运算的其他工作表上的数据用工作表引用表示,工作表引用又称为三维引用。工作表引用格式:〈工作表名〉!〈单元格引用〉。例如 Sheet1 表中 B4 的数据与 Sheet2 表中 C2 的数据相加,结果放在 Sheet1 表中的 D6 单元格中。操作如下:

选中 Sheet1 表中 D6 单元格,输入"= Sheet1! B4+ Sheet2! C2",按回车键锁定。

(2)用名称和标志简化公式

在运算中工作表的区域通常用单元格引用来表示,当工作表的数据较多时就显得不方便,为此,系统提供用区域名称代替单元格引用来参与运算,简化公式。

① 创建区域名称的方法

编辑栏名称框中命名:选中区域,在编辑栏【名称】框中输入名字。

自定义区域名称或以工作表首行、首列作为区域名称:选择【公式】选项卡,在"定义的名称"组中选择【定义名称】,打开【新建名称】对话框,如图3-5-2所示。在文本框中输入区域名称,单击【确定】按钮。此命令还可用来编辑区域名称,即修改区域的名称和引用位置。

图3-5-2 【新建名称】对话框

② 名称的应用

参与公式运算:将名称直接输入到公式"=函数(名称)"或选择【公式】,在"定义的名称"组中选择【用于公式】|【粘贴名称】将名称粘贴到公式中。

对名称区域的数据格式化:在编辑栏【名称】框中选中需格式化的区域名称,选择【开始】选项卡,在"单元格"组中,选择【格式】|【设置单元格格式】。

(3) 字符运算

格式:〈字符串1〉&〈字符串2〉&〈字符串3〉&……

说明:字符串可以用单元格引用表示,若要添加空格或插入其他字符,空格和字符必须用半角的双引号括起来。

2. 函数

(1) 函数格式及使用说明

函数格式:函数名(参数1,参数2,……)

说明:

① 函数的参数可以是数值、文本、逻辑值和函数的返回值,也可以是单元格引用或区域名称,参数一定要放在圆括号里。

② 参数是区域可用冒号连接区域首尾单元格引用,例如:B3:D5。若对此区域已定义了名称,也可直接使用名称参与运算,例如:=MIN(工龄)。

③ 当参数多于一个时,必须用逗号把它们隔开,参数最多可达30个。例如:=SUM(B3:D5,E2:F4,G6)。

④ 函数可以嵌套,不能交叉,函数括号要对应。

(2) 输入函数

直接键盘输入、选择【公式】|【插入函数】、单击编辑栏上【插入函数】按钮 *fx*,后两种操作都会打开【插入函数】对话框,在【选择类别】框中选择函数类别,在【选择函数】框中选择函数。列表框下面给出了函数的格式和功能。

(3) 常用函数举例

常用函数有 SUM、AVERAGE、COUNT、MAX、MIN、IF、AND、OR、NOT 等。

例5.1.1 求C3:C5和E3:E5区域的平均值,其公式为:= AVERAGE(C3:C5,E3:E5)。

例5.1.2 求名称为"工资"的最大值,其公式为:= MAX(工资)。

例5.1.3 显示当前系统日期和时间,其公式为:=NOW()。

例 5.1.4　划分学生成绩等级,总评成绩大于等于 90 分的为优秀,大于等于 60 分的为及格,其余为不及格。其公式为:＝IF(总评成绩＞＝90,"优秀",IF(总评成绩＞＝60,"及格","不及格"))。

例 5.1.5　数学、语文、外语三门课考试成绩中有一门为 90 分以上(包括 90 分)的评价为单项优秀,其余的为一般。其公式为:＝IF(OR(数学＞＝90,语文＞＝90,外语＞＝90),"单项优秀","一般")。

例 5.1.6　数学、语文、外语三门课考试成绩均在 85 分以上的评价为优良,其余的为一般。其公式为:＝IF(AND(数学＞85,语文＞85,外语＞85),"优良","一般")。

例 5.1.7　统计考试成绩 60 分以上的人数:＝COUNTIF(E2:E27,"＞＝60")。

例 5.1.8　计算临时补贴(职称为"工程师"的基本工资＊25％,职称为"技术员"的基本工资＊15,其余的为基本工资＊10％):＝IF(职称＝"工程师",基本工资＊25％,IF(职称＝"技术员",基本工资＊15％,基本工资＊10％))。

3. 自动计算

(1) 行和列数据的自动求和

选择临近行或列的单元格,双击【公式】|【自动求和】("函数库"组中)。

(2) 数据的自动计算

选中需计算的数据区域,在状态栏中系统已给出计算结果,系统默认为平均值、计数和求和,右单击计算结果显示区,在快捷菜单中选择其他函数。

5.4　数据格式化

工作表格式化是指对数据的表示方法、字体、对齐方式、边框、颜色、行高、列宽等进行设置。Excel 2010 在【开始】选项卡的"样式"组和"单元格"组中,提供了对单元格的格式化操作。

1. 快速选择表格格式

① 选中需设置格式的区域。

② 选择【开始】选项卡,在"样式"组,选择【套用表格格式】,弹出如图 3－5－3 所示的下拉列表,在列表中选择合适的格式。

2. 自动套用单元格样式

① 选中需设置格式的区域。

② 选择【开始】选项卡,在"样式"组,选择【单元格样式】,弹出如图 3－5－4 所示的下拉列

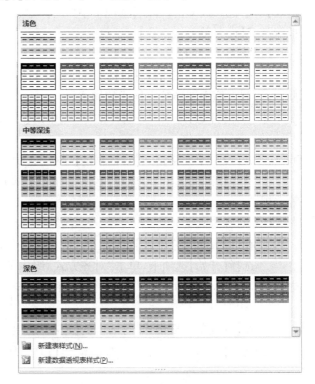

图 3-5-3　套用表格格式

表,在列表中选择合适的样式。

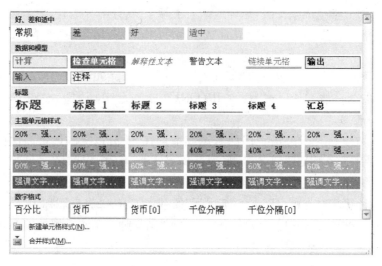

图 3-5-4　单元格样式

3. 自定义格式

① 选中需设置格式的区域。

② 选择【开始】选项卡,在"单元格"组,选择【格式】|【设置单元格格式】,打开【设置单元格格式】对话框。或单击【开始】选项卡中"字体"、"对齐方式"和"数字"组右下角的对话框启动器也能打开【设置单元格格式】对话框。

(1) 数字格式化

① 在【设置单元格格式】对话框的【数字】选项卡中,在左边列表框中选择数字格式的类型,右边列表框中选择数字格式的样式;

② 选择【开始】选项卡,选择"数字"组中的【货币样式】、【百分比】、【千分位】等选项。

(2) 字符格式化

① 在【设置单元格格式】对话框的【字体】选项卡中设置数据的字体、字形、字号、颜色等;

② 选择【开始】选项卡,选择"字体"组的【字体】、【字形】、【字号】、【加粗】、【倾斜】、【颜色】等选项。

(3) 对齐方式

① 在【设置单元格格式】对话框的【对齐】选项卡中设置数据对齐方式;

② 选择【开始】选项卡,单击"对齐方式"组中的【左对齐】、【居中】、【右对齐】和【合并后居中】等选项。标题的对齐方式有合并居中和跨列居中,请注意两者的区别。

(4) 边框

① 在【设置单元格格式】对话框的【边框】选项卡中设置框线的颜色、线型,添加内外框线;

② 选择【开始】选项卡,选择"字体"组【边框】按钮 ⊞ ▾。

(5) 色彩与图案

① 选择【设置单元格格式】对话框中的【填充】选项卡,填充单元格的颜色和图案。

② 选择【开始】选项卡,单击"字体"组中的【填充颜色】按钮 🎨 ▾,此操作只能填充颜色,不能设置图案。

4. 条件格式

为了突出显示所要检查的动态数据或突出显示公式的结果,可以使用条件格式标记单元格。

① 选中要设置条件格式的区域。

② 选择【开始】选项卡,在"样式"组,选择【条件格式】|【新建规则】,打开【新建格式规则】对话框。

③ 在【选择规则类型】框中选择条件格式类型,在【编辑规则说明】框设置条件,条件可以是单元格数值或公式。单击【格式】按钮,打开【设置单元格格式】对话框,在对话框中设置数据的字体、颜色、边框、背景色或图案。

若要添加条件格式可选择【开始】|【条件格式】|【管理规则】,打开【条件格式规则管理器】对话框,如图 3-5-5 所示。在对话框中可以新建、编辑和删除规则。

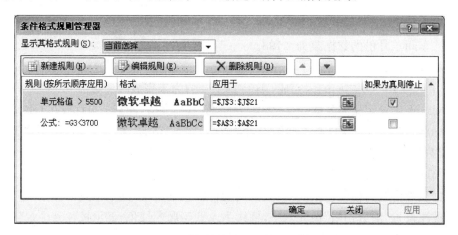

图 3-5-5　【条件格式规则管理器】对话框

条件格式一旦设定,在被删除前对单元格一直起作用。更改或删除条件格式在【条件格式规则管理器】对话框中完成。

5. 调整单元格的列宽、行高

Excel 2010 默认的列宽、行高由通用格式样式中设置的字形大小来决定。若单元格中输入字符太长就要被截,数字太长会出现"＃＃＃＃＃＃"。为了能够完全显示单元格中的数据就需要调整单元格的列宽和行高。

(1) 列宽、行高

① 鼠标移到两个列标之间,当鼠标指针变成双箭头时,拖曳鼠标调整单元格的列宽。

② 选择【开始】选项卡,在"单元格"组中,选择【格式】|【单元格大小】中的【列宽】、【自动调整列宽】和【默认列宽】选项。调整单元格行高的操作方法同列。

(2) 行或列的隐藏和取消隐藏

选中需隐藏的列,选择【开始】选项卡,在"单元格"组中,选择【格式】|【可见性】|【隐藏和取消隐藏】|【隐藏列】,可将工作表中暂不使用的数据隐藏起来,需恢复时选择【取消隐藏列】。行的隐藏和取消隐藏的操作同列。

(3) 自动调整行高

选择【开始】,在"单元格"组中,选择【格式】|【设置单元格格式】,在对话框的【对齐】选项卡中选择【两端对齐】、【自动换行】。

6. 格式的复制和删除

(1) 复制格式

① 选择【开始】选项卡,在"剪贴板"组中,选择【格式刷】 ；

② 选择【开始】|【复制】和【开始】|【粘贴】|【选择性粘贴】,在对话框中选择需复制的格式选项。

(2) 删除格式

选择【开始】选项卡,在"编辑"组中,选择【清除】 ▼ |【清除格式】。

5.4 练习题

1. 打开"新华电器厂季度产值表.xlsx"文件,按下列要求对工作表进行编辑,编辑结果以原文件名保存在磁盘上。样张参见图 3-5-6。

① 将二车间二月份的数据改为 2 198。

② 计算合计值、平均值(保留 2 位小数)和任务完成情况(合计值大于等于 15 000 的为超额完成;15 000 和 13 000 之间的为完成;小于 13 000 的为未完成)。

③ 将 C3:F5 区域定义为名称"第一季度",并计算其最大值,计算结果存放在 G10 单元格。

④ 将标题按样张分为两行,主标题设置为华文彩云、18 磅、加粗、跨列居中;"万元"右对齐。单元格列宽设置为 10。按样张文字颜色为白色,标题行填充"紫色,强调文字颜色 4,淡色 40％";B4:B11 区域填充"白色,背景 1,深色 25％",文字为粗体字。

⑤ 数据表外框线为粉红色粗实线,内框线为粉红色细实线,其他格式如样张。

⑥ 对批注设置"雨后初晴"填充效果,框线为 4.5 磅珊瑚红色,显示批注。

⑦ 对小于 1500 的数据用橙色、加粗、浅蓝色底纹表示。

⑧ 复制数据表数据,并进行行列转换,标题合并居中,隐藏批注。数据表外框线为蓝色粗实线,内框线为蓝色双线。

新华电器厂第一、二季度产值

					万元
车间	一车间	二车间	三车间	四车间	平均值
一月份	3005	1050	2456	2345	2214.00
二月份	2345	2198	2010	2200	2188.25
三月份	2300	1100	2189	1300	1722.25
四月份		2156	2308	1987	2396.25
五月份	hyf:先进车间	1974	2019	3120	2532.50
六月份		1892	3010	2245	2558.00
合计值	16886	10370	13992	13197	
任务完成情况	超额完成	未完成	完成	完成	3005.00

(1)

新华电器厂第一、二季度产值

车间	一月份	二月份	三月份	四月份	五月份	六月份	合计值	任务完成情况
一车间	3005	2345	2300	3134	3017	3085	16886	超额完成
二车间	1050	2198	1100	2156	1974	1892	10370	未完成
三车间	2456	2010	2189	2308	2019	3010	13992	完成
四车间	2345	2200	1300	1987	3120	2245	13197	完成
平均值	2214.00	2188.25	1722.25	2396.25	2532.50	2558.00		3005.00

(2)

图 3-5-6 练习题 1 样张

操作提示

第①题:选中 D4 单元格,输入 2198,按回车键确认。

第②题:选中 C9 单元格,双击【开始】|【求和】按钮Σ,拖曳填充柄至 F9 单元格。选中 G3 单元格,输入公式:＝Average(C3:F3),拖曳填充柄至 G8 单元格。单击【开始】|【增加小数位数】按钮，保留 2 位小数。选中 C10 单元格,输入公式:＝IF(C9＞＝15 000,"超额完成",IF(C9＞13 000,"完成","未完成")),拖曳填充柄至 F10 单元格。

第③题:选中 C3:F5 区域,在编辑栏的名称框中输入"第一季度";选中 G10 单元格,输入公式:＝Max(第一季度)。

第④题:选中第 2 行,选择【开始】|【插入】|【插入工作表行】命令,插入一行。选中 B1 单元格,在编辑栏中剪切"万元"两字,将其复制到 G2 单元格,右对齐。选中 B1:G1 区域,选择【开始】|【格式】|【设置单元格格式】,在对话框的【字体】选项卡中选择"华文彩云、18 磅、加粗";【对齐】选项卡中水平对齐选择"跨列居中"。选中 B1:G10 区域,选择【开始】|【格式】|【单元格大小】|【列宽】,将列宽设置为 10。选中 B1:G3 区域,单击【开始】|【字体颜色】按钮▲，将文字设置为白色。单击【开始】|【填充颜色】按钮，将区域填充为"紫色,强调文字颜色 4,淡色 40％"。选中 B4:B11 区域,将其填充为"白色,背景 1,深色 25％",文字大小设置为 12 磅、粗体字。

第⑤题:选中 B3:G11 区域,单击【开始】|【居中】按钮。选中 B1:G11 区域,选择【开始】|【格式】|【设置单元格格式】,在对话框的【边框】选项卡中设置外框线为粉红色、最粗实线;内框线为粉红色、最细实线。选中 B11 单元格,单击【开始】|【自动换行】按钮。选中 C11:G11 区域,单击【开始】|【垂直居中】按钮。

第⑥题:右单击 C3 单元格,在快捷菜单中选择【显示/隐藏批注】命令,右单击文本框边框,在快捷菜单中选择【设置批注格式】命令,在对话框的【颜色与线条】选项卡中填充颜色选择【填充效果】|【预设】|【雨后初晴】选项;线条颜色选择 4.5 磅、珊瑚红。

第⑦题:选中 C4:F9 区域,选择【开始】|【条件格式】|【新建规则】,在对话框中对小于1 500 的数据字体设置为"金色、加粗";填充颜色为"浅蓝色"。

第⑧题选中 B3:G11 区域,单击【开始】|【复制】,选中 A16 单元格,选择【开始】|【粘贴】|【选择性粘贴】,在对话框中选中【转置】多选项。选中 B1 单元格,按〈Ctrl〉键将标题拖曳到 A15 单元格,选中 A15:I15 区域,单击【开始】|【合并后居中】按钮。右单击 A17 单元格,在快捷菜单中选择【隐藏批注】命令。选中 A15:I21 区域,选择【开始】|【格式】|【设置单元格格式】,在对话框的【边框】选项卡中设置数据表外框线为蓝色粗实线,内框线为蓝色双线。

选择【文件】|【另存为】命令,在对话框中输入"新华电器厂季度产值表.xlsx"文件名,将编辑结果保存在 C 盘上。

2. 打开"计算机应用考试成绩表.xlsx"文件,按下列要求对工作表进行编辑,编辑结果以原文件名保存在磁盘上。样张参见图 3-5-7。

① 添加学号从 0001 到最后,前置 0 要保留。取消 C 列的隐藏。

② 在标题下插入一行,输入当前的日期,右对齐。

③ 计算总评成绩(期中成绩占 30％,期末成绩占 70％,四舍五入取整数)、班级平均分(不包括隐藏项)及评价(总评成绩大于等于 90 分的为"优秀",小于 60 分的为"不合格",其余的为"合格")。

④ 计算女同学的平均成绩（即对性别为女的区域求平均值）。计算结果存放在 G16 单元格。

⑤ 对成绩大于等于 90 分的数据用蓝色、加粗字体表示，成绩小于 60 分的学号用红色表示。

⑥ 对"杨丹妍"单元格插入批注"班长、团支部书记"。隐藏"百分比"行。

⑦ 标题设置为幼圆、粗体、20 磅、深蓝色、跨列居中，其余数据居中对齐。数据表外框线为"水绿色，强调文字颜色 5，深色 50％"粗实线，内框线为"水绿色，强调文字颜色 5，深色 50％"细实线。A1、C1、E1 和 G1 单元格填充橙色底纹，"班级平均分"行填充"白色，背景色 1，深色 25％"底纹，其他格式如样张。

⑧ 计算 Sheet2 工作表中的数据，要求输入一次公式，拖曳两次完成所有数据的计算。并对数据添加人民币符号，保留两位小数，设置最合适的列宽。

计算机应用考试成绩表

2011/5/15

学号	姓名	性别	期中成绩	期末成绩	总评成绩	评价
0001	王继锋	男	88	98	95	优秀
0002	李卫东	男	79	68	71	合格
0003	焦中明	女	84	77	79	合格
0004	齐晓鹏	男	75	75	75	合格
0005	王永隆	男	96	88	90	优秀
0007	杨丹妍	女	85	88	87	合格
0008	王晶晶	女	73	57	62	合格
0009	陶春光	男	64	80	75	合格
0010	张秀双	男	82	92	89	合格
0011	刘炳光	男	54	78	71	合格
0012	姜殿琴	女	91	81	84	合格
0013	车延波	男	76	40	51	不合格
班级平均分			78.9	76.8	77.5	81.9

图 3-5-7 练习题 2 样张

操作提示

第① 题：选中 A3 单元格，输入'0001，拖曳填充柄至 A15 单元格。选中 B、D 列，选择【开始】|【格式】|【可见性】|【隐藏和取消隐藏】|【取消隐藏列】。

第②题：选中第 2 行，选择【开始】|【插入】|【插入工作表行】；选中 G2 单元格，按 Ctrl＋；输入当前日期。

第③题：选中 F4 单元格，输入公式：＝D4＊＄D＄18＋E4＊＄E＄18，拖曳填充柄至 F16 单元格。选中有小数的单元格，单击【开始】|【减少小数位数】按钮，四舍五入取整。选中 D17 单元格，输入公式：＝Average(D4:D8,D10:D16)，拖曳填充柄至 F17 单元格。选中 G4 单元格，输入公式：＝IF(F4＞＝90，"优秀"，IF(F4＜60，"不合格"，"合格"))，拖曳填充柄至 G16 单元格。

第④题：选中 G17 单元格，输入公式：＝Average(女)。

第⑤题：选中 D4:F16 区域，选择【开始】|【条件格式】|【新建规则】，在对话框中，【选择规则类型】中选择"只为包含以下内容的单元格设置格式"选项，对大于等于 90 分的数据设置为蓝色、加粗字体。选中 A4:A16 区域，选择【开始】|【条件格式】|【新建规则】，在对话框中，【选

择规则类型】中选择"使用公式确定要设置格式的单元格"选项,并输入公式"＝OR(D4＜60,E4＜60,F4＜60)",字体格式选择红色。

第⑥题:选中 B10 单元格,选择【审阅】|【新建批注】,输入文字"班长、团支部书记"。右单击 B10 单元格,在快捷菜单中选择【隐藏批注】命令。选中第 18 行,选择【开始】|【格式】|【可见性】|【隐藏和取消隐藏】|【隐藏行】。

第⑦题:根据题目要求选中单元格或区域,选择【开始】|【格式】|【设置单元格格式】,完成对标题和表格格式的操作。

第⑧题:单击 Sheet2 工作表,选中 B4 单元格,输入公式:＝＄A4＊B＄3,分别拖曳填充柄至 B14 和 H14 单元格。选中 B4:H14 区域,选择【开始】|【单元格样式】|【货币】,对数据添加人民币符号、保留两位小数的样式。

选择【文件】|【另存为】命令,在对话框中输入"计算机应用考试成绩表.xlsx"文件名,将编辑结果保存在 C 盘上。

案例 6　数据管理与数据图表化

案例说明与分析

本案例对电子表格中的数据进行分析管理和对数字图表化,文件位于"项目三\素材"文件夹中,样张位于"项目三\样张"文件夹中,文件名为"Excel_案例 2.xlsx"。

对电子表格数据的分析管理包括排序、筛选、分类汇总和创建数据透视表。对数据图表化操作的关键是正确选取转化为图表的数据和图表类型。

案例要求

1. 取消 Sheet1 工作表中 F 列的隐藏,复制 Sheet1 工作表,对复制的工作表重命名为"分类汇总"。

2. 对 Sheet1 工作表筛选出所有高级职称的记录,保留"平均值"和"职贴率"行,以职称为主要关键字按笔画升序排列;基本工资为次关键字按降序排列。

3. 将标题修改为"高级职称教师工资统计表",添加样式为"红色,强调文字颜色 2,粗糙棱台"的艺术字,文字格式为书书、28 磅,居中排列。

4. 按样张创建如图 3-6-1 左图所示的数据透视表。

5. 对"分类汇总"工作表按性别建立统计人数的分类汇总表。将标题修改为"教职工分类汇总表",并设置格式为华文行楷、蓝色、20 磅、粗体字。

6. 按样张创建如图 3-6-1 右图所示的图表,输入标题"部分副教授奖金、津贴统计图表",将标题设置为华文行楷、14 磅、加粗、红色字体,蓝色发光边框线。图表区为蓝色圆角 4.5 磅边框线,三维格式为棱台中的"角度",填充效果为"羊皮纸"。

7. 对 Sheet3 工作表中的图表按样张图 3-6-2 编辑。图表标题为"第一季度一车间产值图表",将标题格式设置为隶书、16 磅、加粗、深蓝色字体。图表区为红色、圆角阴影边框线,"蓝色面巾纸"填充效果。

8. 设置页眉"教职工工资统计表",格式为隶书、14 磅、粗斜体,居右排列。设置页脚为当

大学计算机基础与应用实践教程(第二版)

前日期和时间,居中排列。

行标签	求和项:基本工资	平均值项:奖金
⊟副教授	18177.6	205.0
男	13417.6	216.7
女	4760.0	170.0
⊟讲师	19749.5	208.3
男	8260.0	220.0
女	11489.5	196.7
⊟教授	21022.4	302.5
男	15791.6	306.7
女	5230.8	290.0
⊟助教	11357.6	122.0
男	787.6	160.0
女	10570.0	112.5
总计	70307.1	204.7

(1)

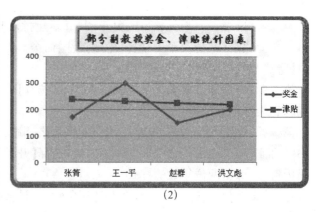

(2)

图 3-6-1 数据透视表和图表样张

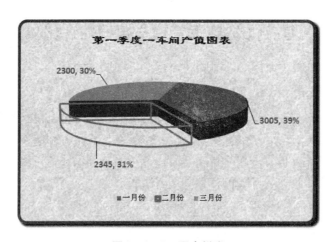

图 3-6-2 图表样张

操作步骤

第1题:选择【文件】|【打开】命令,打开 Excel_案例 2. xls。取消 Sheet1 工作表中 F 列的隐藏。按〈Ctrl〉键拖曳 Sheet1 工作表,双击 Sheet1(2)工作表,输入"分类汇总"。

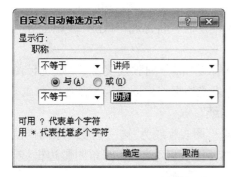

图 3-6-3 【自定义自动筛选方式】对话框

第2题:单击 Sheet1 工作表,选中列表中任一单元格,选择【开始】|【排序和筛选】|【筛选】命令,在字段名的右侧出现下拉列表按钮。单击"职称"右侧的按钮,在下拉列表中选择【文本筛选】|【自定义筛选】选项,打开【自定义自动筛选方式】对话框,按图 3-6-3所示设置筛选条件,单击【确定】按钮。

选中列表中任一单元格,选择【开始】|【排序和筛选】|【自定义排序】,打开如图 3-6-4 所示的【排序】对话框,职称选择升序;单击【选项】按钮,在【排序选项】对话框中,选中"笔画排序"单选项。单击【添加条

58

件】按钮,基本工资选择降序。

图 3-6-4 【排序】对话框

第 3 题:选中 A1 单元格,删除标题,选择【插入】|【艺术字】,在弹出的选项中选择第 6 行第 3 列的选项【红色,强调文字颜色 2,粗糙棱台】,输入文字"高级职称教师工资统计表",选择【开始】选项卡,利用"字体"组中的按钮将文字设置为"隶书、28 磅"。选中第 1 行,选择【开始】|【格式】|【单元格大小】|【行高】,在对话框行高输入 42。将标题移至上方,居中排列。

第 4 题:选中 A2:J21 单元格,选择【插入】|【数据透视表】命令,打开【创建数据透视表】对话框,选中【现有工作表】单选项,单击 A27 单元格,单击【确定】按钮。在【数据透视表字段列表】中将"职称"和"性别"字段拖曳到行标签区;将"基本工资"和"奖金"字段拖曳到数值区,单击"奖金"右侧的按钮,打开【值字段设置】对话框,【计算类型】选择"平均值"选项。透视表数据保留一位小数。

第 5 题:单击"分类汇总"工作表,取消列表中的隐藏行。选中"性别"列中的任一单元格,单击【数据】|【升序】↓↓或【降序】↓↓。选中 A2:J21 区域,选择【数据】|【分类汇总】命令,打开【分类汇总】对话框,【分类字段】选择性别;【汇总方式】选择计数;【选定汇总项】选择性别,单击【确定】按钮。选中 A1 单元格,在编辑栏里将标题修改为"教职工分类汇总表",利用【开始】选项卡的"字体"组中的按钮将标题设置为"华文行楷、蓝色、20 磅、粗体字"。

注意:在对列表分类汇总前,必须对分类汇总的关键字进行排序。由于平均值和职贴率行不参与,在对数据分类汇总前要选择数据范围。

第 6 题:选中创建图表的数据,选择【插入】|【折线图】|【带数据标记的折线图】,创建折线图表。单击【图表工具】|【布局】|【图表标题】,输入图表标题,选中文字,利用【开始】选项卡中,"字体"组的按钮完成对文字的格式化。右单击标题,在快捷菜单中选择【设置图表标题格式】命令,在对话框中按要求完成标题框线和发光的设置。将图表拖曳到 D27:J40 区域。

选择【图表工具】|【布局】|【坐标轴】|【主要纵坐标轴】|【其他主要纵坐标轴选项】,在【设置坐标轴格式】对话框中,最大值固定 400;主要刻度单位固定 100。

双击绘图区域,打开【设置绘图区格式】对话框,在对话框中设置填充为纯色,颜色为"白色,背景 1,深色 25%"。

双击图表区域,打开【设置图表区格式】对话框,在对话框中分别对图表加上蓝色、4.5 磅、圆角实线;【三维格式】选择【棱台】|【角度】。填充效果选择"羊皮纸"。

第7题:单击 Sheet3 工作表,选中图表,单击【图表工具】|【设计】|【切换行/列】命令,分别选中二、三车间的数据系列,按〈Del〉键将其删除。单击【图表工具】|【设计】|【更改图表类型】命令,打开【更改图表类型】对话框,选择"三维饼图",单击【图表工具】|【设计】,在"图标样式"组中选择【样式2】。输入标题"第一季度一车间产值图表";利用【开始】选项卡的"字体"组中的按钮将标题设置为"隶书、16磅、加粗、深蓝色"。

选中二月份数据系列,向下拖曳,双击此区域,在对话框中,将框线设置为橙色、5磅实线;填充颜色为无。选中图例,选择【图表工具】|【布局】|【图例】|【在底部显示图例】。选择【图表工具】|【布局】|【数据标签】|【其他数据标签选项】,在【设置数据标签格式】对话框中选中"值"、"百分比"多选项,单击【关闭】按钮。利用【开始】选项卡的"字体"组中的按钮将数据标签的颜色设置为"水绿色,强调文字颜色5,深色25％",大小为12磅、加粗。

双击图表区域,打开【设置图表区格式】对话框,在对话框中填充效果选择"蓝色面巾纸";对图表加上红色、4磅、带阴影和圆角的实线。

第8题:选择【页面布局】选项卡,单击"页面设置"组右下角的对话框启动器,打开【页面设置】对话框,在【页眉/页脚】选项卡中按要求设置页眉和页脚。

选择【文件】|【另存为】命令,在对话框中输入"Excel_案例2.xlsx"文件名,单击【确定】按钮,保存电子表格。

技能与要点

6.1 数据管理

1. 数据排序

排序就是按照指定的列的数据顺序重新对行的位置进行调整。通常把指定的字段名称为关键字。

(1)单关键字排序

选中要排序的列中的任一单元格,选择【数据】选项卡,选择"排序和筛选"组中的【升序】按钮或【降序】按钮。

(2)多关键字排序

选择【数据】选项卡,在"排序和筛选"组中选择【排序】命令。打开【排序】对话框,在对话框中对主关键字和次关键字进行【升序】或【降序】的排列。例如:对列表中的"职称"字段按升序排列,相同职称的"工龄"按降序排列。操作如下:

① 选中列表中任一单元格。

② 单击【数据】|【排序】,打开【排序】对话框,主要关键字选择"职称",排序方式选择升序;次要关键字选择"工龄",排序方式选择降序。单击【确定】按钮。

注意:对整个列表排序只需选中列表中任一单元格,若列表中有部分数据不参与排序,应注意区域的选取,不能选择一行或一列。

对汉字的排序有按拼音排序和按笔划排序两种,系统默认按拼音排序,若要按笔划排序,单击【排序】对话框中的【选项】按钮,打开【排序选项】对话框,选中【笔划排序】单选项。

(3)取消排序

排序更改了数据原来排列的位置,若要恢复列表原来的排列顺序,单击【快速访问工具栏】

上的【撤消】按钮。

2. 数据筛选

（1）自动筛选

① 选中列表中任一单元格。

② 选择【数据】选项卡，在"排序和筛选"组中选择【筛选】命令，列表字段名右侧出现一个下拉按钮。

③ 单击下拉按钮，选择【文本/数字筛选】|【自定义筛选】，打开【自定义自动筛选方式】对话框，设置过滤条件，按条件筛选。

（2）取消筛选箭头

选中列表中任一单元格，单击【数据】|【筛选】，取消筛选结果，列表恢复原样。

3. 分类汇总

（1）分类汇总表的建立

对列表的数据分类汇总前，必须对分类汇总的关键字进行排序。例如统计不同职称的人数，操作步骤如下：

① 选中"职称"列中的任一单元格，单击【数据】|【升序】或【降序】。

② 选择【数据】选项卡，在"分级显示"组中，选择【分类汇总】，打开如图 3-6-5 所示【分类汇总】对话框。

【分类字段】选择经过排序的字段，在此选择"职称"；

【汇总方式】求和、计数、平均值……，在此选择"计数"；

【选定汇总项】汇总数据存放的位置，在此选择"职称"。

图 3-6-5　【分类汇总】对话框

③ 单击【确定】按钮，分类汇总表建立完毕。

（2）分类汇总表的多级显示

分类汇总表共分三级显示：第一级最高级，显示总的汇总结果，第二级显示总的汇总结果与分类汇总结果，第三级显示汇总结果和全部数据。

分级显示的操作通过汇总表左侧的表明分级范围的分级线、控制数据显示层次的分级按钮和显示明细数据的【＋】按钮或隐藏明细数据的【-】按钮。

若要删除分类汇总表的分级显示，选择【数据】选项卡，在"分级显示"组中，选择【取消组合】|【清除分级显示】命令。

（3）嵌套分类汇总表

在已建好的分类汇总表上再创建一个分类汇总表称为嵌套分类汇总表。例如在职称计数的分类汇总表上嵌套基本工资求和的汇总表。

单击【数据】|【分类汇总】，再次打开【分类汇总】对话框，正确的选择各选项，最后把【替换当前分类汇总】多选框中的✓去掉。若不去掉此选项新的汇总表将取代老的汇总表。

（4）分类汇总表的删除

打开【分类汇总】对话框，单击【全部删除】按钮，列表恢复原有数据，但排序结果不能恢复。

（5）分类汇总操作要点

① 列表中若有隐藏行必须先取消隐藏；

② 分类汇总的字段必须先排序；

③ 列表中若有不参与汇总的数据，必须选择汇总数据的区域。

4. 数据透视表

（1）数据透视表的建立

创建数据透视表的操作步骤如下：

① 选中参与数据透视表的列表区域。

② 选择【插入】选项卡，在"表格"组中选择【数据透视表】命令，打开【创建数据透视表】对话框，在对话框中首先是选择表或区域，若在创建透视表前已选定了所需数据的列表区域，系统会自动输入数据区域。也可以选择使用外部数据源。其次是选择放置数据透视表的位置，选择【新建工作表】选项，透视表建立在新建工作表上，选择【现有工作表】选项，同时指定透视表存放的起始单元格位置，透视表建立在同一工作表上。单击【确定】按钮。

③ 在选定的放置数据透视表的位置上显示如图 3-6-6 所示的空白的数据透视表，右侧显示如图 3-6-7 所示的【数据透视表字段列表】。

图 3-6-6　空白的数据透视表

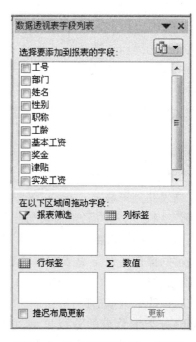

图 3-6-7　数据透视表字段列表

④ 根据要求分别将字段拖曳到【报表筛选】区、【行标签】区、【列标签】区和【数值】区，数据透视表创建完毕。

（2）数据透视表的编辑

数据透视表建好后，在功能区自动激活【数据透视表工具】，数据透视表工具中包含【选项】和【设计】选项卡，用以编辑和格式数据透视表。

① 增加和删除数据

选中数据透视表的任一单元格，系统自动在右侧显示【数据透视表字段列表】，将【数据透视表字段列表】中的字段拖曳到【数值】区,增加数据。将字段拖曳出【数值】区,删除数据。

　　② 拖曳字段改变透视表的结构

　　在【数据透视表字段列表】中改变行标签区、列标签区和报表筛选区中的字段即可改变数据透视表的结构,例如通过交换行标签区和列标签区中的字段改变透视表的行列结构。

　　③ 隐藏和显示数据

　　单击数据透视表中【行标签】、【列标签】和【报表筛选】右侧的按钮,在下拉列表中选择需隐藏的数据。

　　④ 改变数据汇总方式

　　建立数据透视表时,系统默认求和方式,根据需要还可以改变为其他汇总方式,例如,平均值、最大值、最小值等。双击或单击【数值】区的字段右侧的按钮,在下拉列表中选择【值字段设置】选项,打开【值字段设置】对话框,在对话框中更改汇总方式。

　　⑤ 更新数据透视表

　　列表中的数据发生了变化,通过刷新操作即可更新透视表中的数据。单击【数据透视表工具】|【选项】|【刷新】或选择快捷菜单中的【刷新】命令。数据透视表中的汇总数据会随列表数据的改变而更新。

　　(3) 数据透视表的格式化和图表化

　　① 格式化

　　自动套用格式:选择【数据透视表工具】|【设计】|【数据透视表样式】。

　　自定义:选择【开始】|【格式】|【设置单元格格式】或选择快捷菜单中的【设置单元格格式】命令。

　　② 图表化

　　操作同工作表的图表(参见 6.2 数据图表化)。

　　(4) 删除数据透视表

　　选中数据透视表,选择【开始】|【清除】|【全部清除】。

6.2　数据图表化

　　1. 图表的创建和组成

　　(1) 创建图表

　　图表有图表工作表和嵌入图表两种,其创建的方法不同。

　　创建图表工作表的方法:选择数据,按功能键 F11。图表工作表默认的表标签名分别为 Chart1、Chart2 等。

　　创建嵌入图表的方法:选择【插入】选项卡,在"图表"组中选择图表类型。操作步骤如下:

　　① 选取需要用图表表示的数据区域。

　　② 选择【插入】选项卡,插入"图表"组中的图表类型和子类型。图表创建完毕,此时系统自动在功能区上方激活【图表工具】,图表工具包括【设计】选项卡、【布局】选项卡和【格式】选项卡。

　　【设计】选项卡主要用于图表类型更改、数据系列的行列转换、图表布局、图表样式的选择。

　　【布局】选项卡对组成图表的各元素进行修改、编辑,例如图表标题、图例、数据标签的编辑,坐标轴和背景的设置,还能插入图片、形状和文本框等对象。

【格式】选项卡设置和编辑形状样式、艺术字、排列和大小。

（2）图表的组成

参见图3-6-8。图表的各组成部分都能编辑和设置格式。

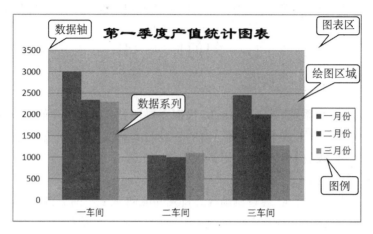

图3-6-8　图表及图表的组成

2. 图表编辑

（1）缩放、移动、复制和删除图表

单击图表区，图表边框上有八个控制块。缩放图表：拖曳控制块；移动图表：拖曳图表区域；复制图表：〈ctrl〉＋拖曳图表；删除图表：按〈Del〉键。

（2）图表数据的编辑

① 增加数据系列：单击【图表工具】|【设计】|【选择数据】，打开如图3-6-9所示的【选择数据源】对话框，在对话框中可以添加、编辑和删除数据系列，还可以进行数据系列的行列转换。

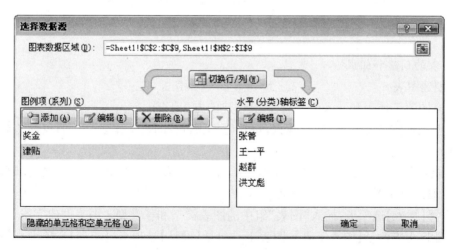

图3-6-9　【选择数据源】对话框

选中需增加的数据系列，按〈Ctrl〉＋〈C〉键；选中图表，按〈Ctrl〉＋〈V〉键。

② 删除数据系列：选中数据系列按 Del 键或在【选择数据源】对话框中单击【删除】按钮。

③ 修改数据点：修改了工作表中的数据，图表中的数据系列会自动更新。

④ 重排数据系列：为了突出数据系列之间的差异和相似对图表数据系列重新排列。选中任一数据系列，单击【图表工具】|【设计】|【选择数据】，在【选择数据源】对话框中单击【上移】或【下移】按钮来调整。

⑤ 添加趋势线和误差线

为了预测某些特殊数据系列的发展变化规律，可以对此数据系列加上趋势线和误差线。选中需预测的数据系列，选择【图表工具】|【布局】|【趋势线】|【误差线】列表中的趋势线或误差线类型。删除趋势线或误差线的操作：选中趋势线或误差线，按 Del 键。

注意：三维图表、饼图等不能添加趋势线和误差线

⑥ 饼图或环形图的分解和旋转

分解操作：选中数据系列，拖曳。

旋转操作：双击数据点，打开【设置数据点格式】对话框，在【系列选项】选项中的"第一扇区起始角度"中输入需旋转的角度。

⑦ 设置调整图表选项

图表选项包括标题、主坐标轴、网格线、图例、数据标记、数据表。选中图表，选择【图表工具】中的【布局】选项卡中的选项。

（3）附加文字说明及图形

文字说明：选择【图表工具】|【布局】|【文本框】下拉列表中的选项。图形和箭头：选择【图表工具】|【布局】|【形状】下拉列表中的选项。删除附加对象：选中，按 Del 键。

（4）图表区格式

双击图表区，打开【设置图表区格式】对话框，在对话框中分别设置图表的填充颜色、边框颜色和边框样式、阴影、三维格式、属性等图表区格式。

（5）调整三维图形

选中三维图表，单击【图表工具】|【布局】|【三维旋转】，在对话框中输入旋转和透视的角度。

（6）改变图表类型

选中图表，单击【图表工具】|【设计】|【更改图表类型】，在对话框中选择图表类型。

3. 图表工作表的编辑

图表工作表的缩放、移动、复制和删除的操作方法同工作表，图表对象的编辑操作同嵌入图表。

6.3　页面设置和打印

1. 页面设置

（1）工作表页面设置

在工作表中选择需打印输出的区域，选择【页面布局】选项卡，单击"页面设置"组右下角的对话框启动器，打开【页面设置】对话框。

【页面】选项卡用来设置打印方向、纸张大小、打印质量等参数。

【页边距】选项卡用来调整页边距，【垂直居中】和【水平居中】复选框用来确定工作表在页面居中的位置。

【页眉和页脚】选项卡用来设置页眉和页脚。选择已给定的页眉类型：单击【页眉】下拉列表框；自定义：单击【自定义页眉】按钮。对页眉内容格式化：单击【自定义页眉】对话框中的A按钮。页脚的操作同页眉。

【工作表】选项卡：在【打印区域】文本框中输入要打印的单元格区域。若希望在每一页中都能打印对应的行或列标题，单击【打印标题】区域中的【顶端标题行】或【左端标题列】，选择或输入工作表中作为标题的行号、列标。选择【网格线】选项，在工作表中打印出水平和垂直的单元格网线。若要打印行号、列标，单击【行号列标】选项。若要打印批注，选择【工作表末尾】则在工作表末尾打印批注；选择【如同工作表中的显示】则在工作表中出现批注的地方打印批注。

（2）图表页面设置

选中需打印的图表，选择【页面布局】选项卡，单击"页面设置"组右下角的对话框启动器，打开【页面设置】对话框，前面三个选项卡的设置基本相同，第四个选项卡为【图表】选项卡。在此选项卡中设置图表的打印质量。

2. 打印

（1）打印预览

在打印前通过打印预览可提高打印的效率和质量。在【页面设置】对话框中单击【打印预览】按钮，或单击【快速访问工具栏】中的【打印预览和打印】按钮。

（2）打印

选择【文件】|【打印】命令，或在【页面设置】对话框中单击【打印】按钮。

6.4 练习题

1. 打开"学生成绩表.xlsx"文件，按下列要求对工作表进行编辑，编辑结果保存在磁盘上。样张参见图3-6-10。

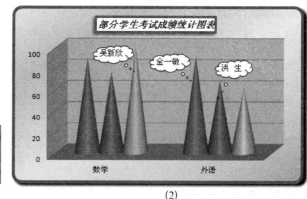

（1）　　　　　　　　　　　　　　　　　　（2）

图3-6-10　练习题1数据透视表和图表样张

① 计算总分、平均分和评价（三门课程中其中有一门大于90分的为单项优秀，其余的为一般）。

② 对名称为"一班"的数据区域计算平均值，计算结果存放在D28单元格。

③ 对外语成绩按降序、总分为升序排列，平均分行不参与。

④ 按样张建立数据透视表。

⑤ 筛选出所有男学生的记录，保留平均分行。

⑥ 按样张建立图表,图表标题的格式为 12 磅、粗斜体、深红色;边框颜色为"水绿色,强调文字颜色 5,深色 25％",3 磅实线。填充颜色为白色。阴影为预设"左下斜偏移"选项,颜色为"黑色,文字 1"。图表区边框颜色为"水绿色,强调文字颜色 5,深色 25％",4 磅实线、阴影为预设"右下斜偏移"选项,颜色为"黑色,文字 1"。填充效果为预设"麦浪滚滚"。

⑦ 在列表第 1 行前插入一行,输入标题"新建中学期末考试成绩表"并设置格式为华文新魏、18 磅、粗体、紫色。设置列表的外框为紫色双线,内框为紫色单细线。

⑧ 文档设置为水平居中,页脚居中为文件名和表标签名。

操作提示

第①题:选择【文件】|【打开】命令,打开学生成绩表.xlsx。选中 H2 单元格,双击【公式】|【自动求和】,拖曳至 H27 单元格。选中 E28 单元格,输入公式:＝Average(E2:E27),选择【开始】选项卡,在"数字"组中,将平均值保留一位小数,拖曳至 G28 单元格。选中 I2 单元格,输入公式:＝IF(OR(E2>90,F2>90,G2>90),"单项优秀","一般"),拖曳至 I27 单元格。

第②题:选中 D28 单元格,输入公式:＝Average(一班),保留一位小数。

第③题:选中 A1:I27 区域,选择【开始】|【排序和筛选】|【自定义排序】,在对话框中主要关键字选择外语、降序;次要关键字选择总分、升序。

第④题:选中 A1:I27 区域,单击【插入】|【数据透视表】,打开【创建数据透视表】对话框,选中【现有工作表】单选项,【位置】输入 A39,单击【确定】按钮。在【数据透视表字段列表】中将"所在班级"字段拖曳到报表筛选区;将"评价"字段拖曳到列标签区;将"外语"、"语文"和"数学"字段拖曳到数值区,单击"外语"右侧的按钮,打开【值字段设置】对话框,【计算类型】选择"最大值"选项。用同样的方法设置语文为最小值、数学为平均值。将【Σ 数值】拖曳到行标签区。选中透视表,选择【数据透视表工具】|【设计】|【数据透视表样式】|【数据透视表样式浅色 16】,对透视表添加格式。

第⑤题:选中列表中任一单元格,选择【开始】|【排序和筛选】|【筛选】,单击性别右侧的下拉按钮,选择【文本筛选】|【自定义筛选】,在对话框中性别选择"不等于女"。

第⑥题:选中金一敏、洪生、吴新欣对应的数学和外语的数据,选择【插入】|【柱形图】|【簇状圆锥图】,创建图表。单击【图表工具】|【设计】|【切换行/列】,切换数据系列。单击【图表工具】|【设计】|【布局1】。选择【图表工具】|【布局】|【图例】|【无】,删除图例。右单击绘图区,在快捷菜单中选择【设置背景墙格式】命令,将绘图区的颜色填充为"白色,背景 1,深色 25％"。右单击图表区,在快捷菜单中选择【设置图表区格式】命令,在对话框中【填充】选择【渐变填充】|【预设颜色】|【麦浪滚滚】选项,方向选择【线性对角-左上到右下】。【边框颜色】选择【实线】选项,【颜色】为"水绿色,强调文字颜色 5,深色 25％"。【边框样式】选择 4 磅实线。【阴影】选择【预设】|【右下斜偏移】选项,颜色为"黑色,文字 1"。

输入标题"部分学生考试成绩统计图表",利用【开始】选项卡"字体"组中的按钮将标题的字体设置为"12 磅、粗斜体、深红色"。右单击图表标题,在快捷菜单中选择【设置图表标题格式】命令,在对话框中【填充】选择【纯色】,【填充颜色】为白色;【边框颜色】选择【实线】,【颜色】为"水绿色,强调文字颜色 5,深色 25％"。【边框样式】选择 3 磅实线。【阴影】选择【预设】|【左下斜偏移】选项,颜色为"黑色,文字 1"。

右单击坐标轴,在快捷菜单中选择【设置坐标轴格式】命令,在对话框中【主要刻度单位】固定 20。

单击【插入】|【形状】|【标注】|【云形标注】,按要求对图表中的数据系列添加标注。将图表放在 E31:I45 区域。

第⑦题:在列表第 1 行前插入一行,输入标题并按要求设置格式。

第⑧题:选择【页面布局】选项卡,单击"页面设置"组右下角的对话框启动器,打开【页面设置】对话框,在对话框的【页边距】选项卡中,居中方式选择"水平"多选项;在【页眉/页脚】选项卡中,单击【自定义页脚】按钮,在对话框中单击【插入文件名】和【插入数据表名称】按钮。

选择【文件】|【另存为】命令,在对话框中输入"学生成绩表.xlsx"文件名,单击【确定】按钮,将操作结果保存在 C 盘上。

2. 打开"开创书店图书销售情况表.xlsx"文件,按下列要求对工作表进行编辑,编辑结果保存在磁盘上。

① 计算进货量(订单量-库存量)、金额(单价*进货量)和平均值(不包括隐藏项)。

② 在新工作表中创建如图 3-6-11 所示的数据透视表。

③ 对透视表数据创建图表工作表。坐标轴文本对齐方向为 450,标题为"人民教育出版社图书销售图表",字体为华文行楷、蓝色、24 磅、粗体。

④ 按"出版社"字段创建订单量求和的分类汇总表。

⑤ 创建如图 3-6-12 所示的图表,图表存放在 A28:F45 区域。

⑥ 将标题设置为两行上下左右居中对齐,字体为华文彩云、18 磅、白色、加粗。单元格填充"水绿色,强调文字颜色 5,深色 50%",对表格外框添加"水绿色,强调文字颜色 5,深色 50%"、最粗实线,内框添加最细实线。

出版社	人民教育	
	数据	
书名	最大值项:进货量(千册)	求和项:订单量(千册)
C语言	233	330
大学英语	81	151
数据结构	77	139
总计	233	620

图 3-6-11　练习题 2 数据透视表样张

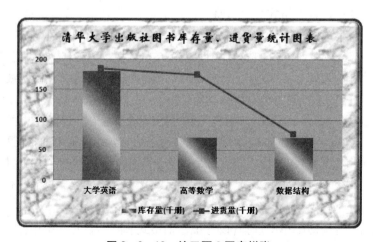

图 3-6-12　练习题 2 图表样张

操作步骤

第①题：选择【文件】|【打开】命令，打开"开创书店图书销售情况表.xlsx"。选中 F3 单元格，输入公式：＝E3－D3，单击编辑栏中的√，双击填充柄。选中 G3 单元格，输入公式：＝C3＊F3，单击编辑栏中的√，双击填充柄。选中 C18 单元格，输入公式：＝Average(C3:C7，C9:C17)，拖曳填充柄至 F18 单元格。

第②题：选中 A2:G17 区域，单击【插入】|【数据透视表】，打开【创建数据透视表】对话框，选中【新工作表】单选项，单击【确定】按钮。在【数据透视表字段列表】中将"出版社"字段拖曳到报表筛选区；将"书名"字段拖曳到行标签区；将"进货量"和"订单量"字段拖曳到数值区，单击"进货量"右侧的按钮，打开【值字段设置】对话框，【计算类型】选择"最大值"选项。单击"出版社"右侧的按钮，在下拉列表中选择"人民教育"。选中透视表，选择【数据透视表工具】|【设计】|【数据透视表样式中等深浅 9】，对透视表添加格式。

第③题：单击 Sheet4 工作表，选中 A3:C7 区域，按功能键 F11 快速创建图表工作表 Chart1。右单击横坐标轴，打开【设置坐标轴格式】对话框，在【对齐方式】|【自定义角度】选项中将文本对齐方向设置为 45°。单击【图表工具】中的【设计】|【布局 1】，输入标题"人民教育出版社图书销售图表"，字体设置为"华文行楷、蓝色、24 磅、粗体"。

第④题：单击 Sheet1 工作表，取消隐藏行，选中出版社列中任一单元格，单击【数据】|【升序】↓，选中 A2:G17 区域，单击【数据】|【分类汇总】，在对话框中分类字段选择"出版社"；汇总方式选择求和；选定汇总项选择"订单量"。单击【确定】按钮，创建分类汇总表。

第⑤题：选中创建图表的数据，单击【插入】|【柱形图】，创建柱形图表。选中"进货量"数据系列，单击【插入】|【折线图】，将该数据系列转换为折线。右单击"库存量"数据系列，在快捷菜单中选择【设置数据系列格式】命令，在对话框中【填充】选择【渐变填充】|【预设颜色】|【彩虹出岫Ⅱ】，方向选择【线性对角-左下到右上】。

选中图表，单击【图表工具】|【设计】，在"图标样式"组选择【布局 3】，右单击绘图区，在快捷菜单中选择【设置绘图区格式】命令，将区域颜色填充为"白色，背景 1，深色 25％"。右单击图表区，在快捷菜单中选择【设置图表区格式】命令，在对话框中【填充】选择【图片或纹理填充】|【纹理】|【白色大理石】选项。【边框颜色】选择【实线】选项，【颜色】为"蓝色"。【边框样式】选择 3 磅实线。【三维格式】选择【棱台】|【艺术装饰】选项。

利用【开始】选项卡的"字体"组中的按钮将图表区的文字设置为"深蓝色、粗体字"。输入标题"清华大学出版社图书库存量、进货量统计图表"，标题的字体设置为"华文新魏、16 磅、粗体字"。

第⑥题：选中第 1 行，选择【开始】|【插入】|【插入工作表行】。选中 A1:G2 区域，选择【开始】|【格式】|【设置单元格格式】，在对话框的【对齐】选项卡中水平对齐选择【居中】选项；垂直对齐选择【居中】选项；文本控制选中【合并单元格】多选项。在【字体】选项卡中按要求设置字体。在【填充】选项卡中选择"水绿色，强调文字颜色 5，深色 50％"。选中整张列表按要求对表格添加框线。

选择【文件】|【另存为】命令，在对话框中输入"开创书店图书销售情况表.xlsx"文件名，单击【确定】按钮，将操作结果保存在 C 盘上。

综合实践

1. 打开"Excel - SJ1. xlsx"文件按下列要求操作,操作结果以原文件名保存在磁盘上。

① 插入工作表 Sheet2,将 Sheet1 工作表中的姓名字段复制到 Sheet2 工作表。在 Sheet2 工作表中增加"公积金"字段,并计算每个职工的公积金(Sheet1 工作表中的基本工资 * 比例数)。

② 在"实发工资"列前插入"津贴"列,并计算津贴值(基本工资 * 职贴率)。

③ 计算 Sheet1 工作表中的实发工资(工龄＞＝20 年:基本工资 * 120％＋奖金＋津贴-公积金;工龄＜20 年:基本工资 * 115％ ＋奖金＋津贴-公积金)和平均值(不包括隐藏项)。

④ 将职称为"工程师"的"基本工资"和"奖金"区域定义为名称"GGJ"。并计算其最小值,计算结果存放在 H31 单元格。

⑤ 计算工作表 Sheet1 区域名称为"GZ"的平均值,计算结果存放在 H32 单元格。对"GZ"区域的数据设置"￥#,###.#0"格式,适当调整列宽。

⑥ 将表标题改为"职工工资统计表",文字格式为单元格样式"标题",字体为隶书、跨列居中。在标题行下方插入一行,在 H2 单元格中输入当前日期。

⑦ 在工作表 Sheet1 中将批注移到 A23 单元格,并对批注格式化:填充效果为"水滴"纹理,透明度为 50％,线条颜色为玫瑰红、2 磅实线,显示批注。

⑧ 对基本工资小于 2 000 元的数据用蓝色加粗字体表示。对基本工资大于 4 500 元的姓名用紫色加粗字体表示。

⑨ 为"平均值"和"职贴率"行填充"白色,背景 1,深色 15％"颜色,并添加图案为红色、"6.25％灰色"的图案。设置表格外框为红色最粗实线,内框为浅红色双线。

2. 打开"Excel - SJ2. xlsx"文件,按下列要求操作,操作结果以原文件名保存在磁盘上。

① 复制工作表 Sheet1,并重命名为 Sheet3。

② 对工作表 Sheet3 按职称字段建立统计人数的分类汇总表,并在此基础上建立基本工资、奖金求和的嵌套分类汇总表。

③ 对工作表 Sheet1 在实发工资前插入一列,字段名为"临时补贴",计算临时补贴(职称为"工程师"的基本工资 * 25％,职称为"技术员"的基本工资 * 15％,其余的为基本工资 * 10％)。计算基本工资、奖金的平均值(不包括隐藏项)。计算实发工资(基本工资＋奖金＋临时补贴)。

④ 筛选出所有工程师和技术员的记录,保留平均值和比例数行。将筛选结果,职称按笔画升序、基本工资按降序排列。

⑤ 按样张创建如图 3-6-13 所示的数据透视表。

⑥ 按样张创建如图 3-6-13 所示的图表。标题字体为华文新魏、16 磅、加粗、红色;框线为浅蓝、2 磅实线,添加黑色阴影;填充效果为"蓝色面巾纸"。图表区框线为深蓝色、圆角、4 磅实线,三维格式为棱台中的"角度"。

⑦ 对工作表 Sheet2 中的数据套用表格格式"表样式中等深浅 2",筛选出男职工的名单,保留平均值行。插入一行,输入标题"男职工工资统计表",格式为艺术字,艺术字的样式自定。

⑧ 将文档设置为水平居中、垂直居中,页眉居中输入"职工工资统计表",字体为黑体、12 磅、粗斜体字。页脚居右输入制表人的姓名、日期。

行标签	列标签 ▼ 男	女	总计
工程师			
计数项:职称	4	1	5
求和项:基本工资	21241.6	5230.8	26472.4
工人			
计数项:职称	2	5	7
求和项:基本工资	4267.6	8910	13177.6
技术员			
计数项:职称	5	2	7
求和项:基本工资	21065.2	7960	29025.2
助工			
计数项:职称	4	4	8
求和项:基本工资	12214	11914.5	24128.5
计数项:职称汇总	15	12	27
求和项:基本工资汇总	58788.4	34015.3	92803.7

(1)

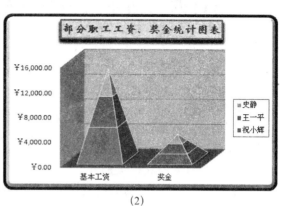

(2)

图 3-6-13　综合实践题 2 数据透视表和图表样张

项目四　演示文稿制作软件 PowerPoint 2010

●·●● **目的与要求**

　　1. 掌握演示文稿的创建
　　2. 掌握幻灯片的编辑
　　3. 掌握幻灯片的放映设置
　　4. PowerPoint 2010 的高级应用

案例7　演示文稿的创建和编辑

 案例说明与分析

　　本案例是有关知识产权质押内容的学术会议论文演讲文稿,素材和结果文件均位于"项目四\素材"文件夹中。

　　要创建"学术会议演示文稿",需要在每一张幻灯片中输入文字及编辑文字、选用幻灯片版式、设置超级链接、添加动作按钮、幻灯片背景的设置、幻灯片的配色方案设置、保存文件等操作技能。

案例要求

　　建立文件名为"案例7.pptx"的文档,并按如下要求编辑:

　　1. 使用"根据现有内容新建"项,打开"power_all.pptx"文档,新建文档。

　　2. 在第一张幻灯片上输入标题"学术研讨会",并将文字设置为 54 号。副标题"上海社会科学院主办",并将文字设置为 18 号。

　　3. 建立第 2 张幻灯片中的文字内容与对应标题幻灯片的超链接。

　　4. 在第 3、4、5、6 张幻灯片中插入返回到第 2 张幻灯片的动作按钮,并将动作按钮颜色设置为"主题颜色-浅绿,强调文字颜色 2"。

　　5. 插入第 7 张幻灯片并设置版式为"仅标题"、添加标题"结束"。插入样式为"渐变填充-青色,强调文字颜色 1"的艺术字,内容"谢谢大家",并设置艺术字的文本效果的阴影为"外部,向右偏移",并转换为"弯曲-倒三角"形状。

　　6. 设置一个名称为"金色麦浪"的主题颜色。主题颜色设置如下:

　　文字/背景-深色 1:标准色-红色;文字/背景-浅色 1:主题颜色-白色,文字 1,深色 25%;文字/背景-深色 2:标准色-浅蓝;文字/背景-浅色 2:主题颜色-青色,强调文字颜色 1,淡色 60%;强调文字颜色 1:标准色-深红;强调文字颜色 2:主题颜色-绿色,强调文字颜色 6;强调文字颜色 3:主题颜色-深蓝,强调文字颜色 4;强调文字颜色 4:标准色-深蓝;强调文字颜色 5:主题颜色-深蓝,强调文字颜色 4,淡色 50%;强调文字颜色 6:标准色-紫色;超链接:标准色-绿色;已访问的超链:主题颜色-蓝色,超链接,深色 50%。并将该主题应用于当前文档。

7. 保存演示文稿。

 **操作步骤**

第1题:选择【文件】|【新建】命令,显示【可用模板和主题】列表,在【可用模板和主题】列表中,选中【根据现有内容新建】,打开【根据现有演示文稿新建】对话框,在对话框中选中"power_al1.pptx"文档并打开。

第2题:选中第1张幻灯片,输入标题"学术研讨会",并将文字设置为54号,输入副标题"上海社会科学院主办",并将文字设置为18号。

第3题:选中第2张幻灯片中的文字"知识产权的质押",并右单击鼠标,打开快捷菜单,选中【超链接】命令,打开超链接对话框,如图4-7-1所示。在【插入超链接】对话框中的【链接到】中选中【本文档中的位置】,在【请选择文档中的位置】中选中【幻灯片标题】,在幻灯片列表中选中标题为"3.知识产权的质押"的幻灯片,单击【确定】按钮。

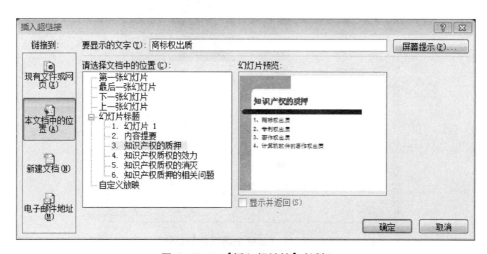

图4-7-1 【插入超链接】对话框

重复以上步骤可分别建立与第4、第5、第6张幻灯片的超链接。

第4题:选中第3张幻灯片,选择【开始】|【形状】或【插入】|【形状】命令,显示形状列表,在列表中选中动作按钮类的"后退或前一项"按钮,并在幻灯片的右下角画一个按钮,打开【动作设置】对话框,在【动作设置】对话框中选中【单击鼠标】,在【单击鼠标时的动作】中选中【超链接到】,打开下拉列表,在列表中选中【幻灯片】项,打开【超链接到幻灯片】对话框,选中标题为"2.内容提要"的第2张幻灯片,单击【确定】按钮,并关闭所有的对话框。在幻灯片中选中动作按钮,右单击鼠标打开快捷菜单,在菜单中选中【设置形状格式】命令,打开【设置形状格式】对话框,在【设置形状格式】对话框中选中【填充】|【纯色填充】,在【颜色】项中选择"主题颜色-浅绿,强调文字颜色2"。

分别选中第4、5、6张幻灯片,重复上述操作可完成在第4、5、6张幻灯片中插入返回到第2张幻灯片的动作按钮。

第5题:选中第6张幻灯片后按回车键可插入第7张幻灯片,选中第7张幻灯片,选择【开始】|【版式】|【仅标题】命令,将幻灯片设置为"仅标题"版式,输入标题文字"结束"。选择【插入】|【艺术字】,在样式列表中选中"渐变填充-青色,强调文字颜色1"样式,输入文字"谢谢大

家"。选中艺术字,并选择绘图工具中的"格式"选项卡,在"艺术字样式"组中点击"文本效果"项打开文本效果列表,鼠标指向"阴影"项并选中"外部-向右偏移"项。在"艺术字样式"组中点击"文本效果"项打开文本效果列表,鼠标指向"转换"项并选中"弯曲-倒三角"项。

第6题:选择【设计】|【颜色】|【新建主题颜色】命令,打开【新建主题颜色】对话框,如图4-7-2所示。在对话框中设置文字背景颜色、强调文字颜色、超链接颜色和已访问的超链接颜色;在名称项中输入颜色名字:金色麦浪;单击【保存】按钮。选择【设计】|【颜色】打开主题颜色列表,在列表中选中"金色麦浪",将当前文档的主题颜色设置为"金色麦浪"。

图4-7-2 【新建主题颜色】对话框

第7题:选择【文件】|【保存】命令,输入文件名"案例7.pptx",单击【确定】按钮,保存演示文档。

 技能与要点

7.1 视图模式的控制

PowerPoint 2010 提供了两大类视图方式:演示文稿视图和母版视图。演示文稿视图提供了:普通视图、幻灯片浏览、备注页、阅读视图;母版视图提供了:幻灯片母版、讲义母版和备注母版。

控制视图的切换方法:

1. 选择【视图】选项卡,选中幻灯片的视图方式。
2. 单击状态栏右下角的视图按钮(⊞ 器 ⬚),确定幻灯片的视图方式。

7.2 演示文稿的创建、修改和保存

在 PowerPoint 2010 中创建的文件称为演示文稿,它由若干张幻灯片组成,其扩展名为.pptx。

1. 创建演示文稿

（1）创建空白演示文稿

启动 PowerPoint 2010，下列几种方法可用于建立新的演示文稿。

① 选择【文件】|【新建】|【空白演示文稿】|【创建】命令。

② 按快捷键〈Ctrl〉+〈N〉，可直接创建一个默认主题的空白文档。

（2）使用设计模板创建演示文稿

使用设计模板创建演示文稿操作步骤如下：

选择【文件】|【新建】|【最近打开的模板】命令或【文件】|【新建】|【样本模板】或【文件】|【新建】|【根据现有内容新建】命令，在可供使用的模板列表或主题列表中选中一种模板或主题新建演示文稿。

例 4.7.1： 使用【样本模板】中的"古典型相册"新建 PPT_L1.pptx 文件。要求如下：

在第一张幻灯片中删除原来的照片并插入新的照片，添加标题和制作日期、制作人；将第三张幻灯片修改为"5 栏：3 纵栏和 2 横栏"版式，并依次插入 5 张图片（t3.jpg、t4.jpg、t5.jpg、t6.jpg 和 t7.jpg）。

操作提示

① 选择【文件】|【新建】|【样本模板】|【古典相册】|【创建】命令。

② 选中第一张幻灯片中的照片并按〈Del〉键删除原来的照片，单击【单击图标添加图片】，打开【插入图片】对话框，在对话框中选中"t1.jpg"图片，单击【插入】按钮。输入标题和制作日期、制作人。

③ 选中第 3 张幻灯片，选择【开始】|【版式】命令显示版式的列表，在列表中选中【5 栏：3 纵栏和 2 横栏】版式，并依次插入新的图片（t3.jpg、t4.jpg、t5.jpg、t6.jpg 和 t7.jpg）。选中图片，选择【图片工具】|【格式】命令，在"图片样式"组中选择某一样式（如"矩形投影"样式）后，将图片设置为新的样式。

④ 将其他幻灯片中的照片都换成如样张所示的照片并按样张设置图片样式。

2. 打开演示文稿

选择【文件】|【打开】命令或按快捷键〈Ctrl〉+〈O〉，在弹出的对话框中选中某一文件名，单击【打开】按钮，打开演示文稿。

3. 保存文件

选择【文件】|【保存】命令或【文件】|【另存为】命令，当创建新文件时，打开【另存为】对话框，输入文件名、选择保存类型、单击【保存】按钮。若是打开已有的文档，选择【保存】则以原文件名保存修改的操作结果。

7.3 文档内容的输入和编辑

1. 标题内容的输入

PowerPoint 2010 的普通视图下的大纲是由一系列标题组成，标题下有子标题，子标题下又有层次小标题，一张幻灯片中可以包含多级子标题。不同层次的文本有不同的左缩进、不同样式的项目符号,使幻灯片的层次结构一目了然。选中幻灯片的标题,可输入标题的内容。

说明:在大纲模式下直接在幻灯片标题行按回车键,可在当前幻灯片后插入一张新的幻灯片。

2. 幻灯片的备注和批注

幻灯片的备注页和演示文稿包含在同一个文件中,备注页可以辅助说明演示文稿对应幻灯片的其他信息,使演示文稿更加详细、生动。添加备注信息操作步骤如下:

① 在普通视图下选中某一张幻灯片。

② 选择【视图】|【备注页】命令,切换为备注页视图方式。

③ 在备注页中输入备注内容。

当多个用户使用同一个演示文稿时,可通过插入批注的方法相互沟通和起到备忘作用。插入批注操作步骤如下:

① 选择【审阅】|【新建批注】命令,打开【批注】输入框。

② 在输入框内输入批注内容。

单击幻灯片左上角的批注标记(如J1),可隐藏或显示批注内容。

3. 幻灯片的大纲视图及文本的分级显示

在普通视图模式下,选择【大纲】选项卡,切换为幻灯片的大纲显示方式,如图4-7-3所示。在大纲显示方式下可以进行插入幻灯片、删除幻灯片、移动幻灯片、正文内容分级显示时的折叠和展开、幻灯片正文内容的升级和降级调整。

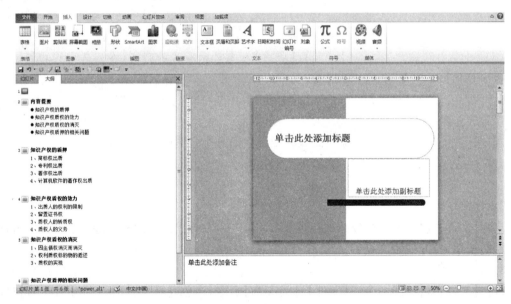

图4-7-3 【大纲】模式

文本内容分级显示的操作方法:选中一张幻灯片的某级标题后右键单击鼠标可以打开快捷菜单,选中菜单中的【升级】、【降级】命令,可方便进行各级标题的重新调整,选中【折叠】、【展开】、【全部折叠】或【全部展开】命令,可查看幻灯片各级标题的结构。

7.4　图片、剪贴画、屏幕截图、艺术字、形状、SmartArt、表格和对象的插入和编辑

1. 插入图片

(1) 插入图片:选择【插入】|【图片】命令,打开【插入图片】对话框,在对话框中选中图片文件名,单击【打开】按钮。

(2) 图片的编辑:选中图片对象后,选择【图片工具】|【格式】命令,共有四组功能的选项组:调整、图片样式、排列和大小。

"调整"组:包含删除图片背景、更正、颜色、艺术效果、压缩图片、更改图片和重设图片工具。

"图片样式"组:包含图片边框、图片效果和图片版式工具。

"排列"组:包含对当前图片的上移一层、下移一层、显示窗格、对齐、组合和旋转。

"大小"组:包含对图片尺寸的设置和图片的裁剪工具。

2. 剪贴画的插入和编辑

剪贴画包含插图、照片、视频和音频对象。

插入剪贴画:选择【插入】|【剪贴画】命令,在右边显示【剪贴画】任务窗格,在剪贴画任务窗格的结果类型中选择媒体类型(如视频),单击【搜索】按钮后显示媒体对象的列表,在列表中单击某一对象。在幻灯片中双击媒体对象可进行编辑,编辑的方法与图片编辑相同。

3. 插入屏幕截图

屏幕截图的功能是指将已经打开的窗口、对话框插入到当前文本中。

操作步骤:

选择【插入】|【屏幕截图】命令显示【可用视窗】列表(即已经打开的窗口列表),在列表中选择某一窗口,即在幻灯片中插入该窗口。如果当选中某一窗口后选择【屏幕剪辑】,则在幻灯片中以淡灰色显示该窗口,此时鼠标指针呈十字状,拖动鼠标后截取所选屏幕区域并自动插入到幻灯片上。

4. 插入艺术字

操作步骤:选择【插入】|【艺术字】命令,显示艺术字样式列表,选中一种样式(如:第六行、第三列样式:填充-红色、强调文字颜色2、粗糙棱台)后显示"请在此输入您的文字",删除后输入所需内容。

5. 插入形状

操作步骤:

选择【插入】|【形状】命令,显示形状列表,选择某一形状图形后,在幻灯片上用鼠标图画。

PowerPoint 2010 中提供的形状有:最近使用的形状、线条、矩形、基本图形、箭头总汇、公式形状、流程图、星与旗帜、标注和动作按钮。编辑方法同图片。

6. 插入 SmartArt

SmartArt 提供一些模板,例如列表、流程图、组织结构图和关系图,以简化创建复杂形状的过程。

操作步骤:选择【插入】|【SmartArt】命令,在弹出的对话框中,选择需要插入的图形。插入 SmartArt 图形后,会自动出现【SmartArt 工具】动态标签,包括【设计】和【格式】两个选项卡,可利用其中的工具来调整图形中每个元素的布局和样式。

7. 表格的插入

操作方法:

选择【插入】‖【表格】‖【插入表格】命令,【插入】‖【表格】‖【绘制表格】命令或【插入】‖【表格】‖【插入 EXCEL 电子表格】命令,此时插入一个空表格,在单元格中输入数据后完成表格的制作。

说明:

【插入表格】:打开【插入表格】对话框,在对话框中输入行数和列数,生成一个空表。

【绘制表格】:鼠标呈笔状,用鼠标画表格外线,然后使用【插入行】、【插入列】或【拆分单元格】等快捷菜单完成空表格的制作。

【插入 EXCEL 电子表格】:自动插入一个 EXCEL 的电子表格。

与 Word 中表格的操作方法相同。表格的编辑内容包含文字的设置、边框和填充的设置、对齐方式、单元格拆分、单元格合并、行和列的插入或删除等操作。

例 4.7.2:制作一张"标题与内容"版式的幻灯片,并在内容区域插入 7 行 5 列的表格,如图 4-7-4 所示,表格的外框线格式:标准色-蓝色、3 磅;内框线格式:标准色、1.5 磅、背景填充效果:画布;标题文字格式:华文行楷、44 号字;表格的第 1 行文字格式:楷体、28 号字;其余文字格式:楷体、20 号字;所有文字居中对齐。表格样式使用:单元格凹凸效果-棱台-草皮。

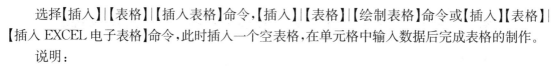

学生信息表

学号	姓名	性别	年龄	生源地
2005001	黄林	男	19	北京
2005002	吴晓彤	女	20	广州
2005003	李艳华	女	20	江苏
2005004	金玉群	男	19	上海
2005005	范海光	男	19	海南
2005006	刘海涛	男	20	山东

图 4-7-4 【标题与内容】样张

操作提示

① 选中一张幻灯片,选择【开始】‖【版式】命令,显示幻灯片版式列表,在幻灯片的版式列表中选中"标题与内容"版式。

② 输入标题内容,右单击鼠标,显示文字格式设置工具,选中某一工具设置文字格式。

③ 选择【插入】‖【表格】‖【插入表格】命令打开【插入表格】对话框,在对话框中设置表格的行数:7,设置表格列数:5,输入表格内容并设置文字格式。

④ 选中表格,选择【表格工具】‖【设计】命令,显示表格工具。使用"绘图边框"组中的【笔样式】、【笔划粗细】和【笔颜色】工具设置笔颜色(如:蓝色)、线条粗细(如:3 磅)和线条样式(实线)。使用"表格样式"组中的【表格线】样式列表中选中表格线的位置(如"外侧框线")。使用同样的方法设置表格的内线。选中表格的全部,选择【表格样式】‖【填充】‖【纹理】‖【画布】项,填充表格的背景。选择【表格样式】‖【效果】‖【单元格凹凸效果】‖【棱台】‖【皮草】项。

8. 插入对象

选择【插入】选项卡,在"文本"组,选择【对象】命令,打开【插入对象】对话框,在对象列表中选中某一对象类型后按操作提示操作。

PowerPoint 2010 中提供的对象有:Bitmap Image、Excel97-2003 工作表、Excel 图标、Graph 图表、PowerPoint 97-2003 幻灯片、PowerPoint 97-2003 演示文稿、Word 文档、Microsoft 公式 3.0、日历控件 8.0 等等。这些对象的编辑方法都是在原应用程序界面中编辑,编辑完毕返回到 PowerPoint 窗口中。

例 4.7.3:建立一张"内容与标题"版式的幻灯片,如图 4-7-5 所示,在幻灯片中插入"剪辑管理器中的影片"的影片和"祝福.MP3"声音文件,并设置影片和声音在幻灯片放映时自动播放、放映时隐藏、循环播放。标题文字格式:华文隶书、标准色-红色、44 号字;文本文字格式:华文行楷、标准色-蓝色、24 号字。

图 4-7-5 【内容与标题】版式

操作提示

① 选中一张幻灯片,选择【开始】|【版式】命令,显示幻灯片的版式列表,在列表中选中"内容与标题"版式。

② 在标题栏和文本栏中输入标题和文本内容,并设置文字格式。

③ 选择【插入】|【视频】|【剪贴画视频】命令,在右边的任务窗格中打开视频列表,在列表中选中某一视频对象。

④ 选择【插入】|【音频】|【文件中的音频】命令,打开插入音频对话框,在对话框中选择"祝福.MP3"文件,单击【插入】按钮。选中声音图标,在【音频工具】|【播放】|【音频选项】中设置播放方式。

7.5　幻灯片的编排

幻灯片的编排操作包含幻灯片的插入、移动、删除、复制等操作,这些操作可在幻灯片浏览视图或普通视图方式下进行。

1. 幻灯片的插入

操作步骤:在普通视图或幻灯片浏览视图方式下,在幻灯片列表区域中确定插入新幻灯片的位置后按回车键,或者右单击鼠标后打开快捷菜单,在快捷菜单中选择【新建幻灯片】,在当前幻灯片后插入了一张新的空白幻灯片。

2. 幻灯片的删除

操作步骤:选中需删除的幻灯片,按〈Del〉键,或右单击鼠标后打开快捷菜单,在快捷菜单中选中【删除幻灯片】命令。

3. 幻灯片的移动

操作步骤:选中需移动的幻灯片,拖曳幻灯片至相应的位置上。

4. 幻灯片的复制

操作步骤:选中需复制的幻灯片,按快捷键〈Ctrl〉+拖曳,将幻灯片复制到相应的位置上,或右单击鼠标后打开快捷菜单,在快捷菜单中选择【复制幻灯片】,在当前幻灯片前复制了副本。

5. 逻辑节的应用

如果遇到一个庞大的演示文稿,用户可以使用新增的节功能来组织幻灯片,就像使用文件夹组织文件一样,可以删除或移动整个节及节中包含的幻灯片来重组文件。

新增节:在普通视图的幻灯片列表中,将光标定位于需要建立节的幻灯片之间,选择【开始】选项卡,在"幻灯片"组中,选择【节】|【新增节】命令。

编辑节:右键单击新增加的节,在弹出的快捷菜单中选择相应菜单进行编辑。

6. 幻灯片版式的设置

在幻灯片上有标题、文本、图片、表格、影片或声音等对象,版式就是指这些对象在幻灯片上排列方式。PowerPoint 2010 中幻灯片的版式有:标题幻灯片、标题和内容、节标题、两栏内容、比较、仅标题、空白、内容与标题、图片与标题、标题和竖排文字、垂直排列标题与文本等版式等。

操作步骤:

① 选中一张幻灯片,选择【开始】选项卡,在"幻灯片"组中,选择【版式】命令,打开版式列表,在列表中显示幻灯片的各种版式。

② 在列表中选中一种版式。

7.6　超链接

幻灯片中的超链接是指建立文字、图片、文本框和动作按钮与幻灯片、文件、邮件地址、Web 页的超链接。

1. 建立与幻灯片的超链接

操作步骤:

① 选中幻灯片中的文字或图片等对象,选择【插入】|【超链接】命令,打开【插入超链接】对

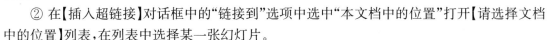

话框。

② 在【插入超链接】对话框中的"链接到"选项中选中"本文档中的位置"打开【请选择文档中的位置】列表,在列表中选择某一张幻灯片。

③ 单击【确定】按钮。

2. 建立与邮件地址的超链接

操作步骤:

① 选中幻灯片中的文字或图片等对象,选择【插入】|【超链接】命令,打开超链接对话框。

② 在【插入超链接】对话框中的"链接到"选项中选中"电子邮件地址"。

③ 在"电子邮件地址栏"中输入邮件地址。

④ 在"主题"栏中输入超链接的提示信息。

⑤ 单击【确定】按钮。

3. 使用动作按钮建立超链接

动作按钮是幻灯片中使用的最为广泛的超链接。

操作步骤:

① 选中一张幻灯片,选择【插入】|【形状】|【动作按钮】命令,在动作按钮列表中选择动作按钮的类型,并在幻灯片上制作一个动作按钮,打开【动作设置】对话框。

② 在对话框的"超链接到"选项中设置超链接的幻灯片和其他的动作。

③ 单击【确定】按钮。

4. 编辑或删除超链接

在幻灯片中建立了超链接后,可以修改或删除超链接。

编辑超级链接:

① 选中一个已经设置好的超链接,右单击鼠标,打开快捷菜单,选择【编辑超链接】命令,打开编辑超链接对话框。

② 在对话框中重新设置超链接的幻灯片。

③ 单击【确定】按钮。

删除超级链接:

选中一个已经设置好的超链接,右单击鼠标,打开快捷菜单,选择【取消超链接】命令,该超链接被删除。

7.7 背景和主题

为了美化幻灯片,除了文字颜色、字体和文字的大小设置外,可以对幻灯片的背景颜色、主题颜色进行设置。

1. 背景设置

幻灯片的背景设置是指背景填充的设置,包含直接使用背景样式或背景格式的设置。

（1）背景样式的使用

选择【设计】选项卡,在"背景"组中,选择【背景样式】命令,打开【背景样式】列表,在列表中选中一种样式后该样式将应用于所有幻灯片。

（2）背景格式设置

用户可以对一张幻灯片或者全部幻灯片的背景进行自定义。

操作步骤：

选择【设计】|【背景样式】|【设置背景格式】命令,打开【设置背景格式】对话框,在对话框中包含背景的填充、图片更正、图片颜色和艺术效果选项的设置。

2. 填充

填充是指对背景进行颜色的填充,包含纯色填充、渐变填充、图片或纹理填充、图案填充。

(1)纯色填充:使用单一颜色填充背景。

操作步骤：

① 选择【设计】|【背景样式】|【背景格式设置】|【纯色填充】命令。

② 设置颜色和透明度。

③ 单击【全部应用】按钮,设置所有的幻灯片的背景颜色,否则仅设置一张幻灯片的背景。

(2)渐变填充:有预设颜色、类型、方向、角度、渐变光圈、颜色、亮度和透明度选项的设置。

操作步骤：

① 选择【设计】|【背景样式】|【背景格式设置】|【渐变填充】命令。

② 设置颜色、类型、方向、角度、渐变光圈、颜色、亮度和透明度选项。

③ 单击【全部应用】按钮,设置所有的幻灯片的背景颜色,否则仅设置一张幻灯片的背景。

说明：

预设颜色是系统提供的,如:红日西斜、金乌坠地、雨后初晴、孔雀开屏、茵茵绿草等。

类型:有线性、射线、矩形、路径、标题的阴影。

方向:从右下角、从左下角、中心辐射、从右上角、从左上角。

角度:当选择线性时可设置角度。

(3)图片或纹理填充:使用用户提供的图片或剪贴画图片或者系统提供的纹理对背景进行设置。

操作步骤：

① 选择【设计】|【背景样式】|【背景格式设置】|【图片和纹理】命令。

② 设置纹理或插入自文件或剪贴画的图片、平铺选项、对齐方式、镜像类型、透明度选项。

③ 单击【全部应用】按钮,设置所有的幻灯片的背景颜色,否则仅设置一张幻灯片的背景。

(4)图案填充:使用系统提供的各种图案(如:大网格、小网格、对角砖型、瓦型等)设置背景。

操作步骤：

① 选择【设计】|【背景样式】|【背景格式设置】|【图案填充】命令,显示图案列表。

② 在图案列表中选中某一图案(如"对角砖形"),设置前景色和背景色。

③ 单击【全部应用】按钮,设置所有的幻灯片的背景颜色,否则仅设置一张幻灯片的背景。

3. 主题设置

主题设置包含:主题样式的选用、主题颜色、主题效果和主题字体的设置。

(1) 主题样式的选用

操作步骤：

① 选择【设计】选项卡,在"主题"组中,选择相应主题,包含 Office 主题、内置主题有:暗香扑面、奥斯汀、跋涉、波形等。

② 在列表中选中一种主题(如:跋涉),该主题被应用在当前演示文档。

（2）主题颜色设置

主题颜色的修改可以选用内置颜色和自定义颜色。

（1）内置主题颜色的使用

选择【设计】选项卡，在"主题"组中选择【颜色】命令，打开颜色列表，在列表中包含内置主题颜色、自 Office.com 主题颜色和自定义主题颜色，当用户选择一种颜色后，主题颜色被更新。

（2）自定义主题颜色

操作步骤：

① 选择【设计】|【颜色】|【新建主题颜色】命令，打开【新建主题颜色】对话框。

② 在对话框中设置文字背景颜色、强调文字颜色、超链接颜色和已访问的超链接颜色。

③ 在名称项中输入颜色名字（如：金色麦浪）。

④ 单击【保存】按钮。

当打开颜色列表时，在自定义颜色列表中可以找到名称为"金色麦浪"的主题颜色，选中后将应用于当前文档。

（3）主题字体设置

选择【设计】选项卡，在"主题"组中选择【字体】命令，打开字体列表，在列表中选择一种字体。

（4）主题效果的设置

选择【设计】选项卡，在"主题"组中选择【效果】命令，打开效果列表，在列表中选择一种效果。

7.8　练习题

1. 打开"power_sj1_1.pptx"演示文稿，按下列要求进行编辑，编辑结果按原文件名保存。

① 在第 1 张幻灯片前插入"空白"版式的幻灯片，插入艺术字，其样式为"填充-靛蓝，强调文字颜色 2，粗糙棱台"；文字内容：2010 年农副产品博览会。并插入"无籽西瓜.jpg"和"基尾虾.jpg"图片，图片适当缩放后安放在标题下方。

② 用"渐变填充、预色-碧海青天、类型-射线、方向-从左下角、颜色-主题颜色-水绿色，强调文字颜色 1，深色 10％、亮度 60％、透明度 100％"效果填充所有幻灯片的背景。

③ 将标题为"产品检索"幻灯片中每一行文字格式设置成：华文行楷、44 号字、主题颜色-白色，背景 1；添加向下偏移、标准色-红色、120％大小的阴影。

④ 将标题为"保健品专柜"幻灯片中的"补钙类"和"补益类"文字的超链接删除。

⑤ 将标题为"水果专柜"幻灯片中第一幅图片超链接到对应的幻灯片上。

⑥ 在标题为"海南麒麟瓜"幻灯片的右下角插入返回的动作按钮，并设置返回到"水产专柜"的幻灯片。设置当鼠标指向该动作按钮时，播放"风铃"声。

⑦ 在标题为"冰糖橙"的幻灯片的备注页中插入批注"在十六浦水果批发市场上批发价每市斤 2.5 元"。

⑧ 设置第 3 张幻灯片中文本文字的格式：宋体、18 号字，插入"大龙虾.jpg"图片，并适当放大，将图片设置为"金属框架"样式。

⑨ 在第 7 张幻灯片中绘制"云形标注"形状，形状轮廓：标准色-深蓝色、1 磅边框，形状填

充主题颜色-水绿色,强调文字颜色1,深色10％填充。输入文字"联系电话:149012365124,张先生",文字格式:标准色-绿色、宋体、11号。

操作提示

第①题:选中第1张幻灯片,选择【插入】|【新幻灯片】命令,并选择"空白内容"版式。在窗口左边的幻灯片浏览区中选中刚插入的新幻灯片并将此幻灯片拖曳到第1张幻灯片前。选择【插入】|【艺术字】命令,打开艺术字库列表,在列表中选中"填充-靛蓝,强调文字颜色2,粗糙棱台"样式,输入文字内容。选择【插入】|【图片】项,打开【插入图片】对话框,在对话框中选中图片(基尾虾.jpg或无籽西瓜.jpg),单击【打开】按钮。

第②题:选择【设计】|【背景样式】|【设置背景格式】命令,打开【设置背景格式】对话框,在对话框中选择【填充】|【渐变填充】;在【预色】项中选中"碧海青天";在【类型】项中选中"射线";在【方向】项中选中"从左下角",单击【全部应用】按钮。

第③题:选择标题为"产品检索"幻灯片,选中"水产专柜"文字,右单击鼠标,在文字格式工具栏中选中:华文行楷、44号。在快捷菜单中,选择【设置文字效果格式】命令,打开【设置文字效果格式】对话框,在对话框中选择:向下偏移、主题颜色-白色,背景1、120％(大小)阴影,单击【关闭】按钮。使用"格式刷"可设置其余两行文字的格式。

第④题:选中"保健品专柜"幻灯片,选择"补钙类"文字,右单击鼠标,打开快捷菜单,选中【取消超链接】命令,删除超链接。重复上述步骤可删除其他文字与幻灯片的超链接。

第⑤题:选中标题为"水果专柜"幻灯片,选中第一幅图片,选择【插入】|【超链接】命令,在【插入超链接】对话框中的"链接到"选项中选中"本文档中的位置",在【请选择文档中的位置】选项中选中标题为"海南麒麟瓜"的幻灯片,单击【确定】按钮。

第⑥题:选中标题为"海南麒麟瓜"的幻灯片,在幻灯片的右下角插入一个返回的动作按钮,在【动作设置】对话框中"单击鼠标"选项卡的"超链接到"项中选中"幻灯片",并选中标题为"水产专柜"的幻灯片。在对话框中"鼠标移过"选项中选择"播放声音",并选择"风铃",单击【确定】按钮。

第⑦题:选中标题为"冰糖橙"的幻灯片,选择【审阅】|【新建批注】命令,在批注输入框中输入批注内容。

第⑧题:选中第3张幻灯片,设置文本文字的格式,选择【插入】|【图片】命令,插入"大龙虾.jpg"图片,并适当放大。双击图片后在【图片样式】列表中选中"金属框架"。

第⑨题:选中第7张幻灯片,选择【插入】|【形状】命令打开形状列表在列表中选中标注类型中的"云形标注",在幻灯中绘制图形。选中图形后右单击鼠标打开快捷菜单,选择【设置自选图形格式】命令,在对话框中设置形状的填充色、线条颜色和线型。输入文字:"联系电话:149012365124,张先生",设置文字格式:标准色-绿色、宋体、11号。

选择【文件】|【另存为】,在对话框中输入"power_sj1_1.pptx"文件名将编辑结果保存在C盘上。

2. 打开"power_sj1_2.pptx"演示文稿,按下列要求进行编辑,编辑结果按原文件名保存。

① 在第1张幻灯片前插入"标题和内容"版式的幻灯片,标题内容"顽皮宠物",文字格式:华文彩云、54号、主题颜色-淡紫,强调文字颜色3,深色25％、居中对齐;正文内容"制作日期:2011年5月20日"和"制作人:李华卿",文字格式:华文行楷、20号、标准色-深红、居中对齐;背景格式设置为:渐变填充、"标题的阴影"类型、"标准色-浅绿色"颜色。

② 在第 3 张幻灯片的右边的分红色区域中插入"T40.jpg"图片,适当调整图片的大小后将图片样式设置为"棱台型椭圆、黑色",添加"纹理化"艺术效果。

③ 将第 4 张幻灯片中的图片样式设置为"圆形对角、白色",并将边框修改为"标准色-紫色"。插入"填充-黄色,强调文字颜色 2,粗糙棱台"样式的艺术字"顽皮宠物",并添加"标准色-红色、大小为 120%、外部-左上斜偏移"阴影。设置文字"猎犬"和"金毛寻回犬"文字分别超链接到第 5、第 6 张幻灯片。

④ 在第 5 张幻灯片的适当位置上插入返回到第 4 张幻灯片的动作按钮。在第 6 张幻灯片的适空白处插入"RETURN"文字,文字的格式:24 号、标准色-红色、添加阴影:"透视-左上对角透视"样式;标准色-深蓝、大小为 120%,并设置单击文本框时返回到第 4 张幻灯片。

⑤ 设置第 7 张幻灯片的背景格式为:图案填充,前景色为"主题颜色-酸橙色,背景 2、淡色60%"、背景色为"主题颜色-黄色,强调文字颜色 2,深色 50%"、图案为"大网格"。

⑥ 在标题为"狗的习性"幻灯片上插入批注"宠物医院信息,名称:宝宝宠物诊疗所;地址:淮海路 2022 弄 17 号 2201 室;联系电话:021－88635521"。

操作提示

第①题:选中第 1 张幻灯片后按回车键,选中第 2 张幻灯片,使用鼠标拖曳的方法将当前幻灯片拖到第 1 张幻灯片前。选中第 1 张幻灯片,选择【开始】|【版式】命令打开幻灯片版式列表,在列表中选中"标题和内容"版式。输入标题内容并设置标题文字格式。在文本区输入正文内容,并设置文字格式。选择【设计】|【背景样式】|【设置背景格式】命令打开【设置背景格式】对话框,在对话框中选择【填充】|【渐变填充】和【颜色】,单击【关闭】按钮。

第②题:选中第 3 张幻灯片,选择【插入】|【图片】命令,打开【插入图片】对话框,在对话框中选择"T40.jpg"图片,适当调整图片的大小并将图片移到右边区域,双击图片并在【图片样式】列表中选择"棱台型椭圆、黑色"样式,在图片工具的"调整"组中选中【艺术效果】显示艺术效果列表,在列表中选中"纹理化"样式。

第③题:选中第 4 张幻灯片的图片,选择【图片工具】|【格式】命令,在【图片样式】列表中选中"圆形对角、白色",选择【图片边框】,设置图片边框。选择【插入】|【艺术字】命令,显示【艺术字】样式列表,在列表中选中"填充-黄色,强调文字颜色 2,粗糙棱台"样式,输入文字"顽皮宠物",选中文字并右单击鼠标打开快捷菜单,选中【设置文本效果格式】命令,打开【设置文本效果格式】对话框,在对话框中选择【阴影】项中设置:标准色-红色、大小为 120%、外部-左上斜偏移。分别选中文字"金毛寻回犬"和"猎犬"在【超链接】对话框中完成链接到第 5、第 6 张幻灯片。

第④题:选中第 5 张幻灯片,选择【插入】|【形状】命令,打开形状列表,在列表中选中"后退或前一项"按钮,并在适当位置上用鼠标画一个按钮后打开【动作设置】对话框,在对话框中设置链接到第 5 张幻灯片。选中第 6 张幻灯片。选择【插入】|【文本框】|【横排文本框】命令,并在适当位置上用鼠标画一个框,在框内输入"RETURN"文字,文字格式设置和超级链接设置:略。

第⑤题:选中第 7 张幻灯片,选择【设计】|【背景样式】|【设置背景格式】命令,打开【设置背景格式】对话框,在对话框中设置背景为:图案填充,前景色为"主题颜色-酸橙色,背景 2、淡色60%"、背景色为"主题颜色-黄色,强调文字颜色 2,深色 50%"、图案为"大网格"。

第⑥题:选中标题为"狗的习性"(第 7 张)幻灯片,选择【审阅】|【插入新批注】命令,建立了

一个名为"j1"的批注,并显示批注内容的输入框,在输入框中输入内容"宠物医院信息,名称:宝宝宠物诊疗所;地址:淮海路 2022 弄 17 号 2201 室;联系电话:021 - 88635521"。

案例8 演示文稿的母版和放映设置

案例说明与分析

本案例是展示演示文稿的播放效果,素材和结果文件均位于"项目四\素材"文件夹中。

要展示"演示文稿"的播放效果,需要在幻灯片上添加日期、编号、文字或其他对象的播放时的动态效果设置、幻灯片的切换效果、定义幻灯片的播放顺序、选用幻灯片的主题颜色等操作技能。

案例要求

打开"power_al2.pptx"文件,按如下要求编辑,编辑结果以"案例 8.pptx"文件名保存。

1. 使用"内置-跋涉"主题,并将主题颜色中的超链接文字更改为:标准色-红色,已访问的超链接文字改为:标准色-绿色。

2. 修改第 4 张幻灯片的版式为"内容与标题",并添加标题"宠物医院信息"文字格式:华文行楷、44 号、标准色-深蓝。将原来的文字移到左边并将文字适当缩小,图片缩小后移到文字右边(参照案例 8_样张.pptx)。在幻灯片的空白处绘制一个 4 行 3 列的表格,如表 4 - 8 - 1 所示输入相关内容。表格样式使用:主题样式 2 - 强调 1。

表 4 - 8 - 1 输入内容

单位名称	地 址	联系电话
宝祥宠物诊所	淮海西路 2201 弄 23 号 1101 室	13987654123
天逸宠物诊所	徐家汇路 23 号 2011 室	13651733245
盼盼宠物诊所	金沙江路 2300 弄 23 号 1290 室	13567812678

3. 在幻灯片播放时所有幻灯片显示日期和幻灯片的编号,并添加页脚"时尚的爱好",设置页脚文字格式:华文行楷、20 号、标准色-深红、居中显示;幻灯片编号显示在左下角并设置为:标准色-红色;日期显示在右下角,设置为:主题颜色-黑色,文字 1、12 号字、右对齐。

4. 设置幻灯片的切换效果:第 1 张幻灯片为:华丽型-碎片、效果选项:粒子输入;第 2 张幻灯片设置为:华丽型-涡流、效果选项:自左侧;第 3 张幻灯片设置为:细微型-推进、效果选项:自左侧;第 4 张幻灯片为:细微型-揭开、效果选项:自右侧;第 5 张幻灯片为:华丽型-蜂巢;第 6 张幻灯片为:华丽型-翻转、效果选项:向右。

5. 设置第 1 张幻灯片的标题进入时的动画为:旋转,效果选项:按/字母;强调动画为:跷跷板,动画效果:按/字母。设置第 3 张幻灯片中标题文字进入时的动画为:淡出,效果选项:整批发送;第 1 张图片进入时的动画为:缩放,效果选项:消失点-对象中心;第 2 张图片进入时的动画为:翻转式由远及近;第 3 张图片进入时的动画为:旋转;第 4 张图片进入时的动画为:弹跳;第 5 张图片进入时的动画为:形状,效果选项:方框。

6. 在第 4 张幻灯片中添加备注,内容为:天逸宠物诊所是上海宠物诊所的先进单位,院长系上海交大农学院畜牧系主任、博士生导师。

7. 设置放映方式。

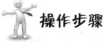

操作步骤

第1题：选择【设计】，在主题列表中选中"内置-跋涉"主题。选择【设计】|【颜色】|【新建主题颜色】命令，打开【新建主题颜色】对话框，在对话框中 选中"超链接"项，并将颜色设置为：标准色-红色；选中"已访问的超链接"项，将颜色设置为：标准色-绿色，单击【保存】按钮。

第2题：选中第4张幻灯片，选择【开始】|【版式】命令，打开版式列表，在列表中选中"内容与标题"版式，将文字拖到左边的文本框中，添加标题"宠物医院信息"文字格式设置为：华文行楷、44号、标准色-深蓝，选中图片并适当缩小后移到标题的右边（参照"案例8_样张.pptx"）。选择【插入】|【表格】|【绘制表格】命令，在幻灯片的空白处绘制一个表格外框线，光标指向表格内并右单击鼠标打开快捷菜单，选中【拆分单元格】命令，打开【拆分单元格】对话框，在对话框中选中4行3列，单击【确定】按钮。在表格中输入内容。在表格样式中选择"主题样式2-强调1"。

第3题：选择【插入】|【日期和时间】命令，打开【页眉页脚】对话框，如图4-8-1所示。并按对话框中的项目设置，单击【全部应用】按钮。选择【视图】|【幻灯片母版】命令，将视图方式切换成【幻灯片母版】视图，在工具栏的"母版版式"组中选中【页脚】项。在【幻灯片母版】视图设置页脚文字格式：华文行楷、20号、标准色-橙色、居中显示；将幻灯片编号占位符拖曳到幻灯片的左下角并设置为标准色-红色；日期占位符拖曳到幻灯片的右下角，设置为标准颜色-深蓝、12号字、居右对齐。选择【关闭母版视图】将视图方式切换成【普通幻灯片】视图。

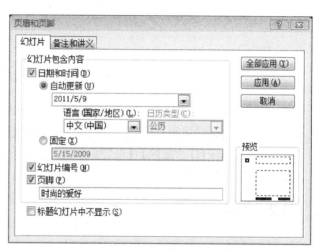

图4-8-1 【页眉和页脚】对话框

说明：由于该文档中每幻灯片版式不同，影响到日期和时间、页脚和幻灯片编号的显示，需要对各种版式的母版进行设置。

第4题：选中第1张幻灯片，选择【切换】选项卡，显示【幻灯片切换】工具，如图4-8-2所示在"切换到此幻灯片"组中选中【碎片】、在【效果选项】中选中【粒子输入】，其他几张：略。

图4-8-2 【幻灯片切换】工具

第5题:选中第1张幻灯片的标题内容,选择【动画】|【动画窗格】命令,在右边显示【动画窗格】,在动画列表中选中"旋转";选中【添加动画】打开【动画效果】列表,在列表中选中强调类型的"跷跷板";在动画窗格列表中选中该项并右单击鼠标打开快捷菜单,在菜单中选中【效果选项】命令,打开【跷跷板】对话框,如图4-8-3所示,在对话框中的【动画文本】项中选中"按字母"。其他动画设置:略。

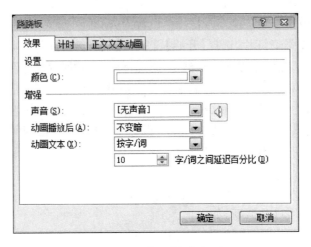

图4-8-3 【跷跷板】对话框

第6题:选中第4张幻灯片,选择【视图】|【备注页】命令,显示【备注页】视图,在备注页中输入文字内容。选择【视图】|【普通视图】返回【普通视图】。

第7题:选择【幻灯片放映】|【设置放映方式】命令,打开【设置放映方式】对话框,在对话框中设置:"在展台浏览(全屏幕)"、"全部"、"手动",单击【确定】按钮。

 技能与要点

8.1 母版设计与应用

母版有三种类型:幻灯片母版、备注母版和讲义母版。母版设计主要完成对幻灯片上如标题、文本、内容等对象的设计。

1. 幻灯片的占位符概念

一张幻灯片由标题、文本、日期、页脚和数字5个区域组成,称该5个区域为占位符区,通过选择【视图】|【幻灯片母版】命令,切换到【幻灯片母版】视图,如图4-8-4所示。在【幻灯片母版】视图模式下,可对这些占位符区域上各对象的位置、格式等属性进行设置。

在这些占位符区中,日期、数字和页脚一般是不显示的。文本区可设置最多5级的层次小标题。

显示幻灯片日期和编号的操作步骤如下:

① 选择【插入】|【页眉和页脚】命令,打开【页眉和页脚】对话框,在对话框中选中【更新日期】、和【页脚】项。

② 选择【视图】|【幻灯片母版】命令,切换到幻灯片母版视图,输入页脚的内容、设置数字、日期的位置和文字格式。

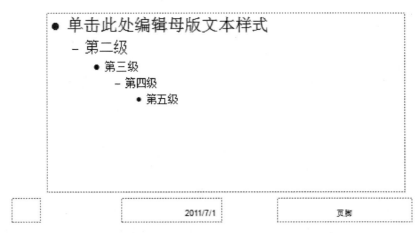

图4-8-4　【幻灯片母版】视图

2.母版设计

母版设计除了对5个基本占位符区的显示位置、文字格式的设置外,还可以对幻灯片的背景、图案、段落格式、行距、标题文字和文本文字的对齐方式、项目符号或编号等进行统一的设计,同时还可以插入如:文字、图片、表格、媒体和剪贴画等新的占位符位置。

(1)幻灯片母版设计

选择【视图】|【幻灯片母版】命令,切换到幻灯片母版视图,在幻灯片母版视图模式下包括编辑母版、母版版式、编辑主题、背景和页面设置。编辑母版包含插入幻灯片母版、插入版式。母版版式包含插入新的占位符,这些新的占位符可以是内容、文本、图片、表格、图表、剪贴画和媒体等。编辑主题包括主题样式的选择、主题颜色的设置、主题字体的设置和主题效果的设置。背景包括背景样式的选择和背景格式的设置,设置完毕单击【关闭母版视图】按钮,返回普通视图。

(2)备注母版的设计

选择【视图】|【备注母版】命令,切换到备注母版视图,在备注母版视图模式下,包含页面设置、占位符、编辑主题和背景的设置。其中占位符的选择包含页码、页眉、页脚、日期区、幻灯片图像和正文。编辑主题包括主题样式的选择、主题颜色的设置、主题字体的设置和主题效果的设置。背景包括背景样式的选择和背景格式的设置,设置完毕单击【关闭母版视图】按钮。

(3)讲义母版的设计

选择【视图】|【讲义母版】命令,切换到讲义母版视图,在讲义母版视图模式下,包含页面设置、占位符、编辑主题和背景的设置。其中占位符的选择包含页码、页眉、页脚和日期。编辑主题包括主题样式的选择、主题颜色的设置、主题字体的设置和主题效果的设置。背景包括背景样式的选择和背景格式的设置,设置完毕单击【关闭母版视图】按钮。

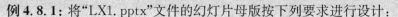

例 4.8.1：将"LX1.pptx"文件的幻灯片母版按下列要求进行设计：

① 在幻灯片的左上角显示直排文字"信息管理概论"，文字格式：标准色-橙色、隶书、20号字。

② 标题文本格式：隶书、标准色-深蓝、44 号字。

③ 一级文本格式：宋体、标准色-红色、24 号字、首行缩进 2 厘米、悬挂缩进 0、行间距 1.5倍、文本左对齐。

④ 显示幻灯片页码和日期，文字格式：标准色-绿色、18 号字。

⑤ 幻灯片的背景格式：填充效果：纯色填充：标准色-浅蓝、隐藏背景图形。

操作步骤

第①题：在幻灯片母版视图中，选择【插入】||【文本框】||【垂直】命令，在幻灯片的左上角插入文本框，在文本框中输入文字"信息管理概论"，使用文字工具设置文字格式。

第②题：选中母版标题，右单击鼠标，在格式工具中设置标题文字格式。

第③题：选中母版一级文本，右单击鼠标后显示文字工具，在工具中设置文字格式。右单击鼠标显示快捷菜单，在菜单中选中【段落】命令，打开【段落】对话框，在对话框中设置行距、对齐方式、首行缩进和悬挂缩进。

第④题：选择【插入】||【页眉和页脚】命令，打开【页眉和页脚】对话框，在对话框中选中"幻灯片编号"、"幻灯片日期"和"自动更新"项目，关闭对话框。分别在幻灯片母版视图中选中"数字区"和"日期区"，并右单击鼠标，显示文字设置工具，使用工具设置字体或文字颜色，移动编号和日期的显示位置。

第⑤题：选择【视图】||【幻灯片母版】命令，切换到幻灯片母版视图。选择【幻灯片母版】||【背景样式】||【设置背景格式】命令，打开【设置背景格式】对话框，在对话框中选中【填充】||【纯色填充】项，设置背景为：标准色-浅蓝。

3. 模板的选用和建立

扩展名为 potx 的文件是演示文稿的模板，它是幻灯片母版、背景、段落、行距、文字格式、对齐方式等格式所组成的文件。

在新建文档时可以选用某一风格的幻灯片模板。当用户进行幻灯片母版设计完成后，并保存为 potx 文件后形成了用户定义的模板。

操作步骤：

① 选择【文件】||【新建】命令，并单击【空演示文稿】。

② 选择【视图】||【幻灯片母版】命令，切换到幻灯片母版视图，在"幻灯片母版视图"中对幻灯片占位符、背景、段落、行距、文字格式、对齐方式等格式进行设置。

③ 插入所需的图片等内容，设置背景样式。

④ 选择【文件】||【另存为】命令，打开保存对话框，在对话框中输入文件名，并选择保存类型：演示文稿设计模板。

例 4.8.2： 设计一个名为 HZ.potx 的模板，设计要求如下：

① 幻灯片背景：校园.jpg 图片。

② 标题格式：隶书、标准色-深红、54 号字。

③ 仅含一级文本，文字格式：宋体、标准色-浅蓝、20 号字、首行缩进 2 厘米、左边距为 0、1.5 倍行距、两端对齐。

④ 按页脚区、日期区和数字区的次序排列这些占位符，并设置数字文字格式：宋体、标准色-黄色、14 号、日期显示格式：××××年/××月/××日、标准色-蓝色、宋体、14 号字、页脚内容：华东政法大学，格式：标准色-红色、宋体、14 号字。

⑤ 左上角显示"图片.Gif"动画。

操作步骤

显示空白文档视图，选择【视图】|【幻灯片母版】命令，切换到幻灯片母版视图，在"幻灯片母版视图"模式，并删除不需要的版式，作如下设置：

第①题：选择【背景样式】|【设置背景格式】命令，打开【设置背景格式】对话框，在对话框中选中【填充】|【图片或纹理填充】，在插入自选项中单击【文件】打开【插入图片】对话框，在对话框中选中"校园.jpg"图片，单击【打开】按钮，关闭并【插入图片】。单击【全部应用】按钮。

第②题：选中母版标题，设置标题文字的格式：隶书、标准色-深红、44 号。

第③题：删除第二级到第五级文本，选中母版文本后右单击鼠标，显示【字体】格式工具，设置文本文字格式。在菜单中选中【段落】命令，打开【段落】对话框，在对话框中设置行间距、悬挂缩进、对齐方式。

第④题：选择【插入】|【页眉和页脚】命令，打开【页眉和页脚】对话框，在对话框中选中：更新日期、幻灯片编号、日期格式、输入页脚内容。将数字区、日期区和页脚区的位置重新排列，并设置各对象的文字格式。

第⑤题：在母版视图下，选择【插入】|【图片】，插入图片。

选择【文件】|【另存为】命令，并在对话框中输入文件名：hz、选择保存类型：演示文稿设计模板（potx）。

4. 用户定义模板的应用

操作步骤：

打开一个模板文件，在普通视图下编辑演示文档。选择【文件】|【另存为】打开【另存为】对话框，在对话框中输入文件名、选择保存类型：演示文稿（pptx）。

8.2　幻灯片的切换设置

选中一张幻灯片，选择【切换】选项卡，显示幻灯片切换工具，包含"预览"、"切换到此幻灯片"和"计时"组。在"切换到此幻灯片"组中包含：切换方式的列表、效果选项。切换方式列表中提供了如：新闻快报、切出、淡出、推出等切换方式。当选定了幻灯片的切换方式后（如淡出），选择【效果选项】，打开效果列表（淡出的效果包含：自底部、自顶部、自左则、自右侧）。"计时"组中包含：【持续时间】、【声音】、【换片方式】和【全部应用】工具。选中【全部应用】将对所有幻灯片使用统一的切换方式,否则只对当前幻灯片有效。

8.3 动画设计

动画主要是对幻灯片中的各种对象(如标题文字、正文、图片、声音或影片等)在放映时的动画效果。动画的方式有进入、强调、退出和动作路径四种,每一种方式又可选择动画的效果。

1. 动画设置

操作步骤:

① 选中幻灯片中的某个对象。

② 选择【动画】选项卡,显示"预览"、"动画"、"高级动画"和"计时"组。

③ 设置动画效果。

说明:

"动画"组:显示【动画】列表和【效果选项】,在列表中系统提供了大量的动画效果,如:飞入、出现、淡出、劈裂等。【效果选项】按钮是对上述所选中的动画作进一步的修饰,每一种动画所提供的效果设置参数不同。如"飞入"动画,提供了:自底部、自左侧、自右侧、自顶部等效果选项。

"高级动画"组:提供了【添加动画】、【动画窗格】、【触发】和【动画刷】工具。【添加动画】工具提供了:进入、强调、退出、路径的动画设计选项。单击【动画窗格】可以在屏幕的右边区域显示动画的任务窗格。

"计时"组:提供了【开始】、【持续时间】、【延迟】、【对动画重新排序】的设置工具。

2. 动画效果的更改

可以利用"动画窗格"来进行动画效果的设置。首先,选择【动画】|【动画窗格】命令,打开动画窗格;然后在"动画窗格"的动画列表中选择某一动画对象,右键单击鼠标,打开快捷菜单,选中【效果选项】命令,在弹出的对话框中重新设置动画的效果。

3. 动画的删除

在"动画窗格"的动画列表中选择某一动画对象,右键单击鼠标,打开快捷菜单,选中【删除】,则将对应对象的动画删除了。

8.4 幻灯片的放映设置

幻灯片的放映可以使用【幻灯片的放映】选项卡完成放映的设置,幻灯片的放映工具包含:开始放映幻灯片、设置、监视器工具3个功能组,具体是:

① "开始放映幻灯片"组:包含【从头开始】、【从当前幻灯片开始】、【广播幻灯片】和【自定义幻灯片放映】工具。当单击【自定义幻灯片放映】时打开【自定义放映】对话框,在对话框中单击【新建】按钮,完成对放映次序的设置。

② "设置"组:包含【设置幻灯片放映】、【隐藏幻灯片】、【排练计时】和【录制幻灯片演示】工具。选中【设置幻灯片放映】,打开【设置放映方式】对话框。在对话框中对"放映类型"、"放映幻灯片"、"放映选项"、"换片方式"等选项按要求进行设置。

③ "监视器"组:包含显示器【分辨率】的选择、【显示位置】(当有多台显示器时)和【使用演示者视图】(当有多台显示器时)的设置工具。

8.5　打印幻灯片

选择【文件】|【打印】命令,显示打印选项:打印份数、打印机和设置。在设置项中提供了:幻灯片的选择、每一页上打印幻灯片的张数(整页、2 张、3 张……9 张)、调整幻灯片打印的次序、打印颜色(颜色、灰度或纯黑白)。

8.6　练习题

1. 打开"power_sj2_1.pptx"演示文稿,按下列要求进行编辑,编辑结果以原文件名保存。

① 使用"内置-角度"主题。

② 更改第五张幻灯片中动作按钮的填充颜色:主题颜色-橙色,强调文字颜色 2,淡出 80%。

③ 设置在幻灯片播放时,右下角显示日期、左下角显示幻灯片的编号。

④ 设置第 1 张幻灯片的切换效果:细微性-分割、效果选项:从中央向左右展开;设置第 2 张幻灯片的切换:华丽型-涡流、效果选项为:自右侧,第 6 张幻灯片的切换:细微型-覆盖、效果选项为:从左上部。

⑤ 设置第 4 张幻灯片中的"顽皮宠物"文字进入时的动画:动作路径、直线和曲线-螺旋向右,文本文字进入时的动画:轮子、效果选项:8 轮辐图案。图片强调时的动画:陀螺旋、效果选项:旋转两周。第 3 张幻灯片中的图片动画:第 1 幅图片进入时动画为:飞入;第 2 幅图片进入时动画为:缩放,效果选项为:消失点-对象中心;第 3 幅图片进入时动画为:翻转式由远及近;第 4 幅图片进入时的动画为:随机线条,动画效果为:垂直;第 5 幅图片进入时的动画为:弹跳。

⑥ 设置放映类型:演讲者放映(全屏幕)、放映选项:循环放映,按 ESC 键终止、换片方式:手动、绘图笔颜色:蓝色、幻灯片放映分辨率:使用当前分辨率。

⑦ 第 7 张幻灯片中添加备注,备注内容为"张先生系海南省动物检验所所长助理,联系电话:13892345687"。

操作提示

第①题:选择【设计】选项卡,在"主题"组列表中选中"内置-角度"主题。

第②题:选中第 5 张幻灯片中的动作按钮后右单击鼠标,显示快捷菜单,选中【设置形状格式】项,打开【设置形状格式】对话框,在对话框中选中【填充】|【纯色填充】项,选择填充色。关闭对话框。

第③题:选择【插入】|【页眉和页脚】命令,打开【页眉和页脚】对话框,在对话框中选中"自动更新"和"幻灯片编号"选项,设置日期的显示格式,并单击"全部应用"按钮。选择【视图】|【幻灯片母版】,显示幻灯片母版视图模式,将"数字"区域拖曳到幻灯片的左下角、将"日期"区域拖曳到幻灯片的右下角,单击【关闭母版视图】工具,返回到普通视图模式(对不同版式的幻灯片都要设置)。

第④题:选中第 1 张幻灯片,选择【切换】选项卡,在"切换到此幻灯片"列表中选中"分割"项,单击【效果选项】按钮,打开效果列表,在列表中选中"从中央向左右展开"。使用同样的方法设置其他幻灯片的切换效果。

第⑤题:选中第 4 张幻灯片的文字,选择【动画】选项卡,并单击"高级动画"组中的【动画窗格】项,在窗口的右边显示"动画窗格"面板,在"动画"组中选择【添加动画】,打开动画列表,在列表中选中【其他动作路径】项,打开【添加动作路径】对话框,如图 4-8-5 所示,在对话框中选中"螺旋向右"项。使用同样的方法设置其他对象的动画效果。

第⑥题:选择【幻灯片放映】|【设置放映方式】命令,打开【设置放映方式】对话框,如图 4-8-6 所示,在对话框中设置:演讲者放映(全屏幕)、放映选项:循环放映,按 ESC 键终止、换片方式:手动,其他选项使用默认项。单击【确定】按钮。

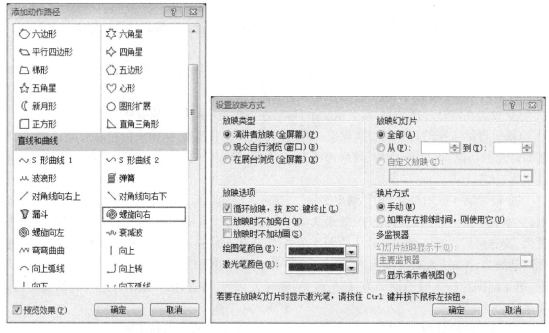

图 4-8-5 【添加动作路径】对话框   图 4-8-6 【设置放映方式】对话框

第⑦题:选中第 7 张幻灯片,选择【视图】|【备注页】命令,将幻灯片的视图方式切换为备注页显示模式,在备注页上输入文字内容,返回到普通视图模式。

2. 打开"Power_sj2_2.pptx"演示文稿,按下列要求进行编辑,编辑结果以原文件名保存。

① 新建一个名为"幻灯片模板.potx"模板文件,要求:使用"样本模板"中的"宽屏演示文稿"模板创建。文档使用"内置-暗香扑面"主题,标题文字设置为:华文楷体、标准色-橙色、36 号。

② 打开"Power_sj2_2.pptx"演示文稿,使用"幻灯片模板.potx"模板,并调整所有幻灯片中的文字大小,使文字均能在幻灯片中显示。显示幻灯片编号、日期和页脚,页脚内容"国宝大熊猫",文字格式:标准色-深红、20 号、华文彩云。在每一张幻灯片的左上角插入"海南岛动物研究所"的直排文字,格式:华文行楷、14 号、标准色-蓝色。

③ 设置所有幻灯片的切换效果:揭开,效果选项:自顶部。

④ 将第 5 张幻灯片中的标题文本的动画:进入时的动画为:弹跳,效果选项:按字母;强调动画为:彩色脉冲,效果选项:播放后变为蓝颜色;图片进入时的动画为:浮入,效果选项为:上浮。文本文字进入时的动画:轮子、4 轮辐图案、作为一个对象。

⑤ 建立名称为"播放"的幻灯片放映次序,放映幻灯片放映次序为:1、2、6、7、4、5、8、9。

⑥ 在第 6 张幻灯片中加入批注,批注内容为:"张先生 1978 年毕业于上海交通大学畜牧

兽医学院,现从事动物进出口的检验的管理业务"

⑦ 设置备注页中所有文本文字的格式:宋体、标准色-蓝色。并在第 7 张幻灯片中添加备注内容"李先生 1990 年毕业于上海水产大学海洋运输专业,现从事海运物流的管理业务"。

操作提示

第①题:选择【新建】|【样本模板】命令,显示"样本模板"列表,选中"宽屏演示文稿"模板,如图 4-8-7 所示,并单击【创建】按钮。选择【设计】项,并选中"主题"列表中的"现代型主题"。选择【文件】|【保存】命令,打开【另存为】对话框,并在对话框中输入文件名:幻灯片模板、选择保存类型:演示文稿设计模板(potx)。单击【保存】按钮。

图 4-8-7 【新建】|【样本模板】列表

第②题:打开"Power_sj2_2.pptx"演示文稿,选择全部幻灯片,使用〈Ctrl〉+〈C〉组合键复制所有的幻灯片,返回到"幻灯片模板.potx"窗口,使用〈Ctrl〉+〈V〉组合键粘贴幻灯片。将多余的幻灯片删除掉,保存 9 张幻灯片,调整所有幻灯片中的文字大小,使文字均能在幻灯片中显示。选择【插入】|【页眉页脚】命令,打开【页眉页脚】对话框,在对话框中选中:幻灯片编号、日期和页脚,输入页脚内容"国宝大熊猫"。选择【视图】|【幻灯片母版】命令,设置页脚文字格式:标准色-深红、20 号、华文彩云,并将日期移到左边区域(删除不需要的其他版式)。选择【插入】|【文本框】|【直排文本框】命令,在幻灯片的左上角画一个框,并在框内输入文字:海南岛动物研究所,设置文字格式:华文行楷、14 号、标准色-蓝色。

第③题:略。

第④题:略。

第⑤题:选择【幻灯片放映】|【自定义幻灯片放映】命令,打开【定义自定义放映】对话框,如图 4-8-8 所示,在对话框的对应项中输入文件名:播放,放映幻灯片放映次序为:1、2、6、7、4、5、8、9。

图 4-8-8 【定义自定义放映】对话框

第⑥题:选择【审阅】|【新批注】命令,打开批注对话框框,输入批注内容:"张先生1978年毕业于上海交通大学畜牧兽医学院,现从事动物进出口的检验的管理业务"。

第⑦题:选择【视图】|【备注母版】命令,显示【备注母版】视图,将备注母版中的备注页的正文格式设置为:宋体、20号、标准色-蓝色。选中第7张幻灯,并在备注页一栏中输入备注内容:李先生1990年毕业于上海水产大学海洋运输专业,现从事海运物流的管理业务。

综合实践

1. 打开"Power_zhlx1.pptx"文件,按下列要求编辑,编辑结果以原文件名保存。

① 将第1张幻灯的版式设置为"标题幻灯片"并添加副标题"云南省浩天摄影家协会",并使用"内置-波形"主题。

② 设置幻灯片母版格式,标题文字格式:华文彩云、44号,一级文本文字格式:宋体、20号、首行缩进1厘米,显示幻灯片编号、日期和页脚,页脚内容"云南省浩天摄影家协会",格式:宋体、18号、标准色-深红。

③ 在第2张幻灯片前插入一张标题与内容版式的幻灯片,并插入一个4列5行的表格,使用"中度样式-强调3"表格样式,在表格中添上文字,如表4-8-2所示。

表 4-8-2 云南名花表

编号	名称	编号	名称
1	杜鹃花	5	百合花
2	山茶花	6	兰花
3	玉兰花	7	龙胆
4	报春花	8	绿绒蒿

④ 分别将表格中花的名称建立与对应标题幻灯片的超链接。

⑤ 在第3张~第10张幻灯片的右下角插入返回到第2张幻灯片的动作按钮。

⑥ 设置第1张幻灯片的切换效果:华丽型-立方体、效果选项:自右侧;第2张幻灯片的切换效果:动态内容-传送带、效果选项:自左侧。

⑦ 设置第2张幻灯片标题文字的强调动画:陀螺旋、效果选项:按字母;表格的强调动画为:放大/缩小、效果选项:较大。

⑧ 设置第 8 张幻灯片标题强调时的动画:字体颜色改为紫色;图片的强调时动画:跷跷板;正文进入时的动画:形状、效果选项:方框、序列:整批发送。

⑨ 建立名称为"报春花"的自定义放映方案,幻灯片的放映次序:第 1 张、第 2 张和第 6 张。

2. 打开"Power_zhlx2.pptx"文件,按下列要求编辑,编辑结果以原文件名保存。

① 在第 1 张幻灯片前插入一张"标题幻灯片"版式的新幻灯片,并输入标题"人民公园",副标题"鸟世界"。

② 设置幻灯片的主题:奥斯汀、在所有幻灯片的左上角添加竖排文字"鸟世界",文字格式:楷体、20 号、标准色-黄色。在左下角显示幻灯片编号,数字格式:宋体、标准色-橙色、16 号。页脚内容:上海市养鸟协会,文字格式:华文行楷、标准色-橙色、20 号。在右下角显示日期,文字格式:宋体、标准色-橙色、16 号。标题文字格式:隶书、标准色-深蓝、44 号。一级文本文字格式:宋体、标准色-红色、20 号。

③ 设置第 4 张幻灯片的背景使用图案填充,效果设置:前景色为:标准色-浅绿、背景色为:主题颜色-白色,背景 1、图案为"实心菱形",正文文字设置为:主题颜色-黑色,文字 1。所有幻灯片的切换方式:淡出、效果选项:平滑。所有幻灯片标题的进入时动画:擦除、效果选项:自左侧、按字/词、播放后变为深绿色。所有幻灯片正文的进入时动画:缩放、效果选项:消失点-对象中心。

④ 分别将第 2 张幻灯片的"观赏型"、"实用型"、"鸣唱型"文字超链接到与其对应标题的幻灯片上,并在第 6、9、11 张幻灯片的右下角插入图片"BACK.Gif",并设置单击该图片时返回到第 2 张幻灯片。

⑤ 将第 3 张幻灯片中文本文字加上标准色-橙色、3 磅双线边框、"水滴"纹理填充。

⑥ 建立名称为"鸣唱型"的自定义放映方案,幻灯片的放映次序:第 1 张、第 3 张第 4 张、第 5 张和第 6 张。

⑦ 设置幻灯片的放映方式:演讲者放映(全屏幕)、全部、循环放映按 ESC 键结束放映、手动换片。

⑧ 编辑结果以原文件名保存。

⑨ 以"鸟世界.ppsx"文件保存。

项目五　声音和视频处理

●●●● **目的与要求**

　　1. 掌握使用 GoldWave 工具编辑声音和效果处理的方法

　　2. 掌握音频文件格式转换的方法

　　3. 了解 MP3 的制作与播放软件

　　4. 掌握视频文件播放的方法

　　5. 了解视频文件编辑的方法

案例 9　声 音 处 理

案例说明与分析

　　使用 GoldWave 对声音进行录音、基本编辑;音频文件的选择、剪切、复制、粘贴、删除和剪裁等操作技能;音频文件格式转换。Windows Media Player 是 Windows 7 一个播放器软件,能播放 CD、MIDI、MP3、AU、WAV 等各类音频文件。

　　原文件位于"项目五/素材"文件夹。

案例要求

　　1. 启动 GoldWave 工具软件,录制一段声音,保存为"录音. wav"文件。

　　2. 利用 GoldWave 工具软件,打开"MUSIC - 1. wav",删除 2 秒后的一段声音,在最后插入"MUSIC - 2. wav",保存为"MUSIC - 1 - 2. wav"文件。

　　3. 对上面的声音文件添加混响回声、起始 1.0 秒设置"50%到完全音量,直线型"淡入、最后 2 秒设置"完全音量,到静音,直线型"淡出效果,以 PCM Signed 16 位 mono 的 wav 格式。保存为"MUSIC - 3. wav"文件名。

　　4. 启动 GoldWave 工具软件,设置左声道为"秋天. wav",右声道配上"MUSIC - 2. wav"具有淡入淡出效果的音乐。保存文件名为"MUSIC - 4. wav"。

　　5. 利用 GoldWave 工具软件,将 CD 音乐转换为 MP3 文件。

　　6. 利用 GoldWave 工具软件,将"播音. wav"播放格式转换为"播音. mp3"和"播音. wma"。

　　7. 利用 Windows Media Player 工具,将 CD 转换为 MP3。

操作步骤

　　第 1 题:双击桌面上"GoldWave"图标,启动 GoldWave 工具软件,选择【文件】|【新建】命令,弹出【新建声音】对话框,根据需要选择"单声道、11.025KHz、初始化长度 1:00、人声音质,单声,30 秒钟录音",对准麦克风,单击控制窗口中【控制器】的【开始录音】按钮 ,开始录制一

段声音。单击【停止录音】按钮▉，完成录音。选择【文件】|【另存为】命令,选【保存类型】和【音质】,输入文件名"录音.WAV",单击【确定】按钮,保存录音文档。

　　第2题:启动GoldWave工具软件,选择【文件】|【打开】命令,在【打开】对话框中选中文件名为"MUSIC-1.wav"。在初始位置上左单击鼠标就确定了选择部分的起始点"设置开始标记",在另一位置2秒处右单击鼠标,选择【选区】|【移动开始到开头】命令,2秒处右单击鼠标,选择终止点"设置结束标记",这样选择的音频将以高亮度显示设置开始和结束时间。选择【编辑】|【剪裁】命令,删除了2秒后面的声音。将光标定位在2秒处,选择【文件】|【打开】命令,在【打开】对话框中选文件名为"MUSIC-2.wav"。选择【编辑】|【复制】命令,将光标定位在"MUSIC-1.wav"2秒处,选择【编辑】|【粘贴到】|【文件结尾】命令,选择【文件】|【另存为】命令,选"保存类型"和"音质",输入文件名"MUSIC-1-2.wav",单击【确定】按钮,保存录音文档。

　　第3题:选择【效果】|【回声】命令,在预置下拉列表中选择"混响",单击【确定】按钮,如图5-9-1所示。选中00:00:00到00:00:01区间的波形,选择【效果】|【音量】|【淡入】命令,打开【淡入】对话框,从【预置】下拉列表框中选"50%到完全音量,直线型",单击【确定】按钮,如图5-9-2所示。选中00:00:16到00:00:18区间的波形,选择【效果】|【音量】|【淡出】命令,打开【淡出】对话框,从【预置】下拉列表框中选"完全音量,到静音,直线型",单击【确定】。选择【文件】|【另存为】命令,输入文件名"MUSIC-3",选【保存类型】是WAV,从【音质】下拉列表框中选"PCM Signed 16位 mono",单击【确定】按钮,保存录音文档。

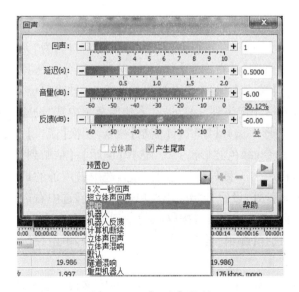

图5-9-1　【回声】对话框

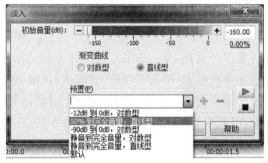

图5-9-2　淡入效果

　　第4题:启动GoldWave工具软件。选择【文件】|【打开】命令,在【打开】对话框中,选中文件名为"秋天.wav、MUSIC-2.wav"。单击选中窗口中的"MUSIC-2.wav",选择【编辑】|【声道】|【右声道】命令,选定了整个音轨。选择【查看】命令,选中"10秒"(红色波形表示右声道,绿色波形表示左声道)。然后选定"指示线"到9秒处,右单击鼠标在弹出的快捷菜单中,选择"设置结束标志",单击选定0秒处,此时选定的9秒波形为高亮。如图5-9-3所示。

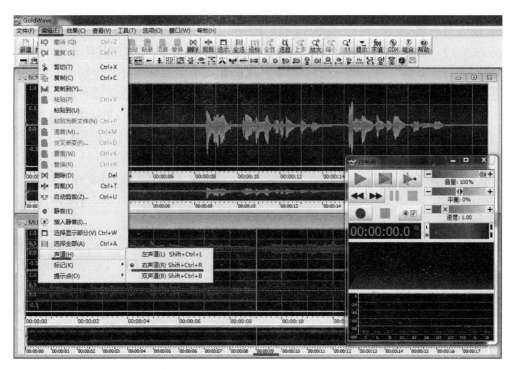

图 5-9-3 【声道】窗口

选择【编辑】|【复制】命令,再选择【文件】|【新建】命令,在弹出的新建声音对话框中,设置"声道数 2(立体声)、采样速率 44100、初始化长度 10 秒",单击【确定】按钮。选中窗口名为"无标题"的文档,并将该窗口最大化。选择【编辑】|【声道】|【右声道】命令(呈现高亮部分),选择【编辑】|【粘贴到】|【文件开头】命令,选择【查看】|【10 秒】命令(使得时间刻度以 10 秒为单位,能看清波形)。选择【窗口】中的"秋天.WAV",光标先定位到 9 秒处,在右快捷菜单中选"设置开始标志",0 秒处"设置结束标志",选定了 9 秒波形。选择【编辑】|【复制】命令,切换【窗口】|【无标题 1】命令,选择【编辑】|【声道】|【左声道】命令(绿色波形高亮)。选择【编辑】|【粘贴到】|【文件开头】命令。单击 0 秒处设置开始标志,再单击 1 秒处设置结束标志,选中右声道的最前面 1 秒标志,单击工具栏上【淡入】图标,单击 8 秒处,设置开始标志再单击 9 秒处,选中右声道的最后面 1 秒波形,单击工具栏上【淡出】图标。不改变设置,按【确定】按钮。选中左声道,选择【效果】|【音量】|【更改音量】命令,选 2 倍。选择【编辑】|【声道】|【双声道】命令,单击控制器播放按钮▶,试听。

选中 9 秒全部波形,选择【编辑】|【剪裁】命令,删除了 9 秒后面的声音。删除多余的波形,使文件的体积缩小。选择【文件】|【另存为】命令,文件名为"MUSIC-4.wav"。

第 5 题:启动 GoldWave 工具软件。将 CD 音乐光盘放入光驱,选择【工具】|【CD 读取器】命令,打开【CD 读取器】对话框,显示"曲目 1-曲目 11",通过"读取时间范围"可以选取曲目时间,如图 5-9-4 所示。单击【保存】按钮,选择曲目保存的"目标文件夹"、"另存类型"MP3、"音质"Layer-3,44100Hz,128Kbps,立体声,如图 5-9-5 所示。单击【确定】按钮,在"保存 CD 曲目"窗口中显示读取状态信息,所有曲目读取完成后,单击【确定】按钮,完成 CD 音乐转换为 MP3 文件。

图 5-9-4 【CD 读取器】窗口　　　　　　图 5-9-5 【保存 CD 曲目】对话框

第 6 题：启动 GoldWave 工具软件。选择【文件】|【打开】命令，在【打开】对话框中选中文件名为"播音. WAV"。选择【文件】|【另存为】命令，输入文件名"播音"，"保存类型"MP3，单击【保存】按钮。再选择"保存类型"WMA，单击【保存】按钮。

第 7 题：打开【Windows Media Player】窗口，将 CD 光盘放入光驱，单击 CD 光盘名称，选择【翻录设置】|【更多选项】命令，在弹出的对话框中，选择【翻录音乐】对话框，先单击【更改】按钮，选择保存 MP3 的文件夹，接着在翻录格式中选择"MP3"，分别单击选中"自动翻录 CD (R)"和"翻录完成后弹出 CD(E)"，然后设置音频的质量 128Kbps(音质越好，所占用的空间也就越大)，单击【确定】按钮，如图 5-9-6 所示。这样可以自动把 CD 中的歌曲转换为 MP3，并保存在指定的文件夹中。

 技能与要点

9.1　常见音频文件扩展名

WAV(Wave form Audio File)：是微软公司和 IBM 共同开发的 PC 标准声音格式，是 Windows 本身存放数字声音的标准格式，目前也成为通用性的数字声音文件格式。Wave 文件使用三个参数来表示声音，它们是：采样位数、采样频率和声道数。由于 WAV 格式存放的是未经压缩处理的音频数据，所以体积较大。

MID(MIDI)：MIDI 是数字乐器接口的国际标准，它定义了电子音乐设备与计算机的通讯接口，规定了使用数字编码来描述音乐乐谱的规范。计算机根据 MIDI 文件中存放的对 MIDI 设备的命令，即每个音符的频率、音量、通道号等指示信息进行音乐合成的。MID 文件的优点是短小；缺点是播放效果因软、硬件而异。

MP3(MPEG Audio Layer-3)：MP3 压缩格式文件。由于其具有压缩程度高、音质好的特点，所以 MP3 是目前最为流行的一种音乐文件。

RA/RAM(Real Audio)：RealNetworks 公司开发的主要适用于网络实时数字音频流技术

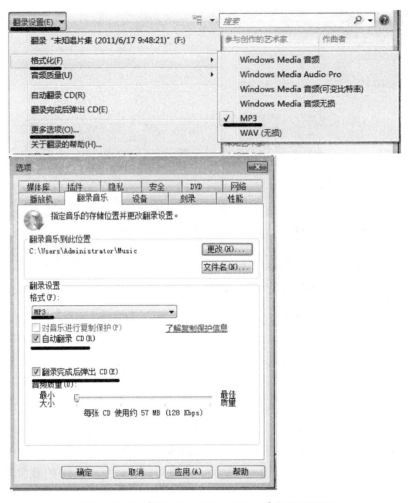

图 5-9-6 【Windows Media Player】选项对话框

的文件格式。缺点是音质远不如 MP3。

CMF(Creative Musical Format):Creative(创新)公司的专用音乐格式,与 MIDI 差不多,只是音色、效果上有些特色,专用于 FM 声卡,但其兼容性差。

CDA(CD Audio):唱片采用的格式,记录的多是波形流。缺点是无法编辑,文件长度太大。

ASF/ASX/WMA/WAX:ASF(Advanced Stream Format)和 WMA 都是微软公司针对 Real 公司开发的新一代网上流式数字音频压缩技术。这种压缩技术的特点是同时兼顾了保真度和网络传输需求,所以具有一定的先进性。

9.2 Windows Media Player

Windows Media Player 是微软公司推出的一个播放器软件。它是在计算机和 Internet 上播放和管理多媒体的中心,就好像把收音机、电影院、CD 播放机和信息数据库等都装入了一个应用程序中。使用 Windows Media Player 播放 CD、MIDI、MP3、AU、WAV 等各类音频文件,以及 MPEG、AVI 等视频文件等。可以收听广播电台、播放和复制 CD、寻找 Internet 上提供的电影,以及创建计算机上所有媒体的自定义列表。

1. 将音乐和影片导入媒体库

将一些经常播放的多媒体文件导入媒体库中。选择【开始】|【所有程序】|【Windows Media Player】命令,打开 Windows Media Player 窗口。单击【组织】按钮,下拉菜单中选择"管理媒体库"中的"音乐"选项。将影音文件添加至媒体库。

2. 文件类型设置

打开 Windows Media Player 窗口。选择【翻录设置】|【更多选项】|【格式化】命令,选择"文件类型"。

3. 翻录 CD

打开 Windows Media Player 窗口,选择【翻录设置】|【更多选项】命令,在弹出的对话框中,选择【翻录音乐】对话框,先单击【更改】按钮,选择保存文件的文件夹,格式中选择翻录的文件翻录格式"MP3"。

说明:设置【采样率】、【比特率】的高低影响生成音频文件的大小。对转换 mp3 文件【声道】应该取立体声。

9.3 使用 GoldWave 工具软件处理声音

GoldWave 是一个集声音编辑、播放、录制和转换的音频工具,可打开的包括 WAV、OGG、VOC、IFF、AIF、AFC、AU、SND、MP3、MAT、DWD、SMP、VOX、SDS、AVI、MOV 等音频文件格式,也可以从 CD 或 VCD 或 DVD 或其他视频文件中提取声音。内含丰富的音频处理特效,从一般特效如多普勒、倒转、回音、摇动、边缘、动态、时间限制、增强、扭曲、混响、降噪到高级的公式计算(利用公式在理论上可以产生任何想要的声音)。批转换命令可以把一组声音文件转换为不同的格式和类型。该功能可以转换立体声为单声道,转换 8 位声音到 16 位声音,或者是文件类型支持的任意属性的组合。如果安装了 MPEG 多媒体数字信号编解码器,还可以把原有的声音文件压缩为 MP3 的格式,在保持出色的声音质量的前提下使声音文件的尺寸缩小为原有尺寸的十分之一左右。

1. 基本操作

(1)新建录音文件

将文件解压到某一个目录下,不安装,直接运行 GoldWave. exe。进入 GoldWave 时,窗口是空白的,窗口上的大多数按钮、菜单均不能使用。选择【文件】|【新建】命令,弹出【新建声音】对话框,根据需要选择"声道数"、"采样速度"、"初始化长度"、"预置",按单声道、11.025KHz、初始化长度 5:00、调幅广播,单声,5 分钟录音,如图 5-9-7 所示。麦克风对准声源,单击控制窗口中"控制器"的【开始录音】按钮 ●,开始录音,单击【停止录音】按钮 ■,完成录音,如图 5-9-8 所示。选

图 5-9-7 【新建声音】对话框

择【文件】|【另存为】命令,选【保存类型】如图 5-9-9 所示,【音质】如图 5-9-10 所示。

说明:一般根据预录的时间进行"初始化长度"大致估计而定,设定时间必须大于录制时间。也不能太长,否则会给后期编辑带来不便。

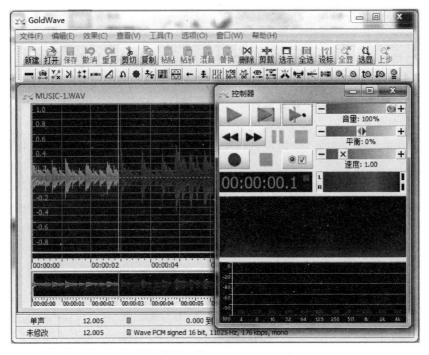

图 5-9-8　GoldWave 的界面

图 5-9-9　【保存类型】下拉列表

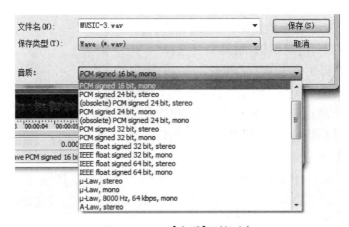

图 5-9-10　【音质】下拉列表

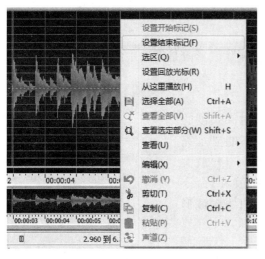

图 5 - 9 - 11　选择波形

（2）选择波形

要对文件进行各种音频处理之前，必须先从中选择一段出来，利用了鼠标的左右键配合进行，在某一位置上左单击鼠标就确定了选择部分的起始点，在另一位置上右单击鼠标就确定了选择部分的终止点，这样选择的音频将以高亮度显示设置开始和结束时间，如图 5 - 9 - 11 所示。

说明：选择音频处理段，可以选择【编辑】|【标记】|【设置】命令，设置开始和结束时间。

（3）播放音频文件剪切、复制、粘贴、删除、裁剪

音频编辑与 Windows 其他应用软件一样。要进行一段音频的剪切，首先要对剪切的部分进行选择，然后按〈Ctrl〉+〈X〉，选择查看命令并重新设定指针的位置到将要粘贴的地方，用〈Ctrl〉+〈V〉将刚才剪掉的部分还原出来。同理，用〈Ctrl〉+〈C〉进行复制、用〈Del〉进行删除。

裁剪波形段，选择【编辑】|【裁剪】命令或按〈Ctrl〉+〈T〉，裁剪后，剩下的波形放大显示。如果在删除或其他操作中出现了失误，用〈Ctrl〉+〈Z〉就能够进行恢复。

"粘贴"是把复制的波形粘贴到插入点，"粘贴到"是把复制的波形粘贴到"文件开头"、"结束标记"、"文件结尾"，"粘贴为新文件"是把复制的波形粘贴到一个新文件中。如图 5 - 9 - 12 所示。

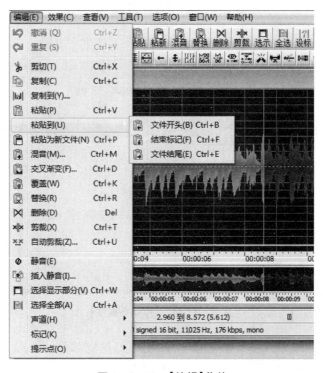

图 5 - 9 - 12　【编辑】菜单

如果将选中的一段音频单独保存,首先设置开始和结束时间,选择【文件】|【选定部分另存为】命令。

说明:裁剪波形段类似于删除波形段,不同的是删除波形段是把选中的波形删除,而裁剪波形段是把未选中的波形删除,两者的效果是相反的。

(4)时间标尺和显示缩放

在波形显示区域的下方有一个指示音频文件时间长度的标尺,它以秒为单位,当音频文件太长,一个屏幕不能显示完毕,选择【查看】|【缩放10:1】命令(用快捷键〈Shift〉+〈↑〉放大和用〈Shift〉+〈↓〉缩小),选择【查看】|【垂直方向放大】命令(用〈Ctrl〉+〈↑〉放大、用〈Ctrl〉+〈↓〉缩小),设置垂直方向波形的幅度。如图5-9-13所示。

(5)声道选择

对于立体声音频文件来说,显示是以平行的水平形式分别进行的,分别显示两个声道的波形,在编辑中只对其中一个声道进行处理,另一个声道要保持原样不变化,选择【编辑】|【声道】|【右声道】(【左声道】、【双声道】)命令,上方绿色部分表示左声道,下方红色部分表示右声道。所有操作只对这个选择的声道起作用,而另一个声道以深色的表示并不受到任何影响。

(6)控制器属性

选择【选项】|【控制器属性】命令,或单击控制器面板上的属性 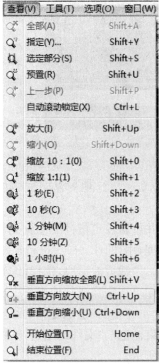 按钮,打开控制器属性设置,可以调整播放属性、录音属性、音量、视觉的属性,声卡中回放设备选择,录音设备选择,以及对设备的故障检测。如图5-9-14所示。

图5-9-13 【查看】菜单

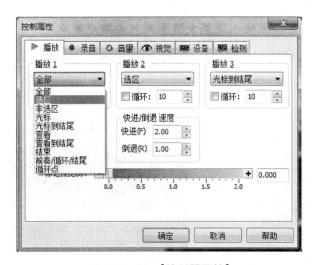

图5-9-14 【控制器属性】

例如播放设置,可以定义这个按钮播放全部波形、选定部分的波形、未选部分的波形、在窗口中显示出来的部分波形等等,还可以调整快进和倒带的速度。

2. 音频特效制作

（1）编辑声音

截取一段声音：选择【文件】|【打开】命令，选择需要编辑的声音文件，在波形窗口单击鼠标右键，分别选择起始位置和结束位置（选中的乐段为蓝底），选择【编辑】|【复制】命令。

合并声音：选择【文件】|【打开】命令，选择另一声音文件，选择【编辑】|【粘贴到】|【文件开头】命令，选择【文件】|【另存为】命令，选择保存的位置，输入文件名单击【保存】按钮。

更改音量：录制的声音太小，可以通过后期调整，选择【效果】|【音量】|【更改音量】命令，单击音量调节弹出一个窗口，拖动滑块调节音量，单击确定。

（2）特效声音

回声：想增加山谷回声或厅室回声效果，选择【效果】|【回声】命令。延迟数字越大，声音持续的时间也越长，效果越强。

混响：选择【效果】|【混响】命令，可以对声音作混响效果。

声音的压缩和扩展：选择【效果】|【压缩器】（【扩展器】）命令。对录制声音进行高音压缩和低音扩展，对声音的力度起到均衡的作用。选项中调节"阀值"来压缩和扩展临界点，超出这个值的部分就被压缩。调节增量数字越大，声音过渡越自然，而增量数字越小，声音越清晰，但越生硬。

（3）CD 抓音轨

选择【工具】|【CD 读取器】命令，选择 CD 中驱动器后，单击【保存】按钮，直接可以另存为需要的音频文件格式。

（4）文件格式转换批处理

选择【文件】|【批处理】|【添加文件】命令，选择"另存类型"和"属性"，单击【开始】按钮进行转换。

9.4　练习题

1. 按下列要求编辑，编辑结果按原文件名保存在 C 盘：

① 利用 GoldWave 工具软件录制 1 分钟电话质量的语音。保存为"Sound－LX1－1.wav"。

② 对"MUSIC－3.mp3"声音文件设置加大音量两倍，在最后 10 秒处设置"立体声回声"。

③ 删除上述文件的前 5 秒声音，插入"MUSIC－1.wav"，保存为"Sound－LX1－2.wav"。

④ 利用 GoldWave 工具软件，将一张 CD 中的第二首歌曲从 CD 音轨转换成 wav 格式。保存文件名为"Sound－LX1－3.wav"。

⑤ 利用 GoldWave 工具软件，截取"MUSIC－1.wav"的前面 2 秒，复制到"MUSIC－2.wav"的文件尾部。

⑥ 合成后的文件具有 2 秒淡入淡出的音乐效果，保存为"Sound－LX1－4.wav"。

⑦ 利用 GoldWave 工具软件，设置左声道为"MUSIC－2.wav"，右声道为"秋天.wav"。保存为"Sound－LX1－5.wav"。

⑧ 利用 Windows Media Player 工具软件，将"MUSIC－2.wav"转换为"MUSIC－2.mp3"。

操作提示

第①题:启动 GoldWave 工具软件,选择【文件】|【新建】命令,弹出"新建声音"对话框,根据需要选择按"电话音质,单声,1 分钟"录音,对准麦克风,单击控制窗口中"控制器"的【开始录音】按钮●,开始录制一段声音。单击【停止录音】按钮■,完成录音。选择【文件】|【另存为】命令,选"保存类型"和"音质",输入文件名"Sound‐LX1‐1.wav",单击【确定】按钮,保存录音文档。

第②题:选择【效果】|【更改音量】命令,从【预置】下拉列表框中选"两倍",单击【确定】按钮。将滑块拖曳到 30 秒处,选择【效果】|【回声】命令,从【预置】下拉列表框中选"立体声回声",单击【确定】按钮。保存录音文档。

第③题:在波形区内右击鼠标,选择【选区】|【设置】命令,弹出【设置标记】对话框,设置开始"00:00:00.00000"和结束"00:00:05.00000"时间。如图 5‐9‐15 所示。单击【确定】按钮。选择【编辑】|【删除】命令,删除了 5 秒选区的声音。选择【文件】|【打开】命令,选中文件名为"MUSIC‐1.wav",单击【打开】按钮。选择【编辑】|【复制】命令,选中"MUSIC‐3.wav"波形窗口,鼠标定位在开始部分,选择【编辑】|【粘贴到】|【文件开头】命令,单击【确定】按钮。输入文件名"Sound‐LX1‐2.wav",单击【保存】按钮。

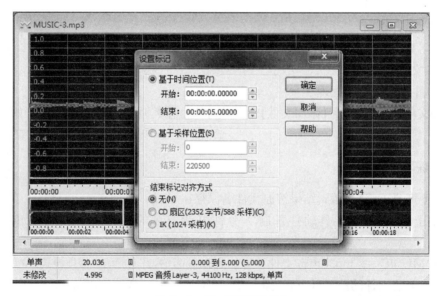

图 5‐9‐15 "设置标记"

第④题:启动 GoldWave 工具软件。插入 CD 光盘,选择【工具】|【CD 读取器】命令,选择 CD 中 Track2 后,在【读取时间范围】对话框中,选"从"10:00:385,"到"10:01:00(不同的 CD 时间不一样)。单击【保存】按钮,在【保存声音为】对话框中输入"Sound‐LX1‐3.wav",单击【保存】按钮。

第⑤题:启动 GoldWave 工具软件。选择【文件】|【打开】命令,在【打开】对话框中选文件名为"MUSIC‐1.wav"。选择【编辑】|【标记】|【设置】命令,设置开始"00:00:00.00000"和结束"00:00:02.00000"时间。选择【编辑】|【剪切】命令。再选择【文件】|【打开】命令,在【打开】对话框中选文件名为"MUSIC‐2.wav"。选择【编辑】|【粘贴到】|【文件结尾】命令。

第⑥题:单击工具栏上【淡入】图标,选择【编辑】|【标记】|【设置】命令,设置开始"00:00:

00.00000"和结束"00：00：02.00000"时间。单击 18 秒处,选择【编辑】|【标记】|【设置】命令,设置开始"00：00：18.00000"和结束"00：00：20.00000"时间,单击工具栏上【淡出】图标。选择【文件】|【另存为】命令,输入文件名"Sound－LX1－4.wav",单击【确定】按钮。单击控制器播放按钮 ▶,试听。

第⑦题:启动 GoldWave 工具软件。选择【文件】|【打开】命令,在【打开】对话框中,选中文件名为"MUSIC－2.wav、秋天.wav"。单击选中窗口中的"MUSIC－2.wav",选择【编辑】|【声道】|【右声道】命令,选定了整个音轨。选择【编辑】|【复制】命令,再选择【文件】|【新建】命令,在弹出的新建声音对话框中,设置"2(立体声)、CD 音质、采样频率 44.1KHZ、持续时间 20秒"。单击【确定】按钮。选中窗口名为"无标题 1"的文档,并将该窗口最大化。选择【编辑】|【声道】|【左声道】命令(绿色波形高亮),选择【编辑】|【粘贴到】|【文件开头】命令。选择【窗口】中的"秋天.wav",选择【编辑】|【复制】命令,选择【窗口】|【无标题 1】命令,选择【编辑】|【声道】|【右声道】命令(红色波形高亮)。选择【编辑】|【粘贴到】|【文件开头】命令。光标定位到 20 秒处,选中 20 秒后面的全部波形,单击工具栏上的【删除】,删除多余的波形,使文件的体积大为缩小。单击控制器播放按钮 ▶,试听。选择【文件】|【另存为】命令,文件名为"Sound－LX1－5.wav"。

第⑧题:打开 Windows Media Player 窗口,选择【翻录设置】|【更多选项】命令,在弹出的对话框中,选择【翻录音乐】对话框,单击【更改】按钮,选择保存文件的文件夹,格式中选择翻录的文件翻录格式"MP3"。

案例 10　视　频　处　理

案例说明与分析

Windows 7 操作系统没有直接提供 Windows Live 影音制作程序,而是将它整合至 Windows Live 系列软件,通过官方网站 http://download.live.com 免费下载安装程序。Windows Live 影音制作程序,功能是对视频素材,经过剪辑、配音等编辑加工,制作成富有艺术魅力的个人电影。

本案例使用 Windows Live 影音制作软件,对视频片段和拍摄的照片进行播放和基本编辑,包括视频画面的剪辑、合成、叠加、转换、过渡效果和配音等操作技能。

原文件位于"项目五/素材"文件夹。

案例要求

1. 启动 Windows Live 影音制作软件,添加视频文件"水映三千峰－1.wmv"、"云海－1.wmv"、"云海－2.wmv"、"云海－3.wmv"和图片文件"zjj－1.jpg"、"zjj－2.jpg"合成为一段。

2. 将 zjj－1.jpg、zjj－2.jpg 调整到影片的开头处。

3. 将合成的一段视频制作一部"我的电影",添加"背景音乐.wav"。

4. 将"我的电影"片头改名为"张家界短影片",设置字体 48 磅、居中、粗体、楷体。片尾"完"改名为"结束"。

5. 将影片 2：00 后的内容删除。

6. 设置第3张影片"张家界地图"设置为"棋盘"的过渡特技,平移和缩放为"放大顶部",设置亮度变暗些。在1:50处设置"黑白-红色滤镜"。

7. 设置"淡入"和"淡出"效果。

8. 保存影片文件"案例10.wmv"。

9. 将结果刻录至DVD光盘。

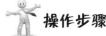 **操作步骤**

第1题:选择【文件】|【所有程序】|【Windows Live】|【Windows Live 影音制作】命令,在【开始】选项卡中,单击【添加视频和照片】按钮,选择"水映三千峰-1.wmv"、"云海-1.wmv"、"云海-2.wmv"、"云海-3.wmv"4段视频文件和"zjj-1.jpg"、"zjj-2.jpg"2个图片文件,如图5-10-1所示,单击【打开】按钮,合成为一段视频。

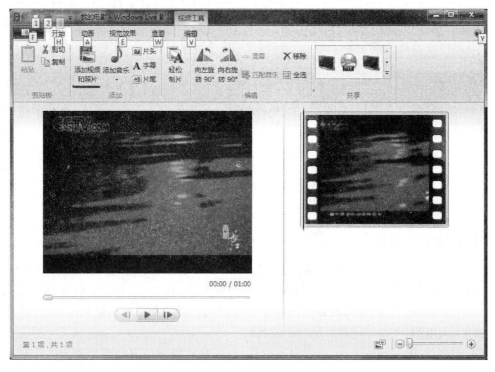

图5-10-1 合成一段视频

第2题:选中右窗格的"zjj-1.jpg"图片,拖曳到"水映三千峰-1"前,再选中"zjj-2.jpg"图片,拖曳到"zjj-1.jpg"后面,确定了影片中各个场景的出场顺序。

说明:添加所有素材后,通过鼠标拖曳的方法调整素材的排列次序。

第3题:选择【开始】选项卡,单击【轻松制片】按钮,弹出【Windows Live 影音制作】对话框,单击【确定】按钮。再次弹出"Windows Live 影音制作"中的【是否希望立即添加歌曲】对话框,单击【是】按钮。接着出现的对话框中选择"项目五\素材\背景音乐.wmv"。

第4题:在【开始】选项卡中,单击【字幕】按钮,在影片区将"我的电影"改名为"张家界短影片",分别设置格式字体48磅、居中、粗体、楷体,如图5-10-2所示。调整"张家界短影片"字体位置为一行。将 ▶ 拖曳到影片结束处,双击"A 完"改名为"结束"。

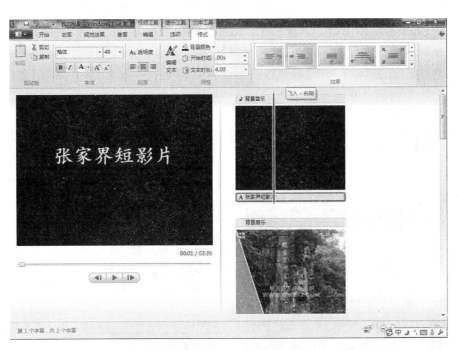

图 5 - 10 - 2　设置格式

　　第 5 题：在"视频工具"模式下，选择【编辑】选项卡，单击拖曳按钮 ▶ 到 2：00 处，单击【设置终止点】按钮 ⏸ 设置终止点，删除了 2：00 以后的影片。试播放看一看效果。如图 5 - 10 - 3 所示。

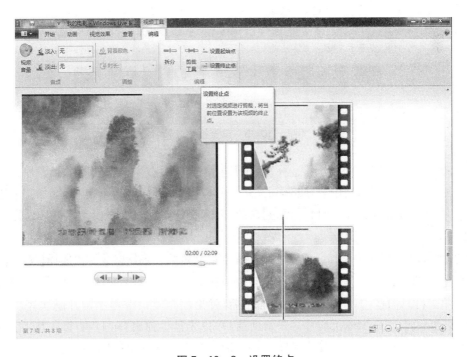

图 5 - 10 - 3　设置终点

说明：右窗格影片中的垂直指示线指示当前的时间点。

第6题：选中右窗格中的第3张影片。选择【动画】选项卡，在"过渡特性"组中，单击【棋盘】按钮，在"平移和缩放"组中，单击【放大顶部】按钮，如图5-10-4所示。在【视觉效果】选项卡中，调整"亮度"变暗些。单击拖曳按钮 ▶ 到1:50处，在"效果"组中，单击【黑白-红色滤镜】按钮，如图5-10-5所示。

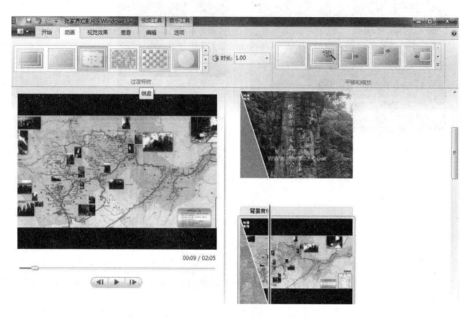

图5-10-4 设置过渡特效

图5-10-5 设置视觉效果

第7题：在"视频工具"模式下，选择【编辑】选项卡，选中右窗格中的第2张影片。选择【淡入】下拉菜单中的"慢速"，选中右窗格中的第3张影片。选择【淡出】下拉菜单中的"中速"。

第8题：选择【文件】|【将项目另存为】命令，输入文件名"案例10.wmv"，单击【完成】按钮后自动播放。

第9题：单击"Windows Live 影音制作"程序左上角的按钮 ▤▾ 或者选择【文件】|【保存电影】|【刻录DVD】命令，在【保存电影】对话框中输入文件名"张家界短影片"，选择保存类型为wmv，单击【保存】按钮，完成影片文件输出后，弹出一个对话框提示影片制作完成，系统自动启动Windows DVD Maker程序，开始刻录DVD光盘。弹出"向DVD添加图片和视频"|"下一步"|"准备刻录DVD"，在【菜单样式】中，选择"全屏"选项，单击【刻录】按钮，单击"预览DVD"，弹出【您的电影"张家界短影片.wmv"制作完成！】，单击【播放】按钮。

单击【保存项目】按钮，输入文件名"张家界短影片. msdvd"，单击【保存】按钮后自动播放。

技能与要点

10.1 Windows Live 影音制作

Windows 7 操作系统没有直接提供 Windows Live 影音制作程序，而是整合在 Windows Live 软件包内，通过微软的官方网站免费下载 Windows Live 影音制作安装程序。

Windows Live 影音制作程序可以对拍摄的照片和视频进行编辑。能对录制的视频素材，经过剪辑、配音等编辑加工，制作成富有艺术魅力的个人电影；它也可以将大量照片，进行巧妙的编排，配上背景音乐，还可以加上录制的解说词和一些精巧特技，加工制作成电影式的电子相册。

一般操作步骤是：

① 启动 Windows Live 影音制作程序。

② 添加视频和照片。建立"解说词"、"视频"、"图片"及"音乐"等新收藏夹，导入视频、图片、照片素材。现有的 WAV、AIF、AU 等格式的音频文件，ASF、AVI 等格式的视频文件，MPEG、MP4 等格式的电影文件，ASF、WMV 等格式的 Windows 媒体文件，都可以直接使用，对已制作好的 AVI、MPG 格式的个人电影和电子相册，也可以直接拖入 Windows Live 来进行编辑合成。

③ 确定了影片中各个场景的出场顺序。添加所有素材后，通过鼠标拖曳的方法调整素材的排列次序。

④ 设置转场效果。由于合成后的视频之间过渡不自然，在两个视频之间添加转场效果。将鼠标移到两个视频之间的衔接位置，选择【动画】命令，在"过渡特效"组中选择某一种转场效果，设置转场效果的播放时间。

⑤ 裁剪视频片段。在编辑视频中要裁剪多余的片段，可以打开"编辑"选项卡，先设置起始点，再设置终止点，这样裁剪掉终止点后的视频。

⑥ 给视频添加背景音乐和解说词。将鼠标定位到需添加背景音乐和解说词的视频播放位置，选择【开始】|【添加音乐】命令，在下拉菜单"在当前点添加音乐"选项中，选择背景音乐文件。

⑦ 添加视频字幕、片头或片尾文字。将鼠标定位到需添加字幕的视频播放位置，选择【开始】|【字幕】命令，设置字幕内容、字体、大小、粗细、开始播放时间和文本时长和播放效果。选择【开始】|【片头】命令，在视频开头将自动出现一个片头段。切换到【格式】|【效果】命令，设置片头文字出现的动画效果、字体、大小、粗细、开始播放时间和文本时长等参数。

⑧ 单击"Windows Live 影音制作"程序左上角的按钮 或者选择【文件】|【保存电影】|【刻录 DVD】命令，在【保存电影】对话框中输入文件名，选择保存类型为 wmv，单击【保存】按钮，完成影片文件输出后，弹出一个对话框提示影片制作完成，系统自动启动 Windows DVD Maker 程序，开始刻录 DVD 光盘。弹出"向 DVD 添加图片和视频"|"下一步"|"准备刻录 DVD"，在"菜单样式"中，选择"全屏"选项，单击【刻录】按钮，刻录以后，单击【播放】按钮。试放。最后单击【保存项目】按钮，输入文件名，单击【保存】按钮后自动播放。

10.2 练习题

1. 启动 Windows Live 影音制作程序,二段视频文件"云海-1. wmv"、"水映三千峰-2. wmv"合成为一段。

2. 将"云海-2. wmv"插入"云海-1. wmv"与"水映三千峰-2. wmv"中间。

3. 删除"云海-1. wmv"其中的后面 1 个剪辑段。

4. 设置"淡入"和"淡出"效果。

5. 保存影片文件"Video-LX1. wmv"。

操作提示

第1题:选择【文件】|【所有程序】|【Windows Live】|【Windows Live 影音制作】命令,在【开始】选项卡中,单击【添加视频和照片】按钮,选择"云海-1. wmv"和"水映三千峰-2. wmv",单击【打开】按钮,合成为一段视频。

第2题:启动"Windows Live 影音制作",在【开始】选项卡中,单击【添加视频和照片】按钮,选择"云海-2. wmv"、"云海-1. wmv"和"水映三千峰-2. wmv",选中右窗格的"云海-2. WMV",拖曳到"水映三千峰-2"前,确定了影片中各个场景的出场顺序。

第3题:在"视频模式"下,选择【编辑】选项卡,单击拖曳按钮 ▶ 到"云海-2. wav"与"水映三千峰-2. wav"剪辑片段的中间处,单击设置终点按钮 🔲设置终止点 ,删除"水映三千峰-2. WAV",试播放看一看效果。

第4题:在"视频工具"模式下,选择【编辑】选项卡,参考案例第 7 题的步骤。

第5题:单击【保存项目】按钮,输入文件名"Video-LX1. WMV",单击【保存】按钮后自动播放

综合实践

1. 按下列要求编辑,编辑结果按原文件名保存在 C 盘:

① 利用 GoldWave 工具软件,将"圣诞快乐. wav",删除最后的 1 秒声音以"PCM 11.025kHz 8 位立体声"格式,保存为"Sound-SJ1-1. wav"

② 将致艾丽丝. RMI 转换成致艾丽丝. WAV,在开头处插入"MUSIC-1. wav",保存为"Sound-SJ1-2. wav"。

③ 利用 GoldWave 工具软件,将一张 CD 中的第三首歌曲从 CD 音轨转换成 WAV 格式。保存文件名为"Sound-SJ1-3. wav"。

④ 设置左声道为"MUSIC-1. wav",右声道为"播音. wav"。在开头处插入"MUSIC-2. wav",保存为"Sound-SJ1-4. wav"。

⑤ 截取"秋天. wav"的 8 秒到 16 秒一段声音,插入"MUSIC-2. wav"文件的开头。在波形的开头和尾部 1 秒处分别增加淡入淡出效果。保存为"Sound-SJ1-5. wav"。

2. 按下列要求编辑,编辑结果按原文件名保存在 C 盘:

① 利用 Windows Live 影音制作程序,将自己照片加上各种视频过渡效果制作视频。

② 利用 Internet 从网上搜索视频片段,并自行编辑、配乐。

③ 利用 Windows Live 影音制作程序制作以"校园"为主题的视频。

项目六　图像处理软件 PhotoShop CS4

目的与要求

1. 掌握 PhotoShop CS4 常用工具和控制面板的使用方法
2. 了解色彩与图像的一些基础知识
3. 熟悉图像的基本操作
4. 掌握字体、自定义图形的使用方法
5. 掌握图层、滤镜以及蒙版的使用方法

案例 11　图像处理的基本操作

案例说明与分析

　　本案例是利用 PhotoShop CS4 的一些基本操作、编辑以及区域填充等功能对一幅图片进行效果处理,结果如图 6-11-1 所示。案例中使用的素材位于"项目六\素材"文件夹,样张位于"项目六\样张"文件夹。

图 6-11-1　案例 11 操作结果

　　实现此案例主要使用一些基本操作包括:图像模式的转换、图像大小的调整、选择工具的使用以及对象的复制等,还有图像的编辑方法如选区的填充和描边等。

案例要求

打开"PhotoShop_al1.jpg"和"PhotoShop_al2.jpg"文件,按下列要求编辑,编辑结果按原文件名保存在 C 盘。

1. 将"PhotoShop_al1.jpg"图像的模式改为 RGB,并调整图像的大小为 221×336 像素。

2. 将"PhotoShop_al2.jpg"图片中的小船利用磁性套索选中,并缩小到一定程度将其复制到"PhotoShop_al1.jpg"中。

3. 利用仿制图章工具将拷贝过来的小船再复制一次。

4. 利用矩形选择工具选中一矩形区域并反选,将前景色设置为♯D9DAD7,背景色为白色,使用渐变填充工具对选择的区域进行从前景色到背景色的线性填充(从左上角到右下角)。

5. 对选择的区域进行描边,参数为 2 像素、深灰色、向内。

 操作步骤

第 1 题:选择【图像】|【模式】命令并选中 RGB 颜色;选择【图像】|【图像大小】命令,将图像大小改为 221×336 像素。

第 2 题:选择工具箱中的套索工具并点击鼠标右键,选择磁性套索工具对"PhotoShop_al2.jpg"图片中的小船进行选择;再选择【编辑】|【变换】|【缩放】命令对选择的小船进行缩小化,为原来的 1/4 大小;选择【编辑】|【拷贝】命令将其复制到"PhotoShop_al1.jpg"中,此时在"PhotoShop_al1.jpg"中会生成一个新的图层来存放小船。

第 3 题:选择工具箱中的仿制图章工具,按〈Alt〉键选择要拷贝内容的起始位置,然后将其复制下来。

第 4 题:首先利用矩形选择工具选择一矩形框,然后将其反选,将此时的前景色设置为♯D9DAD7,背景色设置为白色,选择工具箱中的渐变工具,并使其工具栏中的参数为从前景色到背景色、线性渐变方式,然后在选择区域中从左上角到右下角进行渐变填充。

第 5 题:选择【编辑】|【描边】命令,将宽度设置为 2 像素,颜色为深灰色,位置为居内;最后取消选择区,按要求保存文件。

 技能与要点

11.1 中文 Adobe PhotoShop CS4 工具箱和面版简介

Adobe PhotoShop CS4 是一个专业的图形图像处理软件,是 Adobe 公司开发的用于印刷和网络出版的一个统一的设计环境,CS 是 creative suite 的缩写。

启动 Adobe PhotoShop CS4 应用程序,它提供了多种形式的工作区界面,默认的界面如图 6-11-2 所示,包括菜单栏、工具箱和各种控制面板等。用户还可以通过选择【窗口】|【工作区】命令来选择适合自己的工作区。

1. 工具箱

工具箱中包含了各种基本工具、前景/背景色设置工具以及以快速蒙版模式编辑的按钮。当鼠标指针在工具按钮上停留一会时,会出现相应按钮名称的提示。其中有些工具按钮右下角有一个小三角形,表示这是一组工具,只要在按钮上按下鼠标左键不放,即会显示其他隐藏

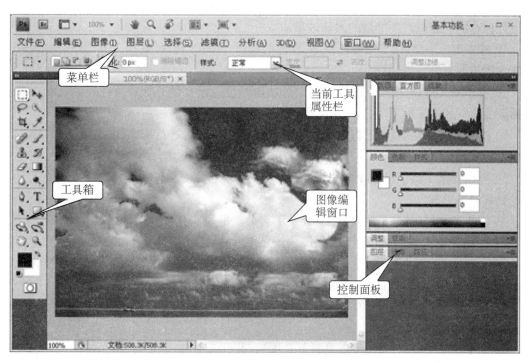

图 6 - 11 - 2　【Adobe PhotoShop CS4 应用程序】窗口

的工具,具体包括:

① 选框工具组:在图像或单独的图层中选出区域以供用户编辑使用,共有 4 种,矩形选框工具、椭圆选框工具、单行选框工具和单列选框工具。

② 移动工具:可移动选择区域和图层,当选中要移动的选区、图层或参考线,用鼠标拖曳对象即可完成移动操作。

③ 套索工具组:是一种常用的区域选取工具,主要用于绘制不规则的选取区域或者绘制一些不规则直线区域,共有 3 种,套索工具、多边形套索工具和磁性套索工具。

④ 魔棒工具组:包括快速选择工具和魔棒工具,用以选择图像中颜色相似的区域,当单击图像中颜色相似的区域,便可选中这些区域。

⑤ 裁剪与切片工具组:裁剪工具用于切除选中区域以外的图像;切片包括切片工具和切片选取工具,用来切割以及选取图像。

⑥ 取色、度量和注释工具组:取色和度量工具是图像设计的辅助工具,包括吸管工具、颜色取样器工具和度量工具;注释工具包括注释与计数工具,可使用文字对图像不同的层进行注解,便于对该图像再次编辑时理清各图层的关系。

⑦ 修复画笔工具组:用于修正图片上的瑕疵,可以利用图像中的样本像素来绘画,还可以将样本像素的纹理、光照和阴影与源像素进行匹配,从而使修复后的像素不留痕迹的融入图像的其余部分,共有 4 种:污点修复画笔工具、修复画笔工具、修补工具和红眼工具。

⑧ 画笔工具和铅笔工具:可在图像上产生画笔的绘制效果,包括画笔工具、铅笔工具和颜色替换工具。

⑨ 仿制图章工具和图案图章工具:通过单击并拖曳鼠标把图案或目标区域中所选图像的一部分复制到同一个图像或者另一个图像文件中。

⑩ 历史记录画笔工具和历史记录艺术画笔工具：与历史控制面板一起使用,可以恢复图像最近保存的状态或产生笔触的图像效果。

⑪ 橡皮擦工具组：用于图像的擦除、修改的操作,共有 3 种,橡皮擦工具、背景橡皮擦工具和魔术橡皮擦工具。

⑫ 填充工具组：可用于在图像或选定区域内颜色的渐变填充处理及色彩或图案的填充,包括渐变工具和油漆桶工具。

⑬ 边界修整工具组：用于将图像的某个区域色彩打散后进行修整,共有 3 种,模糊工具、锐化工具和涂抹工具。

⑭ 色调变化工具组：用于改变图像的某个区域的亮度或饱和度,共有 3 种,减淡工具、加深工具和海绵工具。

⑮ 钢笔工具组：是路径的绘制工具,可用它绘制平滑的直线或曲线的路径,共有 5 种,钢笔工具、自由钢笔工具、添加锚点工具、删除锚点工具和转换点工具。

⑯ 文字工具组：可在图像上创建文字,并且可以直接对文字进行修改、预览和格式化,共有 4 种,横排文字工具、直排文字工具、横排文字蒙版工具和直排文字蒙版工具。

⑰ 路径选择工具组：用于移动和改变路径形状,调整路径的相对位置,包括路径选择工具和直接选择工具。

⑱ 图形绘制工具组：可以绘制各种复杂图形,共有 6 种,矩形工具、圆角矩形工具、椭圆工具、多边形工具、直线工具和自定义形状工具。

⑲ 3D 旋转工具组：PhotoShop CS4 新增的可以处理 3D 对象的工具,包括 3D 旋转工具、3D 滚动工具、3D 平移工具、3D 滑动工具和 3D 比例工具,用于 3D 对象的移动、旋转和缩放等。

⑳ 3D 环绕工具组：是一组 3D 相机工具,其可以移动相机视图,同时保持 3D 对象的位置不变,包括 3D 环绕工具、3D 滚动视图工具、3D 平移视图工具、3D 移动视图工具和 3D 缩放工具。

㉑ 抓手工具：用于在图像编辑窗口内移动图像。

㉒ 缩放工具：用于放大和缩小图像的显示比例。

㉓ 前景色/背景色：用于设置当前图像的背景色或前景色。

㉔ 以快速蒙版模式编辑：可以对选区内的图像进入快速蒙版状态,之后可以利用其他如绘画工具或滤镜等再对选区进行细致加工。

2. 控制面板

PhotoShop CS4 含有许多浮动面板,这些浮动面板可监看或修改图像,也可了解图像的各种参数设置以及进行修改。浮动面板可以根据需要打开(选择【窗口】命令)和关闭。下面对于一些常用面板进行介绍：

(1)【导航器】、【信息】和【直方图】控制面板

是一个控制板组,共用一个窗口。【导航器】控制面板可显示图像的缩略图,通过它用户可以快速调整图像的显示比例。【信息】控制面板显示鼠标指针处的位置、颜色等信息,以及其他有用的测量信息。【直方图】控制面板作用是查看当前图像明暗像素分布的直方图,以前直方图是作为一个菜单命令,PhotoShop CS4 把它作为一个单独的面板。

(2)【颜色】、【色板】和【样式】控制面板

是一个控制面板组。【颜色】控制面板可以精确设置当前图像的前景色和背景色的颜色

值。【色板】控制面板可以设定前景色和背景色,或者添加删除颜色来创建自定义色板。【样式】控制面板可以用预设的样式填充图像的区域。

（3）【图层】、【通道】和【路径】控制面板

是一个控制面板组。【图层】控制面板可以用来建立、隐藏、显示、复制、合并和删除图层,设置图层样式和对图层填充颜色,以及调整图层的前后位置等。【通道】控制面板可以用于存储不同类型信息的灰度图像,在建立新图像时,会自动创建颜色信息通道。【路径】控制面板列出了每条存储的路径、当前工作路径和当前矢量蒙版的名称和缩览图像。

（4）【历史记录】和【动作】控制面板

是一个控制面板组。【历史记录】控制面板可以帮助存储和记录操作过的步骤,利用它可以回复到数十个操作步骤前的状态,对于纠正错误编辑,是一个很方便的工具。【动作】控制面板又称为批处理面板,它就像批处理程序一样,将用户处理图像的一系列命令聚合成为一个动作清单,并加以保存。当对一批图片进行同样处理时,它可以自动地对这些图像按动作清单中的命令进行处理。

11.2　图像的基本操作

1. 图像文件的色彩模式

学习 PhotoShop,了解各种色彩模式的概念及使用是非常重要的。因为色彩模式决定显示和打印电子图像的色彩模型,即一幅电子图像用什么样的方式在电脑中显示和打印输出。常见的色彩模式包括:RGB 模式、CMYK 模式、Lab 模式、灰度模式和多通道模式等。PhotoShop CS4 还包括用于特殊色彩输出的颜色模式,如索引颜色和双色调模式。对于模式的设置可通过选择【图像】|【模式】命令选取。

（1）RGB 模式

是由 RGB(红、绿、蓝)颜色的三个通道组合来显示图像的色彩,每个通道可提供 256 个色阶,该模式可在屏幕上重现多达 1670 万种颜色。新建 PhotoShop 图像的默认模式为 RGB,它提供了全屏幕真彩色显示,是编辑图像的最佳颜色模式,计算机显示器、投影仪设备都使用这种模式来显示颜色。

（2）CMYK 模式

是以 C(Cyan 代表青色)、M(Magenta 代表洋红色)、Y(Yellow 代表黄色)、K(Black 代表黑色)这四种颜色处理为基础的。在印刷中,为了印刷出色调连续的图像,常用 CMYK 这 4 种颜色的油墨来叠加出各种颜色,其中黑色的作用主要是为了弥补前三种颜色不能完全显示出黑色和灰色的缺陷。CMYK 模式是最佳的打印模式。

（3）Lab 颜色模式

是由一个亮度分量 L 及两个颜色分量 a 与 b 来表示颜色的。其中 L 代表光亮度分量,其范围为 0～100 之间;a 表示从绿色到红色的光谱变化;b 表示从蓝色到黄色的光谱变化,两者的范围都为 +120～−120 之间。Lab 模式所包含的颜色范围最广,而且包含所有 RGB 和 CMYK 中的颜色。Lab 模式是 PhotoShop 在不同颜色模式之间转换时使用的中间颜色模式。

（4）灰度模式

共有 256 级灰度。灰度图像中的每个像素都有一个 0(黑色)到 255(白色)之间的亮度值。当把图像转换为灰度模式后,PhotoShop 将除去图像中所有的颜色信息,转换后的像素色度表

示原有像素的亮度。

(5) 多通道模式:此模式中,每个通道都使用 256 级灰度。在特殊打印时,多通道图像十分有用。

2. 图像的调整

(1) 色彩的调整

色彩调整在图像的修饰中是非常重要的一项内容。色彩调整包括对色调进行细微的调整,改变图像的对比度、色阶和色相等。可通过选择【图像】|【调整】命令中各项的选取来设置。

(2) 尺寸的调整

在图像编辑的过程中有时不可避免地需要改变图像大小。改变图像大小包括改变图像尺寸大小、改变画布大小、图像的修整以及旋转画布等。可通过选择【图像】|【图像大小】(【画布大小】、【旋转画布】或【修整】)命令等的设置来实现。具体操作可以参考例 6.11.1。

例 6.11.1: 通过色彩调整和尺寸调整对图片进行编辑。操作步骤如下:

① 在 PhotoShop CS4 中打开"PhotoShop_11.jpg";

② 选择【图像】|【模式】命令,选中灰度模式,并在弹出的对话框中点击【确定】确认;

③ 选择【图像】|【调整】|【亮度/对比度】命令,打开亮度/对比度对话框,将亮度设置为 30,对比度设置为 60,并点击【确定】确认;

④ 选择【图像】|【图像大小】命令,打开图像大小对话框,在约束比例被选择的情况下,改变图像的宽度为 250 像素;

⑤ 将背景色设置成灰色,选择【图像】|【画布大小】命令,打开画布大小对话框,将画布的宽度和高度分别改为 2.5cm 和 1.5cm,画布扩展颜色选择:背景;

⑥ 选择【图像】|【图像旋转】|【任意角度】命令,打开旋转画布对话框,选择逆时针,并将角度设置为 30,最后的结果如图 6-11-3 所示。

图 6-11-3　例 6.11.1 操作结果

11.3 选定区的填充

1. 图像的选定

与创建选区有关的工具有选框工具组、套索工具组和魔棒工具。当建立好选区后，操作就只对选区内的内容有效，选区外的图像将不受影响。

2. 选定区域的填充及样式的使用

当区域选择好后，可以利用油漆桶工具或渐变工具进行图案或颜色的填充处理，也可以使用【样式】控制面板中的各种样式对选区进行应用。

具体操作可以参考例 6.11.2。

例 6.11.2：利用选定及填充对图片进行编辑。操作步骤如下：

① 在 PhotoShop CS4 中打开"PhotoShop_l2.jpg"。

② 选择仿制图章工具，按〈Alt〉键在图片中选择源点（飞机最左边），然后在飞机的下方拖曳鼠标复制飞机，位置如图 6-11-4 所示。

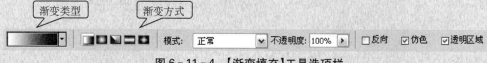

图 6-11-4 【渐变填充】工具选项栏

③ 选择魔棒工具，在图片的空白处点击选取，然后选择【选择】|【反选】命令。

④ 选择渐变工具，设置前景色为白色，背景色为灰色，将此时工具属性栏中的渐变类型设置为前景色到背景色，方式为线性渐变，不透明度为 60%，然后将鼠标从图片的左上角拖曳到右下角。

⑤ 再次将选择区域反选（选择【选择】|【反选】命令），选择油漆桶工具，将此时工具属性栏中的图案设置为云彩，然后在选区中点击，实现图案填充；

⑥ 双击背景图层，并在弹出的对话框中点击【确定】确认，将背景层改变为普通图层；

⑦ 选择样式控制面板中的褪色相片样式，并取消选择区（选择【选择】|【取消选择】命令），最后的结果如图 6-11-5 所示。

图 6-11-5 例 6.11.2 操作结果

11.4 图像的编辑

在 PhotoShop 中对图像的编辑有许多种方式,其中缩放、变换和描边经常被使用到。对于这些操作可通过菜单【编辑】来选取相应的命令项,并设置相应的参数来实现。

例6.11.3: 对图片进行一些基本的变换、描边编辑。操作步骤如下:

① 在 PhotoShop CS4 中打开"PhotoShop_12.jpg"和"PhotoShop_al3.jpg";

② 选择魔棒工具在"PhotoShop_12.jpg"中选取飞机的轮廓区域(例6.11.2中介绍过);

③ 选择【编辑】|【变换】命令中的缩放命令,将飞机缩小,然后双击鼠标左键确认;

④ 拷贝变换后的飞机(选择【编辑】|【拷贝】命令),然后将其粘贴在图片"PhotoShop_al3.jpg"中,并利用移动工具移动其位置,将控制面板中图层工具栏里的混合模式设置为叠加,结果如图6-11-6所示;

图6-11-6 例6.11.3操作结果

⑤ 返回图片"PhotoShop_12.jpg",选择【编辑】|【变换】|【水平翻转】命令,将飞机飞行的方向反转;

⑥ 选择【编辑】|【描边】命令,打开描边对话框,设置宽度为1像素,颜色为"♯DA9595",位置为居外,并点击【确定】确认;

⑦ 将反转后的飞机拷贝/粘贴到图片"PhotoShop_al3.jpg"中,并通过移动工具将其移动到图片右上端,最终结果如图6-11-7所示。

图6-11-7 例6.11.3操作结果

11.5　练习题

1. 按图 6-11-8 所示,创建一个文件名为 sj-11.jpg 文件并保存在 C 盘,要求如下:

① 图片大小为 800×600、灰色背景色、RGB 模式;

② 创建图层 1,按样张画图 1(工具箱中自定形状工具)并使用"彩色目标"样式对图 1 填充;

③ 创建图层 2,按样张画图 2 使用"♯154B19"颜色填充图 2;

④ 创建图层 3,按样张选择椭圆形,并使用"色谱"、从左上角到右下角的线性渐变填充;

⑤ 创建图层 4,按样张选择矩形,并使用"气泡"图案填充;

⑥ 按样张选择矩形,并用红色、居外、2 像素描边;

⑦ 按样张对矩形使用:透明彩虹、不透明度 40%、从左上角到右下角的线性渐变填充;

⑧ 按样张对矩形之外的区域使用:铭黄、不透明度 60%、从中间的上到下线性渐变填充。

图 6-11-8　图片处理样张

操作提示

第①题:设置背景色为灰色,选择【文件】|【新建】命令,在对话框中输入名称为 sj-11.jpg、高度与宽度为:800 和 600 像素、颜色模式为:RGB 颜色、背景内容为:背景色;

第②题:创建新图层:选择【图层】|【新建】|【图层】命令,在对话框【名称】项中输入图层名;或者使用图层控制面板下端的【创建新的图层】快捷方式创建新图层;

第③题:"彩色目标"样式在【样式】控制面板中第二项;

第④题:"气泡"图案填充:在选择矩形区域后,点击鼠标右键在弹出菜单中选择填充,选择【使用】中的图案,在【自定图案】中选择气泡;

其他操作:略。

2. 打开"PhotoShop_sj1.jpg"文件,按下列要求进行编辑,编辑结果以"sj-12.jpg"为文件名保存在 C 盘,图片的样张如图 6-11-9 所示。

① 用修复画笔工具去除图片上的"沙丘"字样,并将前景色设置为:♯EB1D91;

② 使用前景色到透明、不透明度为 50% 的线性渐变工具对图片进行编辑;

③ 将"PhotoShop_sj3.jpg"文件中的骆驼复制过来;

④ 按样张添加"滤镜"、"渲染"、"镜头光晕"、"50-300 变焦"效果。

操作提示

第①题:使用修复画笔工具(选择修复画笔工具后,按住 Alt 键点击图片以定义源,然后在图片的其他地方点击同时拖动鼠标进行复制绘画)去除图片上的"沙丘"字样;

图 6 - 11 - 9　图片处理样张

　　第②题:将"PhotoShop_sj3.jpg"文件中的骆驼复制过来可使用磁性套索工具,将骆驼选中后拷贝粘贴到"PhotoShop_sj1.jpg"中;

　　第③题:在背景层制作镜头光晕效果。

　　第④题:略。

　　3. 打开"PhotoShop_sj4.jpg"文件,按下列要求进行编辑,编辑结果以"sj-13.jpg"为文件名保存在 C 盘,图片的样张如图 6 - 11 - 10 所示。

图 6 - 11 - 10　图片处理样张

① 设置前景色为灰色,用"椭圆"工具选择对象;

② 使用羽化(【选择】|【羽化】)、12 像素处理图像;

③ 选择反选,再以前景色填充,制作羽化效果;

④ 使用横排文字工具在样张位置加入汉字"羽化效果",隶书、10 点、红色。

操作提示

第①题:选择【选择】|【羽化】打开羽化选区,设置羽化半径;

第②题:选择【编辑】|【填充】,在对话框中【使用】前景色,填充选区;

第③④题:使用工具箱中的横排文字工具书写汉字"羽化效果",选择文字并在窗体顶端对应的文字工具控制栏中修改字体设置为:隶书、10 点、红色。

案例 12　图像的效果变换

案例说明与分析

本案例是利用 PhotoShop CS4 的文字编辑、图层样式以及滤镜效果等功能对一幅图片进行处理,结果如图 6-12-1 所示。案例中使用的素材位于"项目六\素材"文件夹,样张位于"项目六\样张"文件夹。

图 6-12-1　案例 12 操作结果

在案例的实现中主要使用了文字的编辑功能、滤镜的效果、图层样式添加以及图层蒙版的运用,在文字编辑的同时还增加了描边和样式的使用,从整体上彻底改变整张图片的效果。

案例实现

打开"PhotoShop_al3.jpg"文件,按下列要求编辑,编辑结果按原文件名保存在 C 盘。

1. 在图像的中间位置输入文字"云",大小为 72 点,隶书,白色。

2. 将字体描边为红色,2 像素,居外,并加入双环发光样式。

3. 使用滤镜风格化风增加文字的效果。(〈Ctrl〉+〈F〉可增强风力)

4. 设置文字图层的图层样式为投影,并选择创建图层来分离"云"字的投影,选择移动工具调整投影的位置,合并所有图层。

5. 将背景层变成一般层"图层 0",并新建一图层"图层 1",把它放在"图层 0"的下面,将其用白色填充。

6. 对"图层 0"添加图层蒙版,把前景色设置为白色,背景色设置为黑色。

7. 利用渐变工具,使用从前景色到背景色,径向渐变方式,从图片中心向右下方渐变填充。

8. 利用裁切工具将图片改变为样张大小。

操作步骤

第 1 题:选择工具箱中的文字工具(横排),设置文字工具栏中文字的大小为 72 点,字体为隶书,颜色为白色,然后输入汉字"云"。

第 2 题:选择【图层】|【栅格化】|【文字】命令,将文字层栅格化,然后使用工具箱中的魔术棒点击"云"字选择云字的外框(增加选择内容时,可按住〈shift〉键后,再继续选择),选择【编辑】|【描边】命令对字体描边,最后在样式面板中选择双环发光。

第 3 题:选择【滤镜】|【风格化】|【风】命令,对文字进行处理,并用〈Ctrl〉+〈F〉增强风的效果。

第 4 题:选择【图层】|【图层样式】|【投影】命令,在对话框中单击【确定】确认;选择【图层】|【图层样式】|【创建图层】命令,在对话框中单击【确定】确认,将云字与其投影分离;选择工具箱中的移动工具,选中"云的投影"层,移动云字的投影,位置如样张所示;最后选择【图层】|【拼合图层】命令,完成所有图层的合并。

第 5 题:在背景层上双击,在新图层对话框中单击【确定】按钮,背景层变成了一般层"图层 0",新建一图层"图层 1",并用拖曳的办法把它放在"图层 0"的下面,设置前景色为白色,将"图层 1"填充为白色。

第 6 题:选中"图层 0",单击图层面板下面的"添加蒙版"按钮,为"图层 0"添加图层蒙版,把前景色设置为白色,背景色设置为黑色。

第 7 题:选择工具箱中的渐变工具,设置对应的渐变工具栏为径向渐变,选择"前景色到背景色渐变",将鼠标从图片中心向右下方拖动。

第 8 题:选择工具箱中的裁切工具,裁切下如样张大小部分。

 ### 技能与要点

12.1 文字和自定义图形的编辑

1. 文字编辑

文字是图形设计中不可缺少的元素,因此 PhotoShop CS4 中为用户提供了用来在图像中输入、编辑和修改文字的文字工具组。根据用途的不同,文字工具组分为文字工具和文字蒙版工具。文字工具可在图像上创建文字;文字蒙版工具可在图像上创建文字形状的选区,文字选区出现在当前图层中,并可像任何其他选区一样进行移动、拷贝、填充或描边。

2. 自定义图形的编辑

自定义形状工具在工具箱的图形绘制工具组中,提供了一些复杂形状的图形。当使用自定义形状工具绘图后,在图层控制面板中会生成一个新的形状图层。

例6.12.1: 在图片中加入文字和自定义形状。操作步骤如下:

① 在 PhotoShop CS4 中打开"PhotoShop_al3.jpg";

② 选择横排文字工具,将工具属性栏中字体系列设置为隶书,字体大小为 30 点,然后在图片中点击并书写文字"蓝天",选择变形文本的样式为扇形,之后点击提交当前编辑,可参考图 6-12-2,此时在图层控制面板中生成名为蓝天的新的文字图层,并可通过移动工具移动文字的位置;

图6-12-2 【文字】工具栏选项

③ 选择样式控制面板中的雕刻天空(文字)样式作用于文字蓝天上;

④ 选择横排文字蒙版工具,将工具属性栏中字体系列设置为隶书,字体大小为 30 点,在图片中点击并书写"白云",之后点击提交当前编辑,形成文字选区;

⑤ 在图层控制面板中单击背景层,使其成为当前编辑层,然后选择【编辑】|【描边】命令,打开描边对话框,设置宽度为 1 像素,颜色为红色,位置为居外;

⑥ 选择横排文字工具,将工具属性栏中字体系列设置为隶书,字体大小为 30 点,文本颜色为蓝色,在图片中点击并书写"大海",之后点击提交当前编辑;

⑦ 选择【滤镜】|【液化】命令,在是否栅格化文字对话框中点击【确定】确认后,打开液化对话框,在对话框的左侧选择膨胀工具,然后将圆圈括住文字大海,点击 8 次,之后点击【确定】按钮确认;

⑧ 选择图形绘制工具组中自定义形状工具,选取工具属性栏中形状项的星形放射图形,然后在图片中将其拖曳绘制出来,此时在图层控制面板中生成一个新的形状图层,图层的名字为形状1;

图6-12-3 操作结果

⑨ 选择样式控制面板中的彩色目标(按钮)样式作用于星形放射图形上,可通过移动工具移动星形放射图形的位置,最终结果如图 6-12-3 所示。

12.2 图层的操作

图层在 PhotoShop 中是一个最基本的功能。简单地说,图层就像一张透明的画布,当多个图层重叠时,通过控制各个图层的透明度以及图层色彩混合模式,可以创建丰富多彩的图像效果。图层的应用可以通过图层菜单或通过图层控制面板来实现。具体操作可以参考例 6.12.2。

例 6.12.2: 利用图层、蒙版、渐变工具对图片进行编辑。操作步骤如下:

① 在 PhotoShop CS4 中打开"PhotoShop_sj4.jpg";

② 双击图层控制面板中的背景层,在新图层对话框中,将背景层改为图层 0;

③ 单击图层控制面板下方的创建新的图层按钮,建立图层 1,将前景色和背景色分别设置为白色和黑色,并用油漆桶工具将图层 1 填充为白色;

④ 在图层控制面板中向下拖曳图层 1,将其置于图层 0 的下方;

⑤ 在图层控制面板中选择图层 0,并单击控制面板下方的添加图层蒙版按钮,生成一个蒙版;

⑥ 选择渐变工具,并在工具属性栏中选中径向渐变按钮,在图层 0 的中央向左下拖曳鼠标,形成蒙版的雾化效果;

⑦ 单击图层控制面板下方的创建新的图层按钮,建立图层 2,并用矩形选框工具在图像中拖曳出一个矩形选区,然后选择【选择】|【反选】命令,使矩形外围区域被选中;

⑧ 将前景色设置为"♯F2E79C",然后用油漆桶工具将区域填充;

⑨ 选择【图层】|【图层样式】|【混合选项】命令,打开图层样式对话框,在混合选项中选取投影、内阴影、斜面和浮雕以及光泽样式,最终结果如图 6-12-4 所示。

图 6-12-4 操作结果

12.3 滤镜的使用

滤镜是 PhotoShop 的一大支柱。图像处理中各种光怪陆离、千变万化的特殊效果,都可以用滤镜功能来实现。滤镜的操作虽然简单,但是要得到好的效果却并不容易。在 PhotoShop 中,滤镜大致分为渲染类:云彩、分层云彩、镜头光晕和光照效果等;像素类:彩块化、碎片、铜版雕刻和马赛克等;模糊类:动感模糊、径向模糊、镜头模糊和高斯模糊等;扭曲类:极坐标、水波、玻璃和球面化等等。具体操作可以参考例 6.12.3。

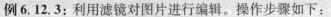

例 6.12.3：利用滤镜对图片进行编辑。操作步骤如下：

① 在 PhotoShop CS4 中打开"PhotoShop_sj3.jpg"；

② 利用横排文字工具在图片底部书写"旅途"，隶书、48 点白色；

③ 选择【滤镜】|【风格化】|【浮雕效果】命令，在是否栅格化文字点击【确定】确认，打开浮雕效果对话框，然后点击【确定】确认；

④ 利用直排文字工具在图片上部书写"风沙"，隶书、48 点白色；

⑤ 选择【编辑】|【变换】|【旋转 90 度（逆时针）】命令，将"风沙"放倒，然后使用移动工具调整"风沙"的位置；

⑥ 选择【滤镜】|【风格化】|【风】命令，在是否栅格化文字点击【确定】确认，打开风对话框，方向为从左，然后点击【确定】确认，可用〈Ctrl〉＋〈F〉的方式增强风的效果，最终结果如图 6-12-5 所示。

图 6-12-5　操作结果

12.4　练习题

1. 按下列要求进行编辑，结果以文件名"sj-21.jpg"保存在 C 盘，样张如图 6-12-6 所示。

① 打开"PhotoShop_sj5.jpg"和"PhotoShop_sj6.jpg"图片；

② 采用"磁性套索"工具选取"PhotoShop_sj5.jpg"中的天鹅并将其复制到"PhotoShop_sj6.jpg"图片中并适当缩小；

③ 使用"复制图层"复制天鹅图层，并将图层垂直翻转，形成天鹅的倒影；

④ 将天鹅的图层放于复制的天鹅图层之上，使用"矩形选框"工具选定倒影的天鹅后，加上"滤镜\扭曲\水波"效果，其数量为 10，起伏为 4，样式为水池波纹，并将倒影天鹅图层的不透明度设置为 50%；

⑤ 使用横排蒙版文字工具在背景层上书写"夏之趣",并对其描边居外 2 像素红色边。

图 6-12-6　图片处理样张

操作提示

第①题:采用"磁性套索"工具选取"PhotoShop_sj5.jpg"中的天鹅并将其复制到"PhotoShop_sj6.jpg"图片中并适当缩小;

第②题:选择【图层】|【复制图层】复制天鹅图层,通过【编辑】|【变换】|【垂直翻转】将图层垂直翻转,形成天鹅的倒影;

第③题:使用"矩型选框"工具选定倒影的天鹅后,再加上"滤镜\扭曲\水波"效果;

其他操作:略。

2. 按下列要求进行编辑,创建一个文件名为"sj-22.jpg"文件并保存在 C 盘,样张如图 6-12-7 所示。

图 6-12-7　图片处理样张

① 图片大小为 480×320、白色背景色、RGB 模式;

② 使用自定义形状工具制作如样张所示图形:(一个形状一个图层)

● 形状"花5"设置为:雕刻天空样式

● 形状"草2"设置为:彩色目标样式

● 形状"爪印"设置为:日落天空样式

● 形状"常春藤2"设置为:染色丝带样式

● 形状"红桃"设置为:蓝色玻璃样式;

③ 将形状"红桃"加上【滤镜】|【液化】,使用湍流工具达到样张效果;

④ 设置前景色为灰色,用"矩形"工具选择区域并新建一图层,使用"油漆桶"工具填充所选区;

⑤ 对此区域加上"滤镜/杂色/添加杂色"(数量为12,分布为:高斯分布、选择"单选"项);

⑥ 选择【图层】|【图层样式】|【斜面和浮雕】命令,制作样张效果。

操作提示

先将形状"红桃"图层使用【图层】|【栅格化】|【形状】,进行图层栅格化,之后再在形状"红桃"加上【滤镜】|【液化】效果。

其他操作:略

3. 按下列要求进行编辑,创建一个文件名为 sj - 23. jpg 文件并保存在 C 盘,样张如图 6 - 12 - 8 所示。

① 图片大小为:640×480、RGB 模式;用♯0884E3 填充;

② 新建图层名为:投影,并设置图层的样式为:投影。设置前景色为白色,背景色为灰色,对所选矩形区外的区域加上【滤镜】|【渲染】|【云彩】效果;

③ 新建图层名为:内发光,并设置图层的样式为:内发光。设置前景色为绿色,背景色为黄色,对所选矩形区域使用前景到背景、从左到右的线性渐变填充;

④ 新建图层名为:斜面和浮雕,并设置图层的样式为:斜面和

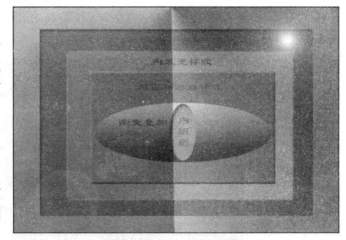

图 6 - 12 - 8 图片处理样张

浮雕。设置前景色:♯528FEA,背景色:♯5938E8,使用前景色填充后添加【滤镜】|【杂色】|【添加杂色】效果;

⑤ 新建图层名为:渐变叠加,并设置图层的样式为:渐变叠加,渐变样式为:黑色、灰色。选取椭圆,使用填充工具填;

⑥ 新建图层名为:内阴影,并设置图层的样式为:内阴影。设置前景色为:♯E274EF,背景色为:♯B8B7A3,使用前景到背景、从左上角到右下角的角度渐变填充;

⑦ 对整个画布使用铜色、不透明度60%,从中间的左上到右下的角度渐变填充(之前合并所有图层);

⑧ 添加【滤镜】|【渲染】|【镜头光晕】|【50-300毫米变焦】效果。

操作提示

① 图层名称的定义:选择【图层】|【新建】|【图层】命令,在对话框【名称】项中输入图层名;或者使用图层控制面板下端的【创建新的图层】快捷方式创建新图层,之后选择【图层】|【图层属性】,在对话框【名称】项中输入图层名;

② 图层样式的设置:选择某一图层,选择【图层】|【图层样式】命令,在对话框选择某一种样式(如:斜面和浮雕);

其他操作:略

综合实践

1. 打开"PhotoShop_sj4.jpg"文件,按下列要求进行编辑,编辑结果以"sj-31.jpg"为文件名保存在C盘。

① 利用前景色(前景色设置为:♯8B97E1)到透明的线性渐变工具对其进行编辑,不透明度70%;

② 利用"蒙版文字"工具在画面的中间位置书写"美丽秋天",字体为隶书、12点,并加上宽度为3点的白色居外描边;

③ 将"PhotoShop_sj5.jpg"的天鹅复制过来并适当调整大小,如样张1图所示。

样张1

2. 打开"PhotoShop_sj3.jpg"文件,按下列要求进行编辑,编辑结果以"sj-32.jpg"为文件名保存在C盘。

① 将背景层变成普通图层0,并为其添加图层蒙版;

② 新建图层1,并将其放于图层0的下面,用白色填充;

③ 前景色白色,背景色黑色,利用径向渐变选择从前景色到背景色,从图层0的中心位置拖拉到右下角;

④ 使用雕刻天空样式作用在图层1上;

⑤ 书写文字"旅行者",隶书、24点、♯8605FE颜色;

⑥ 对文字添加双环发光样式,并使用滤镜纹理拼缀图效果,如样张2图所示。

样张 2

3. 打开"PhotoShop_sj8. jpg"和"PhotoShop_l2. jpg"文件,按下列要求进行编辑,编辑结果以 sj－33. jpg 为文件名保存在 C 盘。

　　① 按样张对图片选区并用红色 4 像素居外描边,之后对图片选择区域进行去色处理;

　　② 使用选择工具画出两个相应区域,应用"色彩平衡"命令设置"色阶"参数为 50、50、0 和 50、0、0;

　　③ 输入文字城市家园,隶书、30 点、日落天空样式,并按样张排放;

　　④ 将飞机图像按样张位置放入。

样张 3

4. 打开"PhotoShop_sj7. jpg"和"PhotoShop_l1. jpg"文件,按下列要求进行编辑,编辑结果以 sj－34. jpg 为文件名保存在 C 盘。

　　① 按样张所示大小对图像进行缩放,并删除图片以外的颜色区域;

　　② 为图片描边,居内、6 像素、蓝色,并添加投影及将投影分离;

③ 添加白色的衬底图层;

④ 添加文字雪山草原,隶书、72 点,黑色;文字图层的样式为:投影和渐变叠加;

⑤ 将小狗图像拷贝并按样张位置放入。

样张 4

5. 打开"PhotoShop_sj7. jpg"和"PhotoShop_l2. jpg"文件,按下列要求进行编辑,编辑结果以 sj - 35. jpg 为文件名保存在 C 盘。

① 将飞机合成到"PhotoShop_sj7. jpg"图像中,适当调整大小并复制;

② 制作如样张所示的椭圆镜框,镜框纹理为龟裂缝;

③ 为镜框图层加上斜面和浮雕效果,大小 15,软化 5;

④ 利用"蒙版文字"工具在画面中书写"飞翔"两字,位置如样张所示,隶书、100 点,并加上宽度为 6 点的红色居外描边。

样张 5

项目七　动画制作软件 Flash CS4

1. 掌握动画的创建方法
2. 掌握常用工具和菜单命令的使用方法
3. 掌握帧、图层、库和时间轴的使用方法
4. 掌握动画的制作和保存

案例 13　逐帧动画和补间形状动画

案例说明与分析

本案例是一个逐帧动画和补间形状动画,素材文件位于"项目七\素材"文件夹,动态样张位于"项目七\样张"文件夹。

创建逐帧动画首先要掌握插入关键帧、空白关键帧和翻转帧的基本操作,另外要熟练地掌握常用工具的使用和操作技能。创建补间形状动画的关键是制作动画的对象必须是矢量图形或经过分离的图像或文字。

案例要求

启动 Flash CS4,打开文件"Flash_案例 1. fla"按下列要求制作动画,制作结果以"Flash_案例 1. swf"为文件名导出影片并保存在磁盘上。

1. 将舞台大小设置为 450×400 像素,帧频为 8fps。
2. 在图层 1 中,每隔 5 帧导入库中的元件 1 到元件 10。延续到第 90 帧。
3. 在图层 2 第 1 帧中导入库中的元件 11,在第 25 帧中导入库中的影片剪辑元件 12。
4. 在图层 3 第 5 帧中输入文字"逐帧动画",文字格式为华文行楷、45 磅、仿粗体、蓝色字,字符间距:20。要求第 5 帧至第 35 帧每隔 10 帧出现一个字。
5. 在图层 4 第 45 帧中输入文字"绽放",文字格式为华文行楷、60 磅、仿粗体、粉红色,字符间距:20。要求制作逐笔模拟书写文字的逐帧动画。
6. 插入新场景。在图层 1 的第 1 帧中绘制放射性渐变绿色小球,第 1 帧到第 20 帧制作小球光点从左上角移到右下角,再从右下角移到左上角的渐变动画。第 20 帧到第 40 帧形状渐变为线性彩色的菱形,延续到第 45 帧。第 45 帧到第 65 帧形状渐变为五环图形,延续到第 70 帧。第 70 帧到第 90 帧形状渐变为小鸟,延续到第 100 帧。
7. 在图层 2 第 10 帧中输入文字"形状",文字格式为华文行楷、60 磅、仿粗体、颜色为 #0066FF,延续到第 20 帧。第 20 帧到第 40 帧形状渐变为"渐变"两字,延续到第 50 帧。第 50 帧到第 70 帧形状渐变为"补间形状动画"。

操作步骤

第1题:选择【文件】|【打开】命令,打开文档,选择【窗口】|【库】命令,打开库控制面板,选择【修改】|【文档】命令,在【文档属性】对话框中将宽度设置为450像素,高度设置为400像素,帧频设置8fps。

第2题:选中第1帧,将库中元件1拖曳到舞台,选择【窗口】|【对齐】命令,在打开的面板中选择【对齐】选项卡,单击【相对舞台】按钮;单击【水平中齐】按钮;在【信息】选项卡中将Y值设置为200。选中第5帧,按功能键F7插入空白关键帧,导入库中的元件2,重复上述操作使元件2实例与元件1实例对齐。

重复前面的操作,每隔5帧插入空白关键帧,依次导入库中的元件3至元件10,Y值为200、水平居中对齐。右单击第90帧,在快捷菜单中选择【插入帧】命令,插入普通帧,延续第45帧中动画的内容。

第3题:选择【插入】|【时间轴】|【图层】命令,插入图层2。选中第1帧,将库中元件11拖曳到舞台。选中第25帧,按功能键F6插入关键帧,导入库中的影片剪辑元件12。

第4题:单击【时间轴】左下角的【插入图层】按钮,插入图层3。选中第5帧,按功能键F7插入空白关键帧,单击工具箱中的【文本工具】,在属性面板中设置字体为华文行楷、45磅、蓝色字,字符间距20,选择【文本】|【样式】|【仿粗体】命令,输入文字"逐帧动画"。按〈Ctrl〉+〈B〉键,将文字分离。分别在第15、25、35帧中插入关键帧。选中第5帧,选中"帧动画"三个字,按〈Del〉键将其删除。选中第15帧,选中"动画"两个字,按〈Del〉键将其删除。依此类推。

第5题:插入新图层4,在第45帧中插入关键帧,单击工具箱中的【文本工具】,在属性面板中设置字体:华文行楷、60磅、粉红色(♯FF3366),字符间距:20,选择【文本】|【样式】|【仿粗体】命令,输入文字"绽放"。选择【修改】|【分离】命令将文字分离。将显示窗口放大至200%。选中第47帧插入关键帧,单击工具箱中的【橡皮擦工具】,将文字按笔画从后往前擦除,每擦除一笔隔一帧插入关键帧,直到全部擦完。选中第45帧,按〈Shift〉键单击文字最后一笔擦除的关键帧,右单击选中的帧区,在快捷菜单中选择【翻转帧】命令。

第6题:选择【插入】|【场景】命令,插入场景2。选中第1帧,单击工具箱中的【椭圆工具】,笔触颜色选择无;填充色选择"放射性渐变绿色";按〈Shift〉键在舞台上绘制一个小球。选择【颜料桶工具】,单击小球的左上角,改变颜色的分布。选中第10帧,按功能键〈F6〉,插入关键帧,使用【颜料桶工具】,单击小球的右下角。选中第20帧,按功能键〈F6〉,插入关键帧,使用【颜料桶工具】,单击小球的左上角。分别选中第1帧、第10帧右击,在弹出的快捷菜单中选择【创建补间形状】,创建补间形状动画。

选中第40帧,按功能键〈F7〉,插入空白关键帧,单击工具箱中的【矩形工具】,笔触颜色选择"无";填充色选择"线性渐变彩色";按〈Shift〉键在舞台上绘制一个正方形。使用【任意变形工具】和【选择工具】将正方形修改为菱形。选中第20帧右击,在弹出的快捷菜单中选择【创建补间形状】,创建补间形状动画。选中第45帧,按功能键〈F6〉,插入关键帧。

选中第65帧,按功能键〈F7〉,插入空白关键帧,将库中的"五环"图形元件拖曳到舞台,按〈Ctrl〉+〈B〉键将图形元件分离,选中第45帧右击,在弹出的快捷菜单中选择【创建补间形状】,创建补间形状动画。选中第70帧,按功能键〈F6〉,插入关键帧。

选中第90帧,按功能键〈F7〉,插入空白关键帧,选择【文件】|【导入】|【导入到舞台】命令,

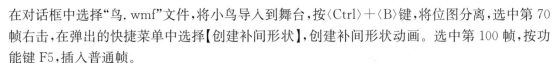

在对话框中选择"鸟.wmf"文件,将小鸟导入到舞台,按〈Ctrl〉+〈B〉键,将位图分离,选中第70帧右击,在弹出的快捷菜单中选择【创建补间形状】,创建补间形状动画。选中第100帧,按功能键F5,插入普通帧。

第7题:选择【插入】|【时间轴】|【图层】命令,插入图层2。选中第10帧,按功能键〈F7〉,插入空白关键帧,单击工具箱中的【文本工具】,在属性面板中设置字体:华文行楷、大小为60、颜色"♯0066FF",选择【文本】|【样式】|【仿粗体】命令,输入文字"形状"。选中第20帧,按功能键〈F6〉,插入关键帧。选择【修改】|【分离】命令将文字分离。选中第40帧,按功能键〈F7〉,插入空白关键帧,单击工具箱中的【文本工具】输入文字"渐变"。选择【修改】|【分离】命令将文字分离。选中第20帧右击,在弹出的快捷菜单中选择【创建补间形状】,创建补间形状动画。选中第50帧,按功能键〈F6〉,插入关键帧。

选中第70帧,按功能键〈F7〉,插入空白关键帧,单击工具箱中的【文本工具】输入文字"形状渐变动画"。选择【修改】|【分离】命令将文字分离。选中第50帧,选择属性面板中【补间】列表中的【形状】选项,创建形状渐变动画。

选择【文件】|【保存】命令,保存动画源文件。选择【文件】|【导出】|【导出影片】命令,输入文件名,导出影片文件。Flash画面大致如图7-13-1和图7-13-2所示。

图7-13-1 案例1(1)动画截图　　　　图7-13-2 案例1(2)动画截图

 技能与要点

13.1 工具箱和控制面板简介

1. 工具箱

(1)工具箱的组成和功能

Flash CS4 工具箱中的各种工具是创建和编辑动画对象的主要手段。工具箱通常位于工作区左侧,包含工具、查看、颜色和选项4个部分,如图7-13-3所示。

Flash CS4 新增了3D工具、Deco工具(类似"喷涂刷"的填充工具)和【骨骼】工具,丰富了绘制图形的效果,提高了动画的自然性,可以说Flash CS4除了是一款专业的二维动画设计软件外,还是一款优秀的图形图像制作软件。

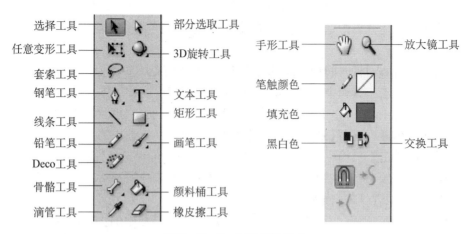

图 7-13-3　工具箱的组成

（2）工具的应用

实际上，Flash CS4 对界面进行了重新划分和布局，将属性面板的显示从原来的工作区的底部调整到了右边，使得工作区更加整洁，画布的面积更大。工作区预设与菜单栏合为一体，预设增加为 6 种，分别是"动画"、"传统"、"调试"、"设计人员"、"开发人员"和"基本功能"，其中默认的预设是"基本功能"。对于习惯了 Flash CS4 之前版本的工作界面的用户，可以通过单击 Flash CS4 窗口顶端的【基本功能】按钮，从弹出的下拉列表中选择【传统】命令，切换到以前熟悉的工作界面，本书都将在"传统"界面下操作。

图 7-13-4　【文本工具】属性面板

工具箱中工具的应用通常和属性面板结合在一起。工具的具体应用如下：选择工具；在选项区设置附属功能（不是所有的工具都具有附属功能）；在属性面板中设置该工具的属性。属性面板会随选择的工具的不同而不同。例如：当选中文本工具时，工作区右侧出现文本工具的属性面板如图 7-13-4 所示，供用户选择文本的方式，有静态文本、动态文本和输入文本，还可设置字体（系列）、字形（样式）、大小、颜色、字母间距等文字属性。

2. 浮动面板

（1）浮动面板的组成和功能

浮动面板为设计人员提供了个性化的操作界面，主要用于对当前选定的对象进行各种编辑和参数的设置。常用的浮动面板有【信息】、【对齐】、【变形】、【颜色】、【样本】、【组件】等等。

（2）浮动面板的显示和隐藏

浮动面板可以在屏幕上移动、折叠或展开，按功能键 F4 可以切换浮动面板的显示或隐藏。或选择【窗口】|【设计面板】中浮动面板相应的命令。

（3）时间轴面板

时间轴面板位于工具栏下方，是用来管理不同场景中图层和帧的操作。时间轴面板包括图层区和帧区如图 7-13-5 所示。

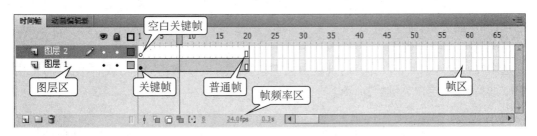

图 7 - 13 - 5 　时间轴面板

图层区:显示图层和对图层进行操作的区域,在该区域中不但可以显示各图层的名称、类型、状态、图层的放置顺序和当前图层所在位置等,而且还可以对图层进行各种操作,如新建图层、新建文件夹、删除图层、隐藏图层、锁定图层和将所有图层显示轮廓等。

帧区:是 Flash 中进行动画编辑的重要区域。主要由时间轴标尺、时间轴、代表着帧的小方格、帧指针、信息提示栏和一些用于控制动画显示和操作的工具按钮等组成。

选择【窗口】|【时间轴】命令,可以显示或隐藏时间轴面板。

13.2　帧的类型和基本操作

1. 帧的类型

(1) 空白关键帧

不包含任何 Flash 对象的帧,在帧区中显示为空心圆点。

(2) 关键帧

包含有内容或对动画的改变起决定性作用的帧,在帧区中显示为黑色实心圆点。

(3) 静止帧

静止帧又称普通帧,是相邻关键帧中对象的延续,静止帧在帧区中显示为空心矩形。

2. 帧的操作

(1) 改变帧的播放速率

在默认情况下 Flash 每秒播放 24 帧动画,数值越大每秒钟播放帧数就越多,动画的播放就越流畅。改变帧的播放速率的方法:选择【修改】|【文档】命令,在对话框中输入动画每秒播放的帧数。或双击时间轴面板下方的【帧频率】区,在对话框中输入每秒播放的帧数。

(2) 帧的基本操作

① 选择帧

一帧:单击鼠标即选中。

多帧:选中起始帧,按〈Ctrl〉+〈Alt〉键,同时拖曳至所需位置。或选中起始帧,按〈Shift〉键,再单击最后一帧。

选择全部帧:选择【编辑】|【选择所有帧】命令或右击任意帧,在弹出的快捷菜单中选择【选择所有帧】命令。

② 创建静止帧(普通帧)

选中帧,选择【插入】|【时间轴】|【帧】命令,或按功能键〈F5〉,或右单击帧,在快捷菜单中选择【插入帧】命令。

③ 创建关键帧

选中帧,选择【插入】|【时间轴】|【关键帧】命令,或按功能键F6,或右单击帧,在快捷菜单中选择【插入关键帧】命令。

④ 创建空白关键帧

选中帧,选择【插入】|【时间轴】|【空白关键帧】命令,或按功能键F7,或右单击帧,在快捷菜单中选择【插入空白关键帧】命令。

⑤ 复制帧

选中需复制的帧,选择【编辑】|【拷贝帧】命令,单击目标帧,选择【编辑】|【粘贴帧】命令。或选中需复制的帧,右单击选中的帧区,在快捷菜单中选择【复制帧】命令,单击需粘贴的位置,在快捷菜单中选择【粘贴帧】命令。

⑥ 删除帧

选中需删除的帧,右单击选中的帧区,在快捷菜单中选择【删除帧】命令。

注意:无论是静止帧、关键帧或空白关键帧,其删除的方法是一样的。

13.3　场景的基本操作

1. 场景

在Flash CS4中可以用场景来组织动画,一个Flash动画作品可以由若干个场景组成,每个场景都分别拥有各自独立的动画内容,每个场景中的图层和帧均相对独立。在播放动画时,Flash会自动按场景的顺序进行播放,直到所有场景都播放一遍后才停止动画播放,也可用控制器来播放某个场景的动画效果。

2. 场景的操作

(1) 新增场景

选择【插入】|【场景】命令,可新建一个场景;或者选择【窗口】|【其他面板】|【场景】命令,在【场景】对话框中单击【添加场景】按钮。

(2) 切换当前场景

单击工作区右上角的【编辑场景】按钮,在弹出的场景列表框中选择所需场景的名称,可将该场景切换为当前场景。

选择【窗口】|【其他面板】|【场景】命令,在【场景】对话框中直接单击所需场景名。

(3) 复制场景

选中要复制的场景,单击【场景】对话框左下角的【重制场景】按钮。

(4) 删除场景

选择【窗口】|【其他面板】|【场景】命令,在【场景】场景对话框中,选择要删除的场景,然后单击【删除场景】按钮。

13.4　动画的类型

在Flash CS4中,可以创建的动画类型主要有逐帧动画、补间形状动画、补间动画、传统补间动画(与早期版本中的运动补间动画类似)、骨骼动画、引导层动画、遮罩动画,其中补间动画和骨骼动画是Flash CS4中新增的动画类型。本案例中先介绍逐帧动画和补间形状动画,其余动画将在案例14中介绍。

13.5　逐帧动画

1. 逐帧动画

由多个连续的关键帧所组成的动画称为逐帧动画。逐帧动画胜任那些难以通过补间动画来自动完成的动画效果，例如模拟书写文字、制作影片剪辑元件等。实现动画一定要有关键帧，在关键帧中对象或对象的属性发生变化就形成了动画效果。

2. 创建逐帧动画的步骤

① 首先建立一个新图层，确定逐帧动画开始的位置，在该位置上插入一个关键帧，并导入或制作动画对象；

② 在该关键帧后面再插入一个新关键帧或空白关键帧，并导入或制作与前一关键帧中稍有差别的动画内容；

③ 重复步骤②的操作，直至动画全部制作完；

④ 选择【控制】|【测试影片】命令，观看播放的效果。

13.6　补间形状动画

1. 补间形状动画

两个关键帧内相应对象的形状发生了变化，Flash CS4 根据这种变化而自动生成两个关键帧内渐变帧的动画称为补间形状动画，在时间轴上显示为淡绿色背景，有实心箭头，如图 7－13－6 所示。补间形状动画只能针对矢量图形进行，也就是说，进行补间形状动画的首、尾关键帧上的图形应该都是分离状态的矢量图形。

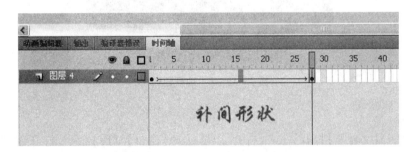

图 7－13－6　补间形状动画时间轴效果

2. 创建补间形状动画的步骤

① 首先建立一个新图层，在补间形状动画开始帧中插入一个关键帧；

② 在该关键帧中制作对象的内容；

③ 在动画结束帧中插入一个空白关键帧，并在该空白关键帧中制作对象的内容；

④ 选中补间形状动画开始的关键帧，再点击右键，下拉列表中选择【创建补间形状】选项，完成补间形状动画的创建。

⑤ 选择【控制】|【测试影片】命令，观看播放的效果。

3. 操作要点提示

补间形状动画的对象可以是同一个对象或两个不同对象，但必须是矢量图形，因此除了使用工具箱中工具绘制的图形外，其他的对象都必须分离。

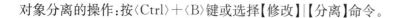

对象分离的操作:按〈Ctrl〉+〈B〉键或选择【修改】|【分离】命令。

13.7　练习题

1. 打开文件"水乡. fla",按下列要求制作动画,制作结果以"水乡风情. swf"为文件名导出影片并保存在磁盘上。演示效果参见"水乡风情样例. swf"。

① 设置动画帧频为 8 fps。

② 图层 1 导入库中的位图 BJ,动画延续到第 70 帧。

③ 图层 2 每隔 10 帧导入库中的图片,延续到第 70 帧。

④ 图层 3 导入库中的元件 1"水乡风情",第 11 帧到第 30 帧形状渐变为"小桥流水"(元件 2),延续到第 40 帧。第 41 帧到第 60 帧形状渐变为"江南水乡"(元件 3),延续到第 70 帧。

⑤ 测试动画,将操作结果另存为"水乡风情. fla"文件,导出"水乡风情. swf"文件。

Flash 画面如图 7-13-7 所示。

图 7-13-7　动画截图

操作提示

第①题:选择【文件】|【打开】命令,打开文档,选择【窗口】|【库】命令,打开库控制面板,选择【修改】|【文档】命令,在对话框中将帧频设置为每秒 8 帧。

第②题:将库中的位图 BJ 拖曳到舞台。选中第 70 帧,按功能键〈F5〉,插入普通帧。

第③题:选择【插入】|【时间轴】|【图层】命令,插入图层 2。选中第 1 帧,将库中的位图"TP1. jpg"拖曳到舞台,使用【任意变形工具】适当缩小。选中第 10 帧,按功能键〈F7〉,插入空白关键帧,将库中的位图"TP2. jpg"拖曳到舞台,设置其大小。重复上述操作,依次将库中位图导入到舞台。选中第 70 帧,按功能键 F5,插入普通帧,延续第 50 帧中动画的内容。

第④题:插入图层 3,选中第 1 帧,将库中的元件 1 拖曳到舞台。选中第 11 帧,按功能键 F6,插入关键帧,多次选择【修改】|【分离】命令,将元件实例彻底分离。选中第 30 帧,按功能键〈F7〉,插入空白关键帧,将库中的元件 2 拖曳到舞台,多次选择【修改】|【分离】命令,将元件实例彻底分离。选中第 11 帧右击,在弹出的快捷菜单中选择【创建补间形状】。重复上述操作,在第 41 帧到第 60 帧中完成"小桥流水"渐变为"江南水乡"的形状渐变动画。

此时,在时间轴上会看到 11 帧到 30 帧、41 帧到 60 帧呈绿色区域和从左到右的箭头,这

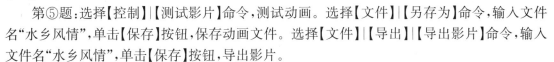

就成功创建补间形状。

第⑤题：选择【控制】|【测试影片】命令，测试动画。选择【文件】|【另存为】命令，输入文件名"水乡风情"，单击【保存】按钮，保存动画文件。选择【文件】|【导出】|【导出影片】命令，输入文件名"水乡风情"，单击【保存】按钮，导出影片。

2. 打开"上海欢迎你.fla"文件，按下列要求制作动画，制作结果以"上海欢迎你.swf"为文件名导出影片并保存在磁盘上，演示效果参见"上海欢迎你样例.swf"。

① 设置帧频为 8 fps，导入库中的图形元件 2、图形元件 3 作为背景图。

② 插入图层，输入文字"上海欢迎你"，字体为华文行楷、大小为 60、仿粗体、红色。制作每隔 5 帧出现一个字的逐帧动画。第 35 帧到第 55 帧制作文字渐变为图形（元件 4）的补间形状动画。第 61 帧到第 80 帧制作图形渐变为文字的补间形状动画，延续到第 90 帧。

③ 插入新图层，在第 1 帧中导入库中的影片剪辑元件 1，放置在舞台的左上方，分别在第 4、9、14、19、24 和 29 帧处插入关键帧，每插入一个关键帧，元件实例向右移动一个字的距离。

④ 导出"上海欢迎你.swf"文件。Flash 画面大致如图 7-13-8 所示。

图 7-13-8 动画截图

操作提示

第①题：选择【文件】|【打开】命令，打开文档，选择【窗口】|【库】命令，打开库控制面板。选择【修改】|【文档】命令，在对话框中将帧频设置为每秒 8 帧。选中第 1 帧，将库中的图形元件 2 拖曳到舞台，作为背景图。选中第 90 帧，按功能键〈F5〉，插入普通帧。

第②题：选择【插入】|【时间轴】|【图层】命令，插入图层 2。选中第 5 帧，按功能键 F7，插入空白关键帧，单击工具箱中的【文本工具】，在属性面板中设置字体为华文行楷、大小为 60、红色，选择【文本】|【样式】|【仿粗体】命令，输入文字"上海欢迎你"，按〈Ctrl〉+〈B〉键，将文字分离。分别选中第 10、15、20、25 帧，按功能键〈F6〉，插入关键帧。

选中第 5 帧，留第一个字，将其余的字用【橡皮擦工具】删除。重复此操作，分别选中第

10、15、20 帧,删除三、二、一个字。

选中第 35 帧,按功能键 F6,插入关键帧。选中图层 2 第 55 帧,按功能键 F7,插入空白关键帧,将库中的图形元件 4 拖曳到舞台,按〈Ctrl〉+B 键,将元件实例分离。选中图层 2 第 35 帧右击,在弹出的快捷菜单中选择【创建补间形状】,创建补间形状动画。重复上述操作,完成第 61 帧到第 80 帧图形渐变为文字的形状渐变动画。

第③题:插入图层 3,选中第 1 帧,将库中的影片剪辑元件 1 拖曳到舞台的左上方,分别在第 4、9、14、19、24 和 29 帧处插入关键帧,每插入一个关键帧,元件实例向右移动一个字的距离。

第④题:略。

案例 14　补间动画及多图层动画

 ## 案例说明与分析

本案例是一个多图层、补间动画的综合动画,它包括补间动画的各种基本操作以及遮罩层的简单操作。素材文件位于"项目七\素材"文件夹,动态样张位于"项目七\样张"文件夹。

创建补间动画要使用到制作元件、对象的运动属性:如改变大小、旋转、翻转、透明度等基本操作,本例还考查了遮罩层的概念、图层的应用和操作技能。创建补间动画的关键是制作动画的对象必须是元件或经组合的图形和图像。

 ## 案例要求

启动 Flash CS4,打开"Flash_案例 2.fla"文件,按下列要求制作动画,将操作结果保存为动画文件并导出影片文件。

1. 设置动画帧频为 10fps。图层 1 中导入库中位图"荷花",延续到 130 帧。

2. 图层 2 中导入库中的影片剪辑元件 1,第 1 帧到第 30 帧制作元件实例的直线运动的动画。

3. 第 41 帧元件实例水平翻转,第 41 帧到第 90 帧制作元件实例的曲线飞行的动画,延续到第 100 帧。最后,制作元件实例飞出舞台的动画。

4. 插入新图层,改名为"荷叶"层。第 1 帧导入库中位图"荷叶",适当缩小,第 1 帧到第 30 帧制作对象位置移动的动画;然后,制作对象顺时针旋转 1 次的动画。

5. 插入新图层,改名为"文字"层。第 60 帧导入库中图形元件 2,第 60 帧到第 110 帧制作元件实例由小到大、透明度由 0% 到 100% 的动画,延续到 130 帧。

6. 测试动画,将操作结果保存为"Flash_案例 2-A.fla"文件,导出"Flash_案例 2-A.swf"文件。如图 7-14-1 综合案例 2(1)所示。

7. 新建文件,制作如样例所示的遮罩动画,动画延续到 170 帧。

8. 将舞台背景色设置为♯CCFFFF。图层 1 导入库中的影片剪辑元件"米老鼠",锁定高宽比例,宽度缩小至 130。图层 2 导入库中图形元件 XSQ。

9. 插入新图层,第 1 帧到第 30 帧制作文字"水乡风情"的遮罩动画。文字格式为华文行楷、65 像素、仿粗体。

10. 第31帧到第60帧制作矩形从左向右扩展的遮罩动画。第61到第90帧制作椭圆从中间向外扩展的遮罩动画。第91帧到第120帧制作矩形从中间向外扩展的遮罩动画。

11. 第121帧到第150帧制作图片由小到大的遮罩动画。第151帧到第170帧制作图片向左移动的遮罩动画。

12. 将操作结果保存为"Flash_案例2-B.fla"文件,导出"Flash_案例2-B.swf"文件。如图7-14-2综合案例2(2)所示。

图 7-14-1 综合案例2(1)

图 7-14-2 综合案例2(2)

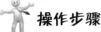 **操作步骤**

第1题:选择【文件】|【打开】命令,打开文档,选择【窗口】|【库】命令,打开库控制面板,选择【修改】|【文档】命令,对话框中将帧频设置为10fps。

选中第1帧,将库中的位图"荷花"拖曳到舞台,适当纵向缩小,在舞台的上方留有一定的空间。右单击第130帧,在快捷菜单中选择【插入帧】命令,延续背景图。

第2题:单击【时间轴】左下角的【新建图层】按钮,插入图层2。选中第1帧,将库中影片剪辑元件1拖曳到舞台外的右上方,适当缩小,右单击第1帧,在快捷菜单中选择【创建补间动画】命令。选中第30帧,按功能键F6,插入属性关键帧,将元件1实例拖曳到荷花的上方。

第3题:选中第41帧,按〈F6〉,插入属性关键帧,选择【修改】|【变形】|【水平翻转】命令。选择第90帧,按F6,移动元件的位置,利用【选择工具】调整运动路径为如样例所示的曲线。选择第100帧,按〈F6〉,选中元件进行水平翻转,选择130帧,按〈F6〉,移动元件位置到舞台的左下方。

第4题:插入新图层,双击图层名称,输入"荷叶"。选中第1帧,将库中位图"荷叶"拖曳到舞台,按样张,选择工具箱中的【任意变形工具】,将位图缩小。选择【修改】|【转换为元件】命令,在对话框中名称输入HY;右键单击第1帧,选择【创建补间动画】,选中第30帧,按F6功能键,移动元件位置,选择130帧,按F6功能键,选中元件,选择【窗口】|【动画编辑器】命令,在打开的控制面板中设置【旋转Z】为360度。

第5题:插入新图层,双击图层名称,输入"文字",选中第60帧,将库中图形元件2拖曳到舞台。选择工具箱中的【任意变形工具】,将其缩小,右单击第60帧,在快捷菜单中选择【创建补间动画】命令。选中第110帧,将图形元件2恢复原来大小,选中第60帧,单击元件2实例,选择【动画编辑器】或者【属性】面板中【色彩效果】样式下拉列表中的【Alpha】选项,将透明度

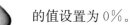

的值设置为 0%。

第 6 题：选择【控制】|【测试影片】命令，测试动画。选择【文件】|【另存为】命令，输入文件名"Flash_案例 2 - A"，单击【保存】按钮，保存动画文件。选择【文件】|【导出】|【导出影片】命令，输入文件名"Flash_案例 2 - A"，单击【保存】按钮，保存影片文件。

第 7 题：选择【文件】|【新建】|【flash 文档】命令，新建 flash 文件(ActionScript 3.0)。

第 8 题：选择【修改】|【文档】命令，在对话框中设置背景色为♯CCFFFF。选中第 1 帧，将库中的影片剪辑元件"米老鼠"拖曳到舞台，放在舞台的左下侧。

单击【时间轴】左下角的【新建图层】按钮，插入图层 2。选中第 1 帧，将库中的图形元件"XSQ"拖曳到舞台，并设置大小。

第 9 题：插入图层 3，选中第 1 帧，单击工具箱中的【文本工具】，在属性面板设置文字格式为华文行楷、65 像素，输入文字"水乡风情"，并利用【文本】|【样式】制作仿粗体。

插入图层 4，选中第 1 帧，将库中的位图 BJ 拖曳到舞台，同文字的左端对齐；右单击第 1 帧，在快捷菜单中选择【创建补间动画】命令。选中第 30 帧，拖曳图片将图片的右端同文字的右端对齐。

向上拖曳图层 4，与图层 3 交换位置。右单击图层 3，在快捷菜单中选择【遮罩层】命令。注意：遮罩层应放在被遮罩层的上面。

第 10 题：插入图层 5，选中第 31 帧，将库中的位图 TP1 拖曳到舞台，使用【任意变形工具】将图片适当缩小，右单击第 60 帧，在快捷菜单中选择【插入帧】命令。插入图层 6，选中第 31 帧，插入关键帧，选择工具箱中的【矩形工具】，笔触颜色选择无，填充色选择任意颜色，在图片的左边绘制一个同图片高度相同的小矩形，选择【修改】|【组合】命令。右单击第 31 帧，在快捷菜单中选择【创建补间动画】命令。选中第 60 帧，使用【任意变形工具】将图形向右拖曳，放大至图片大小。右击图层 6，在弹出的快捷菜单中选择【遮罩层】命令。

插入图层 7，选中第 61 帧，将库中的位图 TP2 拖曳到舞台，适当缩小。右单击第 90 帧，在快捷菜单中选择【插入帧】命令。插入图层 8，选中第 61 帧，使用【椭圆工具】，笔触颜色选择无，填充色选择任意颜色，在图片的中间绘制一个小椭圆，选中第 90 帧，按功能键 F6，插入关键帧，使用【任意变形工具】将椭圆放大，遮盖整个图片。单击第 61 帧，【插入】|【补间形状】，创建补间形状动画。右单击图层 8，在弹出的快捷菜单中选择【遮罩层】命令。

重复上述操作，在图层 9 和图层 10 的第 91 帧到第 120 帧中完成矩形从中间向外扩展的遮罩动画。

第 11 题：插入图层 11，选中第 121 帧，将库中的位图 TP4 拖曳到舞台，使用【任意变形工具】将图片缩小。选择【修改】|【转换为元件】命令，将位图 TP4 转换为图形元件，右单击第 121 帧，在快捷菜单中选择【创建补间动画】命令。选中第 150 帧，使用【任意变形工具】将图片放大至显示屏大小。选中第 151 帧，使用【任意变形工具】将图片再放大。选中第 170 帧，将放大的图片向左移动。

插入图层 12，选中第 121 帧，选择工具箱中的【矩形工具】，笔触颜色选择无，填充色选择任意颜色，绘制一个同显示屏大小的矩形。右单击图层 12，在弹出的快捷菜单中选择【遮罩层】命令。

第 12 题：选择【文件】|【另存为】命令，输入文件名"Flash_案例 2 - B"，单击【保存】按钮。选择【控制】|【测试影片】命令，测试动画。导出影片。

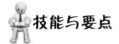

技能与要点

14.1　元件

1. 元件的类型及作用

（1）元件的类型

Flash CS4 中的元件有 3 种，它们分别是图形元件、按钮元件和影片剪辑元件。

图形元件：通常由在动画中使用多次的静态图形或图像组成，图形元件无法使用行为进行控制，也不能在该元件中直接插入声音。

按钮元件：为动画提供交互性的元件。动画中的按钮实例可以对鼠标的操作作出响应，可以根据添加在按钮上的事件完成交互动作。

影片剪辑元件：一段小的独立的动画，它可以包含动画的各种元素，具有独立的时间轴。

在 Flash 动画中影片剪辑元件相对独立，也就是说假设一段动画有 30 帧，如果它被设置成影片剪辑元件，那么即使主动画的时间轴停止播放，影片剪辑也会继续播放完全部 30 帧动画。

影片剪辑元件只有在测试影片中才能显示动画效果。

（2）元件的作用

重复使用的图像、影片剪辑或按钮可以定义为元件，元件最大的优点是可以重复使用，在同一动画中多次使用同一元件基本不影响文件的大小。元件创建以后存放在库中，动画制作时可以直接从库中拖曳到舞台。导入到舞台的元件称为实例，实例是库中元件的映射。合理地应用元件和实例可以提高动画制作的速度，缩小 Flash 文件的体积，加快动画文件在网络上传播的速度。

2. 元件的创建和编辑

（1）元件的创建

① 选择【插入】|【新建元件】命令，打开【创建新元件】对话框，在【名称】文本框中输入新创建的元件名，并在【类型】区域中选择元件的类型。

② 对于图形元件与影片剪辑元件，它们编辑窗口与创作普通 Flash 动画的编辑窗口没有根本性区别，可以在工作区中绘制各种对象，在时间轴上插入层、各种帧，也可以插入其他元件的实例，制作各种动画效果。

③ 元件编辑完成后，选择【编辑】|【编辑元件】命令，或单击舞台左上角的场景名称，返回当前场景的编辑窗口，此时【库】面板中会列出该元件的名称等信息。

注意：在元件编辑区中央有一个"十"字符号，它表示元件的中心，制作的元件应以十字符号为中心，不然的话，元件会变得很大。

（2）将图像或图形转换为图形元件

在舞台中选取一个图像、文字或图形对象，然后选择【修改】|【转换为元件】命令，打开【转换为元件】对话框，输入元件的名称和选择元件的类型为【图形】，单击【确定】按钮后，就可将选中的对象转换为图形元件，该元件会存放在当前动画文档的库中，同时原来的对象转换为该元件的一个实例。

（3）将动画转换成影片剪辑元件

① 打开要转换为影片剪辑元件的动画文档,按住〈Shift〉键,单击动画的全部图层,选中这些层和其中的帧。

② 单击右键在快捷菜单中选择【复制帧】命令,将选中的层和帧复制到剪贴板中。

③ 选择【插入】|【新建元件】命令,在【创建新元件】对话框中选择元件的类型为【影片剪辑】,单击【确定】按钮后进入影片剪辑元件编辑窗口。

④ 选中影片剪辑元件编辑窗口中的第 1 帧,单击右键在快捷菜单中选择【粘贴帧】命令,将复制在剪贴板中的层与帧粘贴到影片剪辑元件的时间轴上。

⑤ 单击舞台左上角的场景名称,返回当前场景的编辑窗口。至此为止,动画转换为影片剪辑元件便完成了。

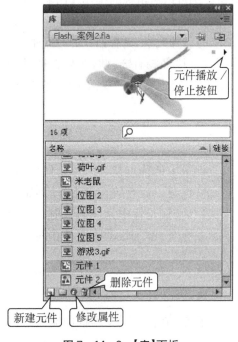

图 7-14-3 【库】面板

（4）元件的编辑

需要编辑某个元件时,选择【窗口】|【库】命令,打开当前动画文档的库面板,双击要编辑的元件,进入元件编辑模式,就可以对该元件进行编辑了。

需要注意的是,当某个元件被编辑后,Flash CS4 会同时更新动画中该元件的所有实例。

（5）元件的管理

元件创建后保存在库中,库和 Flash 文件一起保存。元件的管理是在【库】面板中进行。库可以理解为元件的集合,选择【窗口】|【库】命令,或按功能键 F11,可以打开和关闭【库】面板,如图 7-14-3 所示。

要使用其他动画文件中的元件,可选择【文件】|【导入】|【打开外部库】命令,以库的方式打开后的元件不能直接被编辑。

14.2 补间动画

Flash CS4 中支持两种不同类型的补间动画:补间动画和传统补间动画。

1. 补间动画

通过为不同帧中的对象属性指定不同的值而创建的动画称为补间动画。补间动画是在 Flash CS4 中新引入,功能强大且易于创建。它在 Flash CS4 的时间轴上显示为淡蓝色背景,操作的对象是元件,如图 7-14-4 所示。

图 7-14-4 补间动画时间轴效果

补间动画中使用的是属性关键帧而不是关键帧,实现的是同一个元件的大小、位置、颜色、透明度 Alpha 值、旋转等属性的变化。

属性关键帧和关键帧不同,是在补间范围内为目标对象元件定义一个或多个属性值的帧。在时间轴上标记为菱形黑点。

2. 创建补间动画的步骤

① 首先建立一个新图层,确定补间动画开始的位置,在该位置上插入一个关键帧,并导入或制作动画对象(注意:制作的动画对象必须是元件,如果不是元件,动画创建时会弹出对话框提示转换);

② 右键单击该开始帧,在快捷菜单中选择【创建补间动画】,Flash 会自动生成一段补间帧,可以把鼠标移动到帧区,当鼠标变成双向箭头后,左右拖动鼠标,调整动画的长度;也可右键单击需要结束的位置,选择【插入帧】或者按〈F6〉功能键建立一个属性关键帧;

③ 选中结束帧,拖动元件,此时将自动生成从开始帧到结束帧的一条直线路径,路径上的每一个点都是一帧移动的距离,元件将沿着该直线路径运动;

说明:如果要生成曲线路径,使用【选择工具】,拖曳路径上的控制点即可。

④ 除了对元件的位置可以移动外,如果还需要改变元件的大小和色彩效果。选中元件,选择【窗口】|【动画编辑器】或选择【窗口】|【属性】命令,在打开的控制面板中,修改元件的位置大小、色彩效果(例如:其中的 Alpha 属性可用来调整元件的透明度)等属性;

⑤ 选择【控制】|【测试影片】命令,观看播放的效果。

3. 【动画编辑器】面板

利用该面板可以看到选中的补间动画的各个帧的属性设置,所有补间的特点,还可以以多种不同的形式来调整补间,调整对单个属性的补间曲线形状,向各个属性和属性类别添加不同的预设缓动和自定义缓动等。

基本使用方法:

① 单击 ▶ 和 ▼ 按钮,可以展开或者收缩属性类别内的各属性行,例如:展开"基本动画"属性类别,可以设置元件的 X、Y、旋转 Z 的值;

② 单击 ◀ 和 ▶ 按钮,可以切换到上一个或者下一个属性关键帧。

4. 选择补间范围和帧

① 选择整个补间范围:单击该补间范围;

② 选择补间范围内的单个帧:按住〈Ctrl〉键,同时单击补间范围内的帧;

③ 选择补间范围内的多个连续帧:按住〈Ctrl〉键,同时在补间范围内拖动。

选中补间范围或者帧后,在快捷菜单中可以完成对帧和补间的基本操作。

例如:选中属性关键帧,快捷菜单中的【清除关键帧】,可清除属性关键帧的部分或者全部属性。

5. 设置补间动画的属性

步骤:选中一段补间动画,选择【窗口】|【属性】命令,打开【属性】控制面板,在该面板中可进一步设置动画旋转的次数、旋转的方向和速度等选项。

14.3 传统补间动画

1. 传统补间动画

传统补间的创建过程与补间形状的创建过程有相同之处,不同的是操作的对象是元件,在时间轴上显示为淡紫色背景、实心箭头,如图7-14-5所示。

图7-14-5 传统补间动画时间轴效果

2. 创建传统补间动画的步骤

① 首先建立一个新图层,确定动画开始的位置,在该位置上插入一个关键帧,并导入或制作动画对象(注:制作的动画对象必须先转换成元件);

② 在动画结束帧中插入一个关键帧,可通过【属性】面板,修改元件的大小、颜色或位置等属性;

③ 选中动画开始的关键帧,在点击右键下拉列表中选择【创建传统补间动画】选项,完成传统补间动画的创建。

④ 选择【控制】|【测试影片】命令,观看播放的效果。

14.4 多图层动画(含引导层动画、遮罩动画)

1. 层的基本概念和操作

(1) 层的基本概念

图层是Flash中又一个重要的概念,其作用是将动画对象分别存放在不同的层中,以便对对象的操作与控制。帧在时间上组织场景,层则在空间组织场景。在层中处于上层的画面在动画中处于前景,层的数量与最终输出的文件的大小没有太大关系。

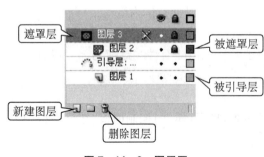

图7-14-6 图层区

层分为普通层、引导层和遮罩层,当普通层和引导层关联后就变成被引导层,而与遮罩层关联后就变成被遮罩层。如图7-14-6所示。

(2) 层的操作方法

① 插入层

单击【时间轴】左下角的【新建图层】按钮,或选择【插入】|【时间轴】|【图层】命令。

② 选取层:单击图层区中的图层行,或单击该图层的某一帧。被选中的图层呈蓝底色,

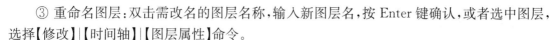

图层名称旁出现一个粉笔状图标。

③ 重命名图层:双击需改名的图层名称,输入新图层名,按 Enter 键确认,或者选中图层,选择【修改】|【时间轴】|【图层属性】命令。

④ 改变图层顺序:拖曳图层到需要的位置,释放鼠标。

⑤ 修改图层的属性:双击图层名称前的图标,在【图层属性】对话框中修改图层的属性。

⑥ 删除层:选中要删除的层,单击时间轴左下角的【删除图层】按钮;或者右单击要删除的层,在弹出的快捷菜单中选择【删除图层】命令。

⑦ 隐藏/显示图层:单击图层区右边"眼睛"图标所对应的圆点。

⑧ 锁定/解锁图层:单击图层区右边"锁"图标所对应的圆点。

⑨ 线框模式的操作:单击图层区右边"方框"图标所对应的方框。

2. 引导层动画

(1) 引导层的作用

在传统的补间动画中,对象是直线运动的,引导层的作用可以改变关联图层中对象的运动轨迹。不过,随着 CS4 中新增的补间动画的出现,它的作用已经被大大削弱了。

(2) 插入引导层的操作方法

右单击需关联运动路径的图层,在弹出的快捷菜单中选择【添加传统运动引导层】命令。

(3) 引导层的操作要点

① 创建的引导层必须位于与其关联的图层之上。

② 运动对象的中心点必须锁定在引导路径首、末端点处。

③ 引导层完成后应将其锁定,以便操作。

④ 引导层不支持全封闭的引导路径,引导路径应有一个小缺口。

⑤ 引导层中引导路径在动画播放时不会被显示。

3. 遮罩动画

(1) 遮罩层

用于遮盖对象所在的层称为遮罩层,被遮盖对象所在的层称为被遮罩层。利用遮罩层技术可制作出动画的很多特殊效果,例如图像的动态切换、动感效果等。具体参见练习题 2。

(2) 创建遮罩层的操作方法

① 右单击作为遮罩的图层,在弹出的快捷菜单中选择【遮罩层】命令。

② 选择【修改】|【时间轴】|【图层属性】命令,在【图层属性】对话框中将选中的层设为遮罩层。

(3) 取消遮罩效果

① 双击遮罩图层的名称,打开【图层属性】对话框,选中【一般】单选项。

② 右单击作为遮罩的图层,在弹出的快捷菜单中去掉【遮罩层】命令前面的勾。

(4) 遮罩层的操作要点

① 当某个层被设置为遮罩层后,该层和与其相关联的普通层均被锁定,解锁后不会显示遮罩效果。

② 遮罩层必须位于与其关联的被遮罩层之上。普通层只需拖到遮罩层下面,并将其锁住,就可转换成被遮罩层。被遮罩层只需拖到遮罩层上面,就可转换为普通层。

③ 如果用于遮罩的是矢量图形,应建立补间形状动画;如果用于遮罩的是文本对象、图形

实例或影片剪辑实例,应建立补间动画。

14.5 为动画配音

1. 声音的类型

① 事件声音:必须在播放前全部下载,它可以连续播放,直到接收到停止指令时才停止播放。

② 流式声音:只需在下载开始的几帧就可以播放,能与 Web 上播放的时间轴同步。流式声音只在时间轴上它所在的帧中播放。

2. 导入声音

Flash 中不能录音,只能导入声音,Flash 允许导入的声音文件格式有 wav、aiff 和 mp3 等。导入声音的操作:

① 选择【文件】|【导入】|【导入到库】命令,将声音文件导入到库。

② 插入图层,将库中的声音对象拖曳到舞台。

③ 在属性面板中设置声音的效果、事件、播放方式等属性,如图 7-14-7 所示。

图 7-14-7 声音属性设置的属性面板

图 7-14-8 骨骼动画

14.6 骨骼动画

在 Flash CS4 中,引入了专业动画软件所支持的骨骼动画,使得 Flash 支持角色动画。骨骼动画使用骨骼的关节结构,对一个对象或彼此关联的一组对象进行动画处理的方法。使用骨骼可以使元件实例和形状对象按自然的方式进行运动,仅需要做很少的设计工作,如图 7-14-8所示。例如,通过骨骼动画可以轻松地创建人物动画,如四肢运动等。

可以向单独的元件实例或单个形状添加骨骼。在一个骨骼运动时,与该骨骼相连接的其他骨骼也会运动。在使用反向运动进行动画处理时,只需制定对象的开始位置和结束位置即可。通过反向运动,还可以容易地创建自然的运动。具体参见练习题 4。

14.7 练习题

1. 打开"采蜜跳舞. fla"文件,按下列要求制作动画,制作结果以"采蜜跳舞. swf"为文件名导出影片并保存在磁盘上,演示效果参见"采蜜跳舞样例. swf"。

① 设置动画帧频为 8fps。

② 图层 1 导入库中的位图"pic3.jpg",动画延续到第 160 帧。

③ 新建图层并将导入库中的"蜜蜂"。

④ 创建补间动画,选中 160 帧,拖动"蜜蜂"按照样张路径移动。

⑤ 导出影片。

操作提示

第①题:选择【文件】|【打开】命令,打开文档,选择【窗口】|【库】命令,打开库控制面板。选择【修改】|【文档】命令,在对话框中帧频设置为 8fps。

第②题:选中第 1 帧,将库中的位图"pic3.jpg"拖曳到舞台,缩放至舞台大小。延续到 160 帧。

第③题:选择【插入】|【时间轴】|【图层】命令新建一个图层,确定补间动画开始的位置为第一帧,并将【库】中的"蜜蜂"元件拖入舞台。

第④题:右键单击第一帧,在快捷菜单中选择【创建补间动画】。选中 160 帧,拖曳"蜜蜂"元件,此时自动生成属性关键帧以及直线路径。使用【选择工具】,拖曳直线路径上的控制点,按照样张生成曲线路径。

第⑤题:选择【控制】|【测试影片】命令,测试动画。选择【文件】|【导出】|【导出影片】命令,输入文件名,单击【保存】按钮。动画效果大致如图 7-14-9 所示。

图 7-14-9　动画截图

2. 打开"星星月亮.fla"文件,按下列要求制作动画,效果参见"星星月亮样例.swf",制作的结果以"星星月亮.swf"为文件名导出影片并保存到磁盘上。

① 制作"星星"影片剪辑元件:第 1 帧导入库中的 star.jpg 图片,将其缩小到 20%,第 10 帧将其放大到 160%,第 45 帧将其缩小到 60%,第 1 帧、第 10 帧分别创建补间动画。

② 设置舞台背景为深蓝色"#000033",帧频为 8fps,图层 1 导入多个星星影片剪辑元件,延续到第 50 帧。

③ 图层 2 导入"月亮"影片剪辑元件,适当放大,第 1 帧到第 50 帧沿曲线运动的动画。

④ 插入图层 3,竖排输入文字"星星月亮",字体格式为华文行楷、55 像素、黄色。将其转换为图形元件,延续到第 50 帧。

⑤ 插入新图层,导入图形元件,调整位置与图层 3 中的文字重合,第 1 帧到第 50 帧从原位置向左上方移动,透明度由 100% 到 20%。

⑥ 重复⑤第 1 帧到第 50 帧从原位置向右下方移动,透明度由 100% 到 20%。

操作提示

第①题:选择【文件】|【打开】命令,打开文档,选择【窗口】|【库】命令,打开库控制面板。选择【插入】|【新建元件】命令,在对话框中【名称】输入"星星";【类型】选择"影片剪辑"单选项,单击【确定】按钮,打开元件编辑窗口。选中第 1 帧,将库中的位图 Star 拖曳到元件编辑区,选择

【窗口】|【变形】命令,在【变形】面板中高和宽分别输入20%。选择【修改】|【转换为元件】命令,将其转换为图形元件1。选中第1帧,单击右键在快捷菜单中选择【创建补间动画】命令。选中第10帧,在【变形】面板中将高和宽分别输入160%。选中第45帧,在【变形】面板中将高和宽分别输入60%。单击窗口左上角的【场景1】图标返回舞台。

注意:此处也可以利用传统补间动画来进行制作,请读者自行完成,此处略。

第②题:选择【修改】|【文档】命令,在对话框中帧频设置为8fps;背景颜色设置为♯000033。选择【窗口】|【库】命令,打开库。选中第1帧,将库中的"星星"影片剪辑元件多次拖曳到舞台,选中第50帧,按功能键F5,插入普通帧。

第③题:选择【插入】|【时间轴】|【图层】命令,插入图层2。选中第1帧,将库中的"月亮"影片剪辑元件拖曳到舞台左上角。右键单击第1帧,选择【创建补间动画】,选择25帧,按功能键F6,移动元件的位置到右上角,利用【选择工具】,调整路径,选择50帧,按功能键F6,移动元件的位置到左上角,调整路径。

第④题:插入新图层,选中第1帧,单击工具箱中的【文本工具】,在属性面板中设置文字格式为华文行楷、大小为55像素、颜色为黄色,输入文字"星星月亮"。选择【修改】|【转换为元件】命令,将其转换为图形元件2。

第⑤题:插入新图层,选中第1帧,将库中的图形元件2拖曳到舞台,与图层3的文字重合。右单击第1帧,在快捷菜单中选择【创建补间动画】命令。选中第50帧,将元件实例向左上移动,单击元件实例,选择【动画编辑器】或者【属性】面板

图7-14-10 动画截图

中【色彩效果】样式下拉列表中的【Alpha】选项,将透明度值设置为20%。

第⑥题:重复第⑤题操作。

导出影片,效果大致如图7-14-10所示。

3. 打开"美丽的草原.fla"文件,按下列要求制作动画,效果参见美丽的草原样例.swf,制作的结果以美丽的草原.swf为文件名导出影片并保存在磁盘上。

① 设置动画帧频为8帧/秒。

② 制作影片剪辑元件从左往右运动的遮罩动画。

③ 制作"美丽的草原"文字遮罩动画。文字格式为方正舒体、55像素、仿粗体、颜色自定。

④ 制作"我的家"文字每隔15帧改变颜色的动画。

⑤ 导入音乐"music.mp3"。

操作提示

第①题:选择【文件】|【打开】命令,打开文档,选择【窗口】|【库】命令,打开库控制面板。选择【修改】|【文档】命令,在对话框中帧频设置为8fps。

第②题:选中第1帧,将库中的位图 TP 拖曳到舞台,缩放至舞台大小。选择【修改】|【转换为元件】命令,将图片转换为图形元件,名称为 TP。选择【属性】面板中【色彩效果】样式下拉列表中的【Alpha】选项,将透明度设置为50%。选中第60帧,按功能键 F5,插入普通帧。

选择【插入】|【时间轴】|【图层】命令,插入图层2。选中第1帧,将库中的位图 TP 拖曳到舞台,缩放至舞台大小。

插入图层3,选中第1帧,将库中的影片剪辑元件1拖曳到舞台左边。选择工具箱中的【任意变形工具】使其水平翻转。右单击第1帧,在快捷菜单中选择【创建补间动画】命令。选中第60帧,将元件实例拖曳到舞台右边。插入图层4,选中第1帧,选择工具箱中的【椭圆工具】,笔触颜色选择无,填充色选择黑色,在舞台的左边绘制一个椭圆,覆盖图层3中的元件实例。选中第60帧,按功能键 F6,插入关键帧,使用【任意变形工具】将椭圆放大。选中第1帧,【插入】|【创建补间形状】。右单击图层4,在弹出的快捷菜单中选择【遮罩层】命令。

右单击图层2,在弹出的快捷菜单中选择【属性】命令,打开【图层属性】对话框,选中【被遮罩】单选项,将图层2设置为被遮罩层。

注意:遮罩层只能一个,被遮罩层可以是多个。

第③题:插入图层5,选中第1帧,将库中的图形元件2拖曳到舞台,适当放大,选中第60帧,插入普通帧。

插入图层6,选中第1帧,单击工具箱中的【文本工具】,在属性面板中设置文字格式为方正舒体、55 像素,利用【文本】|【样式】制作仿粗体,在舞台右边输入文字“美丽的草原”。选择【修改】|【转换为元件】命令,将文字转换为图形元件,名称为 WZ1。右单击第1帧,在快捷菜单中选择【创建补间动画】命令。选中第30帧,将文字图形元件拖曳到舞台左边,选中第50帧,将文字图形元件拖曳到舞台中间。右单击图层6,在快捷菜单中选择【遮罩层】命令。

图 7-14-11　动画截图

第④题:插入图层7,选中第1帧,单击工具箱中的【文本工具】,在属性面板设置字体为华文行楷、55 像素、红色,输入文字“我的家”,利用【文本】|【样式】制作仿粗体。选择【修改】|【转换为元件】命令,将文字转换为图形元件,名称为 WZ2。右单击第1帧,在快捷菜单中选择【创建补间动画】命令。分别在15、30、45、60 帧单击元件实例,选择【动画编辑器】或者【属性】面板中【色彩效果】样式下拉列表中的【色调】选项中改变元件实例的颜色。

第⑤题:选择【文件】|【导入】|【导入到库】命令,将 music 声音文件导入到库,插入新图层,选中第1帧,将库中的声音文件拖曳到舞台。在属性面板的【同步】下拉列表中选择【数据流】选项。

选择【控制】|【测试影片】命令,测试动画。导出影片,如图 7-14-11 所示。

4. 打开"骨骼动画.fla"库文件,按下列要求制作动画,制作结果以"骨骼动画.swf"为名保存在磁盘上,演示效果参见"骨骼动画样例.swf"。

① 设置动画帧频为 8fps。

② 在第一帧导入 4 个库中的影片元件 donghua,并制作骨骼关节,按照图 7-14-12 用选择工具拖动设计姿势。

③ 按照图 7-14-13 ～图 7-14-16 进行调整姿势,并分别在 20 帧,40 帧,60 帧,80 帧插入姿势。

④ 测试动画,将操作结果保存为"骨骼动画.fla"文件,导出"骨骼动画.swf"文件。

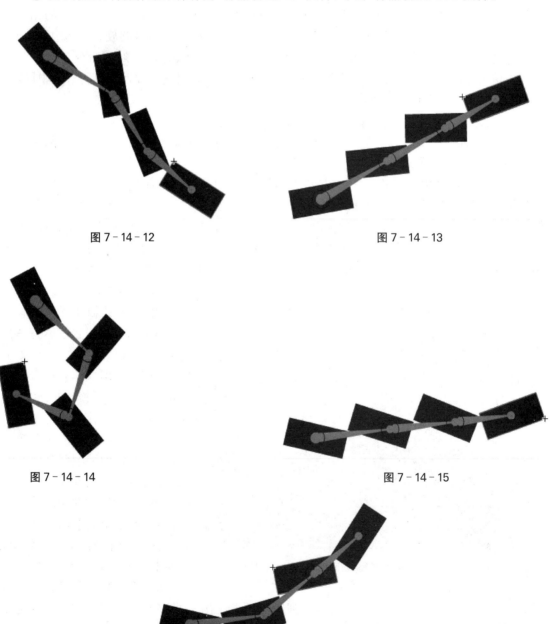

图 7-14-12　　　　　　　　　　　　　图 7-14-13

图 7-14-14　　　　　　　　　　　　　图 7-14-15

图 7-14-16

操作提示

第①题：选择【文件】|【打开】命令，打开文档，选择【窗口】|【库】命令，打开库控制面板。选择【修改】|【文档】命令，在对话框中帧频设置为 8fps。

第②题：选中第 1 帧，将库中的影片元件 donghua 拖曳到舞台 4 个，使用骨骼工具将 4 个元件用 3 关节骨骼相连。按照图 7-14-12 用选择工具拖动设计姿势。此时 Flash CS4 自动生成骨架图层。如图 7-14-17 所示。

第③题：在骨架层按照图 7-14-13～图 7-14-16 进行调整姿势，并分别在 20 帧，40 帧，60 帧，80 帧右键插入姿势。

第④题：略。

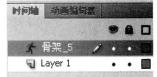

图 7-14-17

综合实践

1. 按下列要求制作动画，操作结果保存在磁盘上。效果参见样例"Flash_yl1. swf"。

① 打开"Flash_sj1. fla"文件，设置舞台的大小为 500×500 像素。

② 每隔 10 帧导入一幅图，每幅图放大 1 倍，相对舞台水平中齐、底对齐。

③ 图层 2 第 10 帧开始制作文字"动漫天地"每隔 10 帧逐字出现的逐帧动画。文字格式：华文彩云、60 像素、红色。

④ 将操作结果保存为"Flash_sj1. fla"，导出"Flash_sj1. swf"影片文件。

2. 制作模仿写字的逐帧动画，操作结果保存在磁盘上。效果参见样例"Flash_yl2. swf"。

① 打开"Flash_sj2. fla"文件，设置舞台的大小为 350×400 像素，帧频为 6 帧/秒。

② 导入库中位图 TP，输入文字"春光"，字体、颜色自定。

③ 操作结果保存为"Flash_sj2. fla"文件，导出"Flash_sj2. swf"影片文件。

3. 按下列要求制作动画，操作结果保存在磁盘上。效果参见样例"Flash_yl3. swf"。

① 设置动画的大小为 400×300 像素，帧频为 10 帧/秒、背景颜色为♯FFFFCE。

② 居中输入文字"良师"，颜色"♯0099CC"（文字格式自定），第 10 帧至第 20 帧居中渐变为"益友"；在第 30 帧到 40 帧渐变为"良师益友"，并使"良师益友"延续到第 50 帧。

③ 操作结果保存为"Flash_sj3. fla"文件，导出"Flash_sj3. swf"影片文件。

4. 按下列要求制作动画，操作结果保存在磁盘上。效果参见样例"Flash_yl4. swf"。

① 将舞台设置为 400×300 像素，帧频为 10 帧/秒。

② 居中导入位图"鸟. wmf"，延续 5 帧。第 6 帧到第 30 帧补间形状渐变为飞船，并使"飞船"延续到第 35 帧。

③ 操作结果保存为"Flash_sj4. fla"文件，导出"Flash_sj4. swf"影片文件。

5. 按下列要求制作动画，操作结果保存在磁盘上。效果参见样例"Flash_yl5. swf"。

① 打开"Flash_sj5. fla"文件，将舞台背景色设置为黑色。

② 第 1 帧导入元件 1，延续到第 9 帧。第 10 帧到第 40 帧制作元件 1 渐变为元件 2 的补间形状动画，延续到第 50 帧。

③ 操作结果保存为"Flash_sj5. fla"文件，导出"Flash_sj5. swf"影片文件。

6. 按下列要求制作动画，操作结果保存在磁盘上。效果参见样例"Flash_yl6. swf"。

① 设置动画的大小为 400×350 像素。第 1 帧到第 30 帧制作文字"欢迎光临"（字体、颜

色自定),渐变为"线性渐变色、无框线椭圆"绘制图形;第 30 帧到第 60 帧制作图形渐变为文字的补间形状动画。

② 操作结果保存为"Flash_sj6. fla"文件,导出"Flash_sj6. swf"影片文件。

7. 按下列要求制作动画,操作结果保存在磁盘上。效果参见样例"Flash_yl7. swf"。

① 将舞台背景色设置为黑色。居中输入黄颜色文字"FLASH",延续到第 35 帧。

② 新建图层,将"L"和"S"放置在图层,第 1 帧到第 30 帧制作 F 渐变为 L;A 渐变为 S 的补间形状动画。

③ 操作结果保存为"Flash_sj7. fla"文件,导出"Flash_sj7. swf"影片文件。

8. 按下列要求制作动画,操作结果保存在磁盘上。效果参见样例"Flash_yl8. swf"。

① 打开"Flash_sj8. fla"库文件。

② 第 1 帧到第 40 帧,每隔 10 帧实现元件 1 的变换,要求先"垂直翻转",然后"水平翻转",延续到第 50 帧。第 51 帧到第 80 帧,元件 2 逐渐变大,透明度由 0% 到 100%,延续到第 90 帧。

③ 操作结果保存为"Flash_sj8. fla"文件,导出"Flash_sj8. swf"影片文件。

9. 按下列要求制作动画,操作结果保存在磁盘上。效果参见样例"Flash_yl9. swf"。

① 打开"Flash_sj9. fla"库文件。导入位图"Picture1. jpg",第 1 帧到第 30 帧 picture1 的透明度变为 20%,到第 60 帧再恢复到 100%。

② 新建图层,从第 1 帧到第 60 帧导入位图 Plane. jpg,去掉白色背景,完成样例效果的动画制作。

③ 操作结果保存为"Flash_sj9. fla"文件,导出"Flash_sj9. swf"影片文件。

10. 按下列要求制作动画,操作结果保存在磁盘上。效果参见样例"Flash_yl10. swf"。

① 打开"Flash_sj10. fla"库文件。图层 1 第 1 帧到第 50 帧导入"BJ1. jpg"文件;透明度由 60% 渐变到 100%。第 51 帧导入"BJ2. jpg"文件,延续到第 100 帧。

② 图层 2 第 1 帧到第 50 帧导入库中影片剪辑元件"马",适当缩小,从左下角向右边运动,逐渐放大。第 51 帧到第 100 帧,元件"马"水平翻转,从右下角向左运动,逐渐缩小。

③ 插入新图层,导入库中图形元件 wz1,从第 1 帧到第 35 帧,由小放大,延续到 50 帧。第 51 帧到第 85 帧补间形状渐变为图形元件 wz2,将结果延续到第 100 帧。

④ 操作结果保存为"Flash_sj10. fla"文件,导出"Flash_sj10. swf"影片文件。

11. 按下列要求制作动画,操作结果保存在磁盘上。效果参见样例"Flash_yl11. swf"。

① 打开"Flash_sj11. fla"文件,将舞台背景色设置为♯FFCCFF。导入 TP 图片。

② 图层 2 导入"风车"图片,第 1 帧到第 30 帧静止,第 31 帧到第 70 帧顺时针旋转两周。图层 3 导入"箭",第 1 帧到第 30 帧射向风车,延续到第 70 帧。

③ 插入新图层,第 30 帧导入图形元件 1,延续到第 70 帧。插入新图层,第 30 帧导入图形元件 1,存放位置同前图层重合,第 30 帧到第 70 帧从原位置移向左上方,透明度由 100% 渐变到 0%。新建图层,重复此操作,但将文字移向右下方。

④ 操作结果保存为"Flash_sj11. fla"文件,导出"Flash_sj11. swf"影片文件。

12. 按下列要求制作动画,操作结果保存在磁盘上。效果参见样例"Flash_yl12. swf"。

① 打开"Flash_sj12. fla"文件,导入背景图形元件作为背景图。

② 插入新图层,第 1 帧到第 60 帧制作 "太阳"的引导层动画,使用太阳补间 1 元件作为初

始的第 1 帧的太阳,将其扩大四倍后作为升起的第 60 帧的太阳,运动路径仿照样例。

③ 插入新图层,第 1 帧到第 60 帧制作"树叶"的引导层动画,运动路径仿照样例。

④ 操作结果保存为"Flash_sj12.fla"文件,导出"Flash_sj12.swf"影片文件。

13. 按下列要求制作动画,操作结果保存在磁盘上。效果参见样例"Flash_yl13.swf"。

① 打开"Flash_sj13.fla"文件,制作"荷花"影片剪辑元件,每隔 2 帧分别导入库中的 hua1 到 hua8 图形元件。

② 图层 1 库中的 bj.jpg 位图,延续到第 100 帧。

③ 图层 2 输入文字"荷池夏韵",字体为"华文彩云"、大小为 65 像素、颜色为♯FFCCFF。

④ 图层 4 导入"蜜蜂"影片剪辑元件,第 1 帧到第 60 帧制作如样张动画。

⑤ 插入图层,第 10 帧开始沿蜜蜂飞过的路径每隔 10 帧导入"荷花"影片剪辑元件,分别缩小为 20%、25%、30%依此类推。

⑥ 操作结果保存为"Flash_sj13.fla"文件,导出"Flash_sj13.swf"影片文件。

14. 按下列要求制作动画,操作结果保存在磁盘上。效果参见样例"Flash_yl14.swf"。

① 打开"Flash_sj14.fla"文件,将设置舞台大小为 360×530 像素,帧频设置为 8 帧/秒。导入 TP1 图片作为背景图。

② 第 1 帧到第 40 帧制作气球向上飞行的动画。第 41 帧到第 70 帧形状渐变为 TP2,第 80 帧到第 110 帧对象逐渐放大,透明度由 100%渐变为 15%。

③ 操作结果保存为"Flash_sj14.fla"文件,导出"Flash_sj14.swf"影片文件。

15. 按下列要求制作动画,操作结果保存在磁盘上。效果参见样例"Flash_yl15.swf"。

① 打开"Flash_sj15.fla"文件。背景色设置为♯99CCFF。

② 第 1 帧到第 50 帧制作飞船沿椭圆轨道运行的引导层动画。地球顺时针旋转 2 周。

③ 新建图层,输入文字"飞向太空",第 10 帧到第 40 帧形状渐变为"探索宇宙"。文字格式:华文行楷、50 像素、颜色"♯660000"。

④ 操作结果保存为"Flash_sj15.fla"文件,导出"Flash_sj15.swf"影片文件。

16. 按下列要求制作动画,操作结果保存在磁盘上。效果参见样例"Flash_yl16.swf"。

① 打开"Flash_sj16.fla"文件,背景色设置为♯CCFFFF。

② 图层 1 导入 bj 影片剪辑元件,锁定高宽比例,将宽度设置为 275 像素,复制一个副本。动画延续到第 70 帧。

③ 图层 2 导入小鸭图形元件,适当缩小,第 1 帧到第 50 帧制作元件实例由小到大、顺时针旋转 1 次的动画。

④ 图层 3 导入图形元件 wz,第 1 帧到第 50 帧制作文字逐字出现的遮罩动画。

⑤ 操作结果保存为"Flash_sj16.fla"文件,导出"Flash_sj16.swf"影片文件。

17. 按下列要求制作动画,操作结果保存在磁盘上。效果参见样例"Flash_yl17.swf"。

① 打开"Flash_sj17.fla"文件。背景色设置为♯FFCCFF。导入"女孩"影片剪辑元件,延续到第 40 帧。

② 插入新图层,第 1 帧到第 40 帧制作小鸟飞行的动画。插入新图层,第 1 帧到第 40 帧制作"动画欣赏"文字遮罩动画(被遮罩图为 TP1,文字字体自定)。

③ 插入新图层,第 41 帧到第 70 帧制作矩形从左向右扩展的遮罩动画。第 71 到第 100 帧制作椭圆从中间向外扩展的遮罩动画。第 101 帧到第 130 帧制作图片向左移动的遮罩

动画。

④ 操作结果保存为"Flash_sj17. fla"文件,导出"Flash_sj17. swf"影片文件。

18. 按下列要求制作动画,操作结果保存在磁盘上。效果参见样例"Flash_yl18. swf"。

① 打开"Flash_sj18. fla"文件,第 1 帧到第 60 帧按样例制作"米老鼠"由左向右运动的遮罩动画,动画延续到第 70 帧。

② 插入图层,输入文字"未来球星",字体为"华文行楷"、大小为 65 像素、仿粗体。第 1 帧到第 30 帧制作文字由左向右移动的遮罩动画,第 30 帧到第 60 帧制作文字由右向左移动的遮罩动画,延续到第 70 帧。

③ 操作结果保存为"Flash_sj18. fla"文件,导出"Flash_sj18. swf"影片文件。

项目八 网络基础

● 目的与要求

1. 掌握局域网的基本概念
2. 了解对等网组建中网卡和协议的配置
3. 了解相关的网络命令行命令的使用
4. 了解对等网络中共享资源访问
5. 了解使用 Serv - U 软件建立 FTP 服务
6. 掌握常用的搜索引擎

案例 15 对等网的组建和资源共享

 案例说明与分析

本案例将学习建立一种重要的 Internet 接入方式——对等局域网络。

要创建局域网,一般要求入网计算机有一个网络适配器(网卡),并配置相应的驱动程序和 TCP/IP 协议。

 案例要求

将网络适配器安装到计算机,并以双绞线实现硬件上的网络连接后,需要安装网络适配器相应的驱动程序和配置 TCP/IP 协议。

1. 安装网络适配器相应的驱动程序。
2. 配置 TCP/IP 协议。

 操作步骤

选择【控制面板】|【网络和 Internet】|【网络和共享中心】选项,在【添加新的连接或网络】中或直接单击【本地连接】|【属性】,对【Internet 协议版本(TCP/IPv4)】进行设置,包括:修改和添加 IP 地址、子网掩码、默认网关、DNS 服务器的设置。

 技能与要点

15.1 对等网络的基本概念

对等网络是目前局域网络连接最常见的方式,每个计算机节点以星型拓扑结构与中心点(集线器或交换机)对等连接。

15.2 对等网络的配置

1. 硬件的连接

计算机网络硬件通常由传输介质(线缆等)、接入端口设备(网络适配器等)、网络设备(集线器、交换机、路由器等)、安全设备(防火墙等)和资源设备(服务器、工作站等)构成。

由网卡、双绞线和交换机就可以完成对等网络的硬件连接。在局域网中,双绞线以其低成本和使用方便的优点而得到广泛应用。目前常用四对八芯双绞线,以 RJ45 接头(俗称水晶头)与网络设备连接。RJ45 头有八个铜片,按 EIA/TIA 568B 标准,线序排列为:铜片向上、头朝前,自左向右依次为橙白、橙、绿白、蓝、蓝白、绿、棕白、棕色导线,用专用压线器压接牢固。

集线器和交换机都可以作为对等网络的拓扑中心,但集线器只是一种共享设备,提供网络中节点间的直接互联,而交换机则可在节点计算机之间提供专用的交换式信道,使单台计算机占用更大的带宽,不受其他设备影响。

2. 对等网的配置

(1) TCP/IP 网络协议

在 TCP/IP 协议设置中(如图 8-15-1),如果局域网中有一台 DHCP 服务器,当有一台主机加入网络时,DHCP 服务器会从 IP 地址数据库中取一个没有使用的 IP 地址分配给该机,则选择【自动获得 IP 地址】,使用 DHCP 服务器为计算机自动分配的 IP 地址。

如果局域网中没有这台 DHCP 服务器,则选择【使用下面的 IP 地址】,手动配置相关选项。

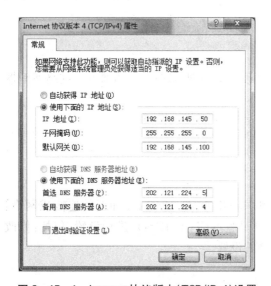

图 8-15-1　Internet 协议版本(TCP/IPv4)设置

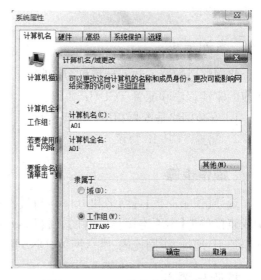

图 8-15-2　工作组中标识的设置

应注意的是:这些 TCP/IP 协议的属性信息应根据所在局域网网络管理员提供的,若自行随意设置可能影响网络的正常运行。

在 Windows7 的网络管理中,允许用户根据所在网络的位置选择家庭网络、工作网络及公用网络,其中家庭网络和工作网络所在的联网场所中能够识别网络上的计算机,受信程度高,允许开放一些共享应用;而若处于机场、快餐店等公共网络中,因无法识别网络上的计算机,网络不受信任,默认不能开放共享应用。

（2）工作组中的标识

右击桌面【计算机】，单击【属性】打开对话框，如图 8-15-2 所示，即可在【高级系统设置】|【计算机名】选项卡中观察和修改关于本机在网络中所拥有的名称和所在工作组名称。应注意的是，在局域网中，计算机名称应是唯一的，工作组的名称也应根据网络管理员提供的信息设置，若自行随意设置可能影响网络的正常运行。

3．有关网络的行命令

以行命令的方式在 Windows 的命令提示符窗口中执行对网络的测试和配置，在许多情况下比使用专门的工具程序来得更加直观和简捷。下面通过实例初步接触一些和网络有关的命令。

例 8.15.1： 在 Windows 的"开始搜索"栏输入"cmd"，打开命令提示符窗口，并执行以下命令操作：

（1）用 Ipconfig 命令查看本机的网络设置；

（2）用 Netstat 命令查看本机的网络连接和监听端口；

（3）用 ping 命令检查网络是否通畅和网络连接速度；

（4）用 tracert 跟踪由本机访问 www.smmu.edu.cn 域名的路由信息。

操作提示

（1）键入命令"ipconfig/all"并回车，可见如图 8-15-3 所示的本机网络标识、适配器及其物理地址（MAC 码）、IP 地址、子网掩码、网关、DNS 等设置参数。

ipconfig 命令常用来查看本机的网络设置，其常用形式为：ipconfig/all。

图 8-15-3 运行 ipconfig 命令

（2）键入命令"Netstat na"并回车，可见图 8-15-4 中所示的当前本机网络连接和监听端口，其中 127.0.0.1、0.0.0.0 均为本机，冒号后为所开放的端口号。

```
C:\Documents and Settings\dfli>netstat -na

Active Connections

  Proto  Local Address          Foreign Address        State
  TCP    0.0.0.0:21             0.0.0.0:0              LISTENING
  TCP    0.0.0.0:25             0.0.0.0:0              LISTENING
  TCP    0.0.0.0:135            0.0.0.0:0              LISTENING
  TCP    0.0.0.0:1025           0.0.0.0:0              LISTENING
  TCP    0.0.0.0:7025           0.0.0.0:0              LISTENING
  TCP    0.0.0.0:7080           0.0.0.0:0              LISTENING
  TCP    0.0.0.0:7110           0.0.0.0:0              LISTENING
  TCP    0.0.0.0:42510          0.0.0.0:0              LISTENING
  TCP    127.0.0.1:1026         0.0.0.0:0              LISTENING
  TCP    127.0.0.1:43958        0.0.0.0:0              LISTENING
  UDP    0.0.0.0:500            *:*
  UDP    0.0.0.0:1040           *:*
  UDP    0.0.0.0:1041           *:*
  UDP    0.0.0.0:1327           *:*
  UDP    0.0.0.0:1968           *:*
  UDP    0.0.0.0:3456           *:*
  UDP    0.0.0.0:4500           *:*
  UDP    127.0.0.1:1900         *:*
  UDP    192.168.153.50:1900    *:*
  UDP    192.168.153.50:42508   *:*
```

图 8-15-4 运行 netstat 命令

利用 netstat 命令可观察本机的网络连接对方及监听端口状态,及时发现异常的连接端口调用。其常用形式为:netstat na。

(3) 键入命令"ping 192.168.129.247"并回车,可见图 8-15-5 中所示的检查本机与 IP 地址为 192.168.129.247 的主机之间网络的连接情况。

```
C:\Documents and Settings\dfli>ping 192.168.129.247

Pinging 192.168.129.247 with 32 bytes of data:

Reply from 192.168.129.247: bytes=32 time<1ms TTL=125
Reply from 192.168.129.247: bytes=32 time<1ms TTL=125
Reply from 192.168.129.247: bytes=32 time<1ms TTL=125
Reply from 192.168.129.247: bytes=32 time<1ms TTL=125

Ping statistics for 192.168.129.247:
    Packets: Sent = 4, Received = 4, Lost = 0 (0% loss),
Approximate round trip times in milli-seconds:
    Minimum = 0ms, Maximum = 0ms, Average = 0ms
```

图 8-15-5 运行 ping 命令

ping 用来检查网络是否通畅或者网络连接速度的命令。它所利用的原理是:给网络上的目标 IP 地址发送一个数据包,对方就要返回一个同样大小的数据包,根据返回的数据包我们可以确定目标主机的存在,可以初步判断目标主机的操作系统等。其基本用法为:ping IP。该命令可带具体参数,在命令窗口中键入:ping/? 回车,可见帮助信息。

利用 ping 命令可以快速查找局域网故障,可以判断网络连接速度。

（4）键入命令"tracert www. smmu. edu. cn"并回车,可见图 8-15-6 中所示的本机在当前网络位置访问 www. smmu. edu. cn 域名的所经过的所有途径,即路由信息,以及经过每个路由的耗时。当访问速度及其他原因无法到达目标时,可用〈Ctrl〉＋C 终止。

```
C:\Documents and Settings\dfli>tracert www.smmu.edu.cn

Tracing route to www.smmu.edu.cn [202.121.224.6]
over a maximum of 30 hops:

  1    <1 ms    <1 ms    <1 ms  192.168.151.100
  2    <1 ms    <1 ms    <1 ms  202.121.225.69
  3    <1 ms    <1 ms    <1 ms  202.121.224.6

Trace complete.
```

图 8-15-6 运行 tracert 命令

tracert 命令用来跟踪路由信息,使用此命令可以查出数据从本地机器传输到目标主机所经过的所有途径。基本用法为:tracert IP(或域名)。

15.3 访问对等网络共享资源

1. 配置网络资源共享

（1）网络设置

要进行文件和打印机的共享,必须先开放来宾账户 Guest、启用网络发现和启用文件和打印机共享,并设置允许"网络发现"和"文件和打印机共享"通过防火墙。

【控制面板】|【用户账户和家庭安全】|【用户账户】|【管理其他账户】|【Guest】|【启用】,可开放来宾账户 Guest。如图 8-15-7。

图 8-15-7 来宾账户

【控制面板】|【网络和 Internet】|【网络和共享中心】|【更改高级共享设置】,选择本地网络连接所属的网络类型(家庭或公用),在图 8-15-8 所示的界面选择【启用网络发现】和【启用文件和打印机共享】,可允许局域网内的网上邻居计算机通过网络搜索到本机并使用本机提供的共享资源。

如图 8-15-9,在【控制面板】|【系统和安全】|【Windows 防火墙】|【允许程序或功能通过Windows 防火墙】,选择允许"网络发现"和"文件和打印机共享"通过防火墙。

图 8-15-8 启用网络发现和启用文件和打印机共享

图 8-15-9 允许程序或功能通过 Windows 防火墙

（2）文件夹的共享

例 8.15.2：将 C:\上的文件夹 test 在网络中共享。

操作提示

在资源管理器中，右击欲共享的 C:\test 文件夹，在弹出的快捷菜单中单击【共享】|【高级共享】，选中【共享此文件夹】，并填入共享名，单击【权限】，为 test 文件夹设置 Everyone 用户只允许读取的权限（如图 8-15-10 所示），【确定】完成共享。

所谓共享名是能让网络用户看到的文件夹名，在设置文件夹共享时，共享名可以与文件夹原来名字不同。如果不想让所有网络用户都看到该共享文件夹，还可在共享名的最后加"＄"符号，这样，除了知道该文件夹处于共享状态的用户外，其他一般用户无法看到此共享文件夹的存在。

为安全起见，通常在网络中共享的文件夹中的内容提倡设置为只读，使匿名网络用户无法删除和更改。

（3）共享文件夹的访问

用【计算机】|【网络】可通过网络发现功能看到网上邻居的计算机列表，双击目标计算机可看到该机的共享资源。

也可在 Windows 的"开始搜索"栏输入"\\计算机名\共享名"或"\\IP 地址\共享名"打开已共享的文件夹。如图 8-15-11。

图 8-15-10 共享文件夹的用户权限

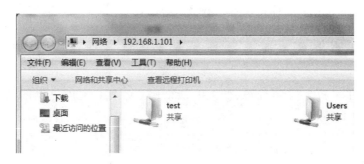

图 8-15-11 访问共享文件资源

（4）本地打印机的共享

例8.15.3： 将本机安装的 HP LaserJet P2015 PCL6 打印机提供网络共享。

操作提示

在【设备和打印机】窗口右击需要在网络中共享的本地打印机 HP LaserJet P2015 PCL6，【打印机属性】|【共享】|【共享这台打印机】，在对话框中填写共享名并【确定】。如图 8-15-12 所示。

图 8-15-12　共享打印机

（5）网络共享打印机的安装

若网络中有计算机已将打印机设置为网络共享打印机，则本身没有打印机的联网计算机就可以添加并使用这台打印机。

例8.15.4： 在本机上安装局域网中由 192.168.1.101 主机提供的共享打印机"HP LaserJet P2015 PCL6"。

操作提示

选择【设备和打印机】|【添加打印机】|【添加网络、无线或 Bluetooth 打印机】可自动搜索局域网内已共享的打印机，如果没有发现所要使用的共享打印机，可选择【我需要的打印机不在列表中】，通过直接键入共享打印机名称"\\主机 IP 地址\共享名"，即"\\192.168.1.101\HP LaserJet P2015 PCL6"，单击【下一步】，直至完成添加。如图 8-15-13。

图 8-15-13 添加共享打印机

2. FTP 方式共享文件——用 Serv-U 软件建立 FTP 服务

Serv-U 可以让网络中的计算机用户通过 FTP 协议访问当前主机,在权限允许下复制、移动、删除指定的 FTP 文件夹中的文件或文件夹。

一般说来,匿名访问是以 Anonymous 为用户名称登录的,无需密码,可以指定一个本地硬盘上已存在的目录,如 D:\xyz,并锁定该目录,这样,匿名登录的用户将认为所指定的目录(D:\xyz)是根目录,并只能访问这个目录下的文件和文件夹。

可以设置用户对于文件目录的权限,对文件有读取、写入、删除、追加、执行等操作,对于文件夹有列表、创建、删除,以及是否继承子目录。但为安全起见,通常对于匿名用户,一般只赋予对文件的只读权限。可自行创建并指定多个用户以特定的账号访问该 FTP 服务,对每个账号指定不同的访问目录和访问权限。

例 8.15.5: 创建用户"test",并设置访问密码为"abcd",设置该用户锁定访问目录为 D:\temp,赋予对该目录文件的读取、写入、追加、删除权限及对下属文件夹的列表权限。

操作提示

在系统状态栏指示器中右击图标，在弹出快捷菜单中单击【启动管理员】,右击【用户】|【新建用户】,在界面中设置用户、密码,锁定目录 D:\temp,选择【应用】使设置生效,最后关闭管理员窗口。

3. 访问 FTP

(1) 行命令方式访问 FTP

例 8.15.6: 以行命令方式访问 192.168.153.50 主机上的匿名 FTP 服务。

操作提示

执行【开始】|【运行】输入"cmd"命令,打开 Windows 命令提示符窗口,用键盘输入命令"ftp"并回车。在 ftp 的提示符下输入"open 192.168.153.50",根据提示输入用户名,若以匿名方式登录,则用户名为"anonymous",可不输入密码直接回车。当提示 logged in 时,说明登录成功。

在命令窗口中运行 ftp 命令,在 ftp>提示符下,可通过键入命令的方式访问 FTP 站点,常用的 FTP 行命令有:

① dir 用于查看当前 FTP 服务文件(如图 8-15-14);

② cd 进入某个文件夹;

③ get 下载文件到本地机器;

④ put 上传文件到远程服务器(假定远程 ftp 服务器给了可写的权限);

⑤ delete 删除远程 ftp 服务器上的文件(假定远程 ftp 服务器给了可写的权限);

⑥ bye 或 quit 退出当前连接。

```
C:\Documents and Settings\dfli>ftp
ftp> open 192.168.153.50
Connected to 192.168.153.50.
220 Serv-U FTP Server v5.0 for WinSock ready...
User (192.168.153.50:(none)): anonymous
331 User name okay, please send complete E-mail address as password.
Password:
230 User logged in, proceed.
ftp> dir
200 PORT Command successful.
150 Opening ASCII mode data connection for /bin/ls.
drw-rw-rw-   1 user     group            0 Feb 26 00:55 .
drw-rw-rw-   1 user     group            0 Feb 26 00:55 ..
-rw-rw-rw-   1 user     group       105754 Feb 21 23:04 117198529323408.jpg
-rw-rw-rw-   1 user     group       130909 Feb 21 23:03 117198610247780.jpg
-rw-rw-rw-   1 user     group        70274 Feb 21 23:02 117198754113222.jpg
-rw-rw-rw-   1 user     group        91440 Feb 21 23:01 117204934773922.jpg
-rw-rw-rw-   1 user     group        67419 Feb 21 23:00 117206263657371.jpg
-rw-rw-rw-   1 user     group       101358 Feb 23 01:58 117208025221147.jpg
-rw-rw-rw-   1 user     group        85563 Feb 23 02:00 117208068092999.jpg
-rw-rw-rw-   1 user     group       132801 Feb 23 00:20 117213211451864.jpg
-rw-rw-rw-   1 user     group       128321 Feb 23 01:58 117213243982825.jpg
-rw-rw-rw-   1 user     group       141042 Feb 23 01:57 117213367518711.jpg
-rw-rw-rw-   1 user     group       131725 Feb 23 01:55 117213381684327.jpg
-rw-rw-rw-   1 user     group       129258 Feb 23 01:54 117213439610214.jpg
-rw-rw-rw-   1 user     group        83384 Feb 23 01:54 117213459340489.jpg
-r--r--r--   1 user     group        24064 Feb 25 11:55 郭学博.doc
-r--r--r--   1 user     group        52736 Feb 25 11:55 通讯录.doc
226 Transfer complete.
ftp: 收到 1239 字节,用时 0.00Seconds 1239000.00Kbytes/sec.
ftp> bye
221 Goodbye!
```

图 8-15-14　以匿名方式对 FTP 站点的访问

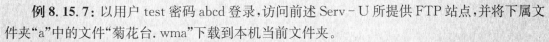

例 8. 15. 7：以用户 test 密码 abcd 登录，访问前述 Serv - U 所提供 FTP 站点，并将下属文件夹"a"中的文件"菊花台. wma"下载到本机当前文件夹。

操作提示

执行【开始】|【运行】输入"cmd"命令，打开 Windows 命令提示符窗口，用键盘输入命令"ftp"并回车。在 ftp 的提示符下输入"open 192. 168. 153. 50"，根据提示输用户名"test"和密码"abcd"，则看到另一个 ftp 根路径（如图 8 - 15 - 15）。

```
C:\Documents and Settings\dfli>ftp
ftp> open 192.168.153.50
Connected to 192.168.153.50.
220 Serv-U FTP Server v5.0 for WinSock ready...
User (192.168.153.50:(none)): test
331 User name okay, need password.
Password:
230 User logged in, proceed.
ftp> dir
200 PORT Command successful.
150 Opening ASCII mode data connection for /bin/ls.
drw-rw-rw-   1 user     group            0 Feb 26 00:57 .
drw-rw-rw-   1 user     group            0 Feb 26 00:57 ..
-rw-rw-rw-   1 user     group        10516 Feb 12 09:59 DOS网络命令.txt
-rw-rw-rw-   1 user     group        11513 Feb 12 09:52 FTP命令详解.txt
drw-rw-rw-   1 user     group            0 Feb 26 00:57 a
drw-rw-rw-   1 user     group            0 Feb 26 00:56 b
-rw-rw-rw-   1 user     group      1379328 Feb 20 15:35 表单.doc
-rw-rw-rw-   1 user     group           94 Jan 31 19:47 用户号.txt
226 Transfer complete.
ftp: 收到 509 字节, 用时 0.00Seconds 509000.00Kbytes/sec.
ftp> cd a
250 Directory changed to /a
ftp> dir
200 PORT Command successful.
150 Opening ASCII mode data connection for /bin/ls.
drw-rw-rw-   1 user     group            0 Feb 26 00:57 .
drw-rw-rw-   1 user     group            0 Feb 26 00:57 ..
-rw-rw-rw-   1 user     group      1507245 Feb  9 16:32 菊花台.Wma
226 Transfer complete.
ftp: 收到 184 字节, 用时 0.00Seconds 184000.00Kbytes/sec.
ftp> get 菊花台.wma
200 PORT Command successful.
150 Opening ASCII mode data connection for 菊花台.wma (1507245 Bytes).
226 Transfer complete.
ftp: 收到 1507245 字节, 用时 0.06Seconds 24708.93Kbytes/sec.
ftp> quit
221 Goodbye!
```

图 8 - 15 - 15 登录 FTP 并执行部分 FTP 命令操作

键入"cd a"并回车，转到 FTP 的下属文件夹"a"中，键入"get 菊花台. wma"命令，由于操作者所在的本机当前目录是 C:\Documents and Settings\dfli，所以下载文件（菊花台. wma）就被保存在这个文件夹中。同样，这个文件夹中的文件也可用 put 命令上传到 FTP 的当前目录（/a）中。

（2）用浏览器访问 FTP

在 IE8.0 以上浏览器中，URL 地址栏访问 FTP 服务只能查看文件列表，可通过【页面】|【在 Windows 浏览器中打开 FTP】访问 FTP 服务。在 Windows 浏览器的 URL 地址栏中键入

"ftp://用户名:密码@地址或域名"可实现对 FTP 的访问。也可直接键入"ftp://地址或域名",然后通过右击窗口【登录…】对话框填写用户、密码来访问(如图 8-15-16)。如果是对匿名 FTP 的访问,可直接访问成功。

例 8.15.8:以用户 test 密码 abcd 登录,访问前述 Serv-U 所提供 FTP 站点,并将下属文件夹"a"中的文件"菊花台. wma"下载到本机当前文件夹。

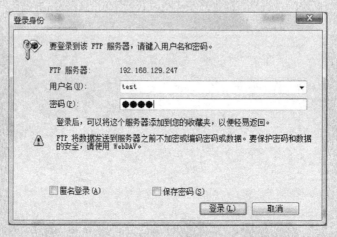

图 8-15-16　登录 FTP

操作提示

打开 IE 浏览器窗口,在地址栏键入"ftp://192.168.153.50"并回车,在【文件】|【登录】对话框填写用户名"test"、密码"abcd"并确定,可访问到该 FTP 的根目录,双击打开文件夹"a",右击文件"菊花台. wma",文件另存为本机当前文件夹。

(3) 用 FTP 客户端软件访问 FTP

FTP 客户端软件是能够在用户本地主机实现对 FTP 站点的远程登录、文件和目录管理、文件传输、断点续传等功能的应用程序。目前常见的 FTP 客户端软件有 CuteFTP、FileZilla、WS FTP、FTP Explorer、LeapFTP、Bullet Proof 等,其功能和用法大同小异,在此仅以 CuteFTP 为例。

该软件的界面除一般软件常见的命令菜单和快捷工具按钮外,由快速连接栏、登录信息窗口、本地资源窗口、远程资源窗口和传输状态显示栏等主要部分组成,其主窗口界面如图 8-15-17。

例 8.15.9:利用"站点管理器"添加"同济大学计算机基础教育"FTP 站点,其域名为"jsjjc. tongji. edu. cn"。

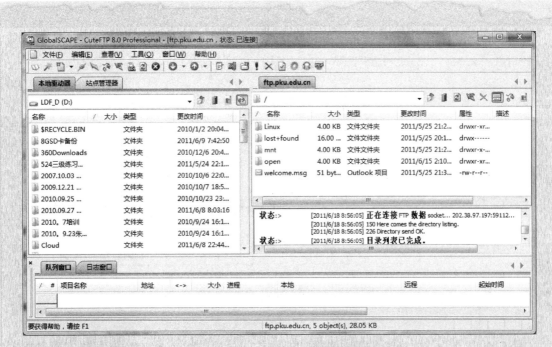

图 8‑15‑17　CuteFTP 主窗口界面

操作提示

　　选择【文件】|【新建 FTP 站点】，在站点属性【选项卡】中填入"同济大学计算机基础教育"，【主机地址】中填入"jsjjc. tongji. edu. cn"，由于用于匿名访问，【用户名】和【密码】都不必填写。单击【连接】可直接访问该 FTP 站点，也可单击【确定】，保存该站点信息待以后调用（如图 8‑15‑18）。

图 8‑15‑18　CuteFTP 站点管理器

例8.15.10：利用"快速连接栏"，以用户名 test 密码 abcd 登录，访问前述 Serv-U 所提供 FTP 站点 192.168.153.50，并将下属文件夹"a"中的文件"菊花台.wma"下载到本机桌面。

操作提示

单击工具按钮的"闪电"图标按钮，在如图 8-15-19 所示的"快速连接栏"中填入站点 IP 地址和用户名、密码，再单击"快速连接栏"的连接图标按钮即可访问该 FTP 站点。用鼠标选择左面的"本地资源窗口"当前目录为"桌面"，选择右面的"远程资源窗口"当前目录为下属文件夹"a"，并选中文件"菊花台.wma"，拖曳到左面的"本地资源窗口"即完成下载。

图 8-15-19　CuteFTP 快速连接栏

用 CuteFTP 除了可实现 FTP 协议下的文件及文件夹上传、下载之外，还可以实现对本地和远程文件和文件夹进行复制、移动、重命名、文件操作等管理功能，在 FTP 协议支持下让用户像管理本地文件夹一样管理远程目录。CuteFTP 还可以利用传输队列和启用计划表实现按序列和定时进行与 FTP 站点的通信。

15.4　练习题

1. 完成如下文件夹共享及访问操作：

① 在本机（假设 IP 地址为 192.168.145.75）的 C:\ 上建立文件夹 share，并将 C:\ WINDOWS\Media 文件夹中所有 .mid 文件复制于此文件夹中，将此文件夹设置为共享文件夹 share；

② 与邻座同学合作测试对该共享文件夹的访问。

操作提示

第①题：双击【我的电脑】|【C:】，右击窗口，新建文件夹 share，复制 C:\WINDOWS\ Media 文件夹中所有 .mid 文件，复制并粘贴到 share 文件夹中。开放来宾账户 Guest、启用网络发现和启用文件和打印机共享，并设置允许"网络发现"和"文件和打印机共享"通过防火墙。右击文件夹 share，【共享】|【高级共享】，选中【共享此文件夹】，并填入共享名为"share"，单击【权限】，为 share 文件夹设置 Everyone 用户只允许读取的权限，单击【确定】开放共享。

第②题：在本局域网络中相邻同学主机上，在 Windows 的"开始搜索"栏输入"\\192.168. 145.75\share"，回车。

2. 完成如下打印机共享及安装共享打印机操作：

① 在本机（假设 IP 地址为 192.168.145.75）的 file 端口安装打印机 HP LaserJet P2015 PCL6，并设置为网络共享打印机；

② 让邻座同学将此网络共享打印机安装到该同学所用的主机上。

操作提示

第①题:选择【设备和打印机】|【添加打印机】|【添加本地打印机】,在"使用现有端口"中选择"FILE:(打印到文件)",选择厂商及打印机 HP LaserJet P2015 PCL6,单击【下一步】,选择【共享这台打印机】,单击【完成】。

第②题:在本局域网络邻座同学主机上,选择【设备和打印机】|【添加打印机】|【添加网络、无线或 Bluetooth 打印机】|【我需要的打印机不在列表中】,键入"\\192.168.145.75\HP LaserJet P2015 PCL6",单击【下一步】,直至完成添加。

3. 完成如下 FTP 站点的架设及访问该 FTP 站点的操作:

①在本机(假设 IP 地址为 192.168.145.75)用 Serv-U 架设 FTP 站点,创建用户"user",并设置访问密码为"1234",设置该用户锁定访问目录为 C:\abc,赋予对该目录文件的读取、写入、追加、删除权限及对下属文件夹的列表权限;

②让邻座同学在该同学所使用的网络上的另一台主机上,以 FTP 命令方式登录和访问这个 FTP 站点,并将本机 C:\根目录下"aa.txt"文件(假设此文件已存在)上传到该 FTP 站点;

③让邻座同学在该同学所使用的网络上的另一台主机上,以浏览器方式登录和访问这个 FTP 站点,并将本机 C:\根目录下"bb.txt"文件(假设此文件已存在)上传到该 FTP 站点;

④让邻座同学在该同学所使用的网络上的另一台主机上,以 CuteFTP 软件方式登录和访问这个 FTP 站点,并将本机 C:\根目录下"cc.txt"文件(假设此文件已存在)上传到该 FTP 站点。

操作提示

第①题:双击运行 ServUTray.exe,在系统状态栏指示器中"U"图标,在弹出快捷菜单中单击【启动管理员】,右击【用户】|【新建用户】"user",并设置访问密码为"1234",设置该用户锁定访问目录为 C:\abc,赋予对该目录文件的读取、写入、追加、删除权限及对下属文件夹的列表权限,选择【应用】使设置生效,最后关闭管理员窗口。

第②题:在本局域网络邻座同学主机上,执行【开始】|【运行】输入"cmd"命令,打开 Windows 命令提示符窗口,用键盘输入命令"cd\"并回车,使提示符变为"C:\>",即操作者所在的本机当前目录是 C:\。用键盘输入命令"ftp"并回车。在 ftp 的提示符下输入"open 192.168.145.75",根据提示输入用户名"user",密码"1234"并回车。当提示 logged in 时,说明登录成功。键入"put aa.txt"命令并回车,可将 aa.txt 上传到 FTP 的当前目录中。

第③题:在本局域网络邻座同学主机上,打开 IE 浏览器窗口,在地址栏键入"ftp://192.168.145.75"并回车,在【文件】|【登录】对话框填写用户"user"、密码"1234"并确定,可访问到该 FTP 的根目录。在"我的电脑"中选中"C:\bb.txt"文件并复制,在浏览器窗口粘贴,即可完成对该文件的上传。

第④题:在本局域网络邻座同学主机上,运行 CuteFTP,单击工具按钮的"闪电"图标按钮,在"快速连接栏"中填入站点 IP 地址"192.168.145.75"和用户名"user"、密码"1234",再单击"快速连接栏"的连接图标按钮即可访问该 FTP 站点。用鼠标选择左面的"本地资源窗口"当前目录为"C:\",并选中文件"cc.txt",拖曳到右面的"远程资源窗口"即完成上传。

案例 16　搜索引擎

 案例说明与分析

　　分别利用 Google、百度、sciencedirect 搜索 Christian Seifert 有关"蜜罐(Honeypot)"技术方面的 pdf 格式文献。

　　本案例要求分别利用三个常用搜索引擎来进行文件的搜索,其中 Google、百度属于综合性的搜索引擎,都可以用来搜索包括新闻、网站、论文、图片等多方面的信息,但 Google 在搜索外文信息的时候具有自己的优势,百度在搜索中文信息的时候有优势,除此之外,Google 地图对地点的查询很有自己的特点。Sciencedirect 属于科技信息和医药搜索引擎,在对科技和医药文献方面的搜索方面有自己的优势。Cute FTP 为上传和下载文件的软件。

 案例要求

　　1. 使用 Google,利用关键词 Christian Seifert、Honeypot 技术方面的格式文献并将搜索出来的第一个 pdf 文件以文件名"Google 搜索结果.pdf"保存到 C 盘根文件夹中。

　　2. 使用百度,利用关键词 Christian Seifert、Honeypot 技术方面的格式文献并将搜索出来的第一个 pdf 文件以文件名"百度搜索结果.pdf"保存到 C 盘根文件夹中。

　　3. 使用 sciencedirect,利用关键词 Christian Seifert、Honeypot 技术方面的格式文献并将搜索出来的第一个 pdf 文件以文件名"Sciencedirect 搜索结果.pdf"保存到 C 盘根文件夹中。

 操作步骤

　　第 1 题:启动 IE,在地址栏中输入"http://www.google.com.hk",选择搜索类别为"网页",在文本框中输入"Christian Seifert Honeypot filetype:pdf",单击【Google 搜索】按钮或者按回车键,将第一个 pdf 文件以文件名"Google 搜索结果.pdf"保存到 C 盘根文件夹中。

　　第 2 题:启动 IE,在地址栏中输入"http://www.baidu.com",选择搜索类别为"网页",在文本框中输入"蜜罐 filetype:pdf",单击【百度搜索】按钮或者按回车键,将第一个 pdf 文件以文件名"百度搜索结果.pdf"保存到 C 盘根文件夹中(注:因为百度在搜索外文文献方面没有优势,所以这里放开搜索范围。如果仍然按照"Christian Seifert Honeypot filetype:pdf"查询的话,可以发现无法查到所需要的文件)。

　　第 3 题:启动 IE,在地址栏中输入"http://www.Sciencedirect.com",点击"Advanced Search"进入高级搜索界面,在第一个文本框输入"Honeypot",在第二个文本框输入"Christian Seifert",在 file format 栏中选择文件格式为 pdf,如图 8-16-1 所示,单击【Search】,就可以查询到所需要的文章。第一个 pdf 文件以文件名"Sciencedirect 搜索结果.pdf"保存到 C 盘根文件夹中。

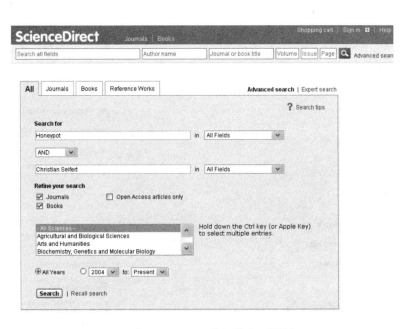

图 8 - 16 - 1　【Sciencedirect 高级搜索设置】窗口

技能与要点

16.1　Google 搜索引擎

　　Google 搜索分为基本搜索和高级高级搜索,进入 http://www. google. com. hk/看到的是基本搜索,提供了五大功能模块:网页、图片、资讯、地图、论坛。默认是网页搜索。

　　Google 的高级检索界面如图 8 - 16 - 2 所示,除了对关键词的关系设定的"与"、"或"、"非"文本框外,在其高级选项当中还可以对语言、文件格式、网页日期、字词位置等信息进行搜索设定,可以更为准确的查询到所要的信息。

　　1. 单关键词搜索

　　例 8.16.1:搜索关于"搜索引擎"内容的网页。

　　操作提示:

　　① 选择搜索类别为"网页"。

　　② 在文本框中输入"搜索引擎"。

　　③ 单击【Google 搜索】按钮或者按回车键。

　　说明:Google 对关键词的语法格式有自己的规定:

　　(1) 通配符问题

　　很多搜索引擎支持通配符,如"＊"代表一连串字符,"?"代表单个字符等。Google 对通配符支持有限。它目前只可以用"＊"来替代单个字符,而且包含"＊"必须用""引起来。比如,""以 ＊ 治国"",表示搜索第一个为"以",末两个为"治国"的四字短语,中间的"＊"可以为任何

高级搜索

使用以下条件来搜索网页...		在搜索框中执行以下操作。
以下所有字词:		输入重要字词:砀山鸭梨
与以下字词完全匹配:		用引号将需要完全匹配的字词引起:"鸭梨"
以下任意字词:		在所需字词之间添加 OR:批发 OR 特价
不含以下任意字词:		在不需要的字词前添加一个减号:-山大、-"刺梨"
数字范围:从　　　到		在数字之间加上两个句号并添加度量单位:10..35 斤、300..500 元、2010..2011 年

然后按以下标准缩小搜索结果范围...

语言:	任何语言	查找使用您所选语言的网页。
地区:	任何国家/地区	查找在特定地区发布的网页。
最后更新时间:	任何时间	查找在指定时间内更新的网页。
网站或域名:		搜索某个网站(例如 wikipedia.org),或将搜索限为特定的域名类型(例如.edu、.org或.gov)
字词出现位置:	网页上任何位置	在整个网页、网页标题、网址或指向您所查找网页的链接中查找字词。
安全搜索:	关闭　　　适中　　　严格	指定安全搜索针对色情内容的过滤等级。
文件类型:	任意格式	查找采用您指定格式的网页。
使用权限:	不按照许可过滤	查找可自己随意使用的网页。

高级搜索

图 8-16-2 【Google 高级搜索】窗口

字符。

(2) 关键字的字母大小写

Google 对英文字符大小写不敏感,"GOD"和"god"搜索的结果是一样的。

(3) 搜索整个短语或者句子

Google 的关键字可以是单词(中间没有空格),也可以是短语(中间有空格)。但是,用短语做关键字,必须加英文双引号,否则空格会被当作"与"操作符。

(4) 搜索引擎忽略的字符以及强制搜索

Google 对一些网络上出现频率极高的英文单词,如"i"、"com"、"www"等,以及一些符号如"*"、"."等,作忽略处理。如果要对忽略的关键字进行强制搜索,则需要在该关键字前加上明文的"+"号,另一个强制搜索的方法是把上述的关键字用英文双引号引起来。

2. 多关键词搜索

当查询内容包含多个关键词时,Google 无需用明文的""来表示逻辑"与"操作,只要在关键词之间输入空格就可以了;当搜索结果要求不包含某些特定信息时,Google 用减号"-"表示逻辑"非"操作,"A-B"表示搜索包含 A 但没有 B 的网页;当搜索结果至少包含多个关键字中的任意一个时,Google 用大写的"OR"表示逻辑"或"操作。

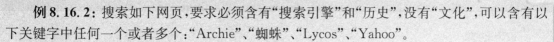

例8.16.2：搜索如下网页，要求必须含有"搜索引擎"和"历史"，没有"文化"，可以含有以下关键字中任何一个或者多个："Archie"、"蜘蛛"、"Lycos"、"Yahoo"。

操作提示：

① 选择搜索类别为"网页"。

② 在文本框中输入"搜索引擎 历史 archie OR 蜘蛛 OR lycos OR yahoo－文化"。

③单击【Google 搜索】按钮或者按回车键。

3. 高级搜索技巧

(1) 对搜索的网站进行限制

"site"表示搜索结果局限于某个具体网站或者网站频道，如"www. sina. com. cn"、"edu. sina. com. cn"，或者是某个域名，如"com. cn"、"com"等等。如果是要排除某网站或者域名范围内的页面，只需用"网站/域名"。例如搜索中文教育科研网站(edu. cn)上关于搜索引擎技巧的页面，可以输入"搜索引擎 技巧 site:edu. cn"。

(2) 在某一类文件中查找信息

"filetype:"是 Google 开发的非常强大实用的一个搜索语法。也就是说，Google 不仅能搜索一般的文字页面，还能对某些二进制文档进行检索。目前，Google 已经能检索微软的 Office 文档如. xls、. ppt、. doc、. rtf、WordPerfect 文档，Lotus1－2－3 文档，Adobe 的. pdf 文档，ShockWave 的. swf 文档(Flash 动画)等。例如搜索一些关于搜索引擎知识和技巧方面的 PDF 文档，可以输入"搜索引擎 知识 技巧 filetype:pdf"。

(3) 搜索的关键字包含在 URL 链接中

"inurl"语法返回的网页链接中包含第一个关键字，后面的关键字则出现在链接中或者网页文档中。有很多网站把某一类具有相同属性的资源名称显示在目录名称或者网页名称中，比如"MP3"、"GALLARY"等，于是，就可以用 INURL 语法找到这些相关资源链接，然后，用第二个关键词确定是否有某项具体资料。INURL 语法和基本搜索语法的最大区别在于，前者通常能提供非常精确的专题资料。例如查找 MIDI 曲"沧海一声笑"，可以输入"inurl:midi "沧海一声笑""。

说明："inurl:"后面不能有空格，Google 也不对 URL 符号如"/"进行搜索。例如，Google 会把"cgi－bin/phf"中的"/"当成空格处理。

"allinurl"语法返回的网页的链接中包含所有作用关键字。这个查询的关键字只集中于网页的链接字符串。

(4) 搜索的关键字包含在网页标题中

如果需要把搜索范围局限在特定的网页标题中，可使用的 intitle 语法，其格式为：查询词＋空格＋intitle:网页标题所含关键词。

例如：查找日本明星藤原纪香的照片集，可以输入"intitle:藤原纪香 "写真集""。

4. 其他搜索

图片搜索：Google 图像搜索目前支持的语法包括基本的搜索语法如" "、"－"、"OR"、"site"和 "filetype:"。其中"filetype:"的后缀只能是几种限定的图片类型如 JPG,GIF 等。

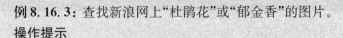

例8.16.3：查找新浪网上"杜鹃花"或"郁金香"的图片。

操作提示

① 选择搜索类别为"图片"。

② 在文本框中输入"杜鹃花 OR 郁金香 site：sina. com. cn"。

③ 单击【Google 搜索】按钮或者按回车键。

网页目录检索：Google 首页点击"更多"链接就进入了 Google 搜索选项界面 http：// www. google. com. hk/intl/zh－CN/options/，再点击"网页目录"就进入了目录搜索界面。

例8.16.4：查找一下介绍搜索引擎方面的中文网站

操作提示

① 进入 Google 主界面后，单击选择"更多"链接。

② 再单击"网页目录"。

③ 再单击"计算机"，再进入"互联网络"子目录，再进入"搜寻"子目录。

此外，Google 还有新闻、地图、大学等的搜索，这里就不做详细阐述了。

16.2 百度搜索引擎

百度是最适合国内用户的搜索引擎，提供了六大基本功能模块：新闻、网页、贴吧、知道、MP3、图片，在高级选项中，还提供了诸如：百科、国学、地图、影视、等多达 34 种服务，除了搜索之外，百度还整合了多种实用信息大大方便了用户。

从关键词的语法上讲，百度和 Google 没有太大的差别，对于多个关键词之间，百度和 Google 的"与"和"非"分别都是用空格和"－"，但是 Google 的"或"是大写的"OR"，百度的"或"是"|"。此外，对百度来说，关键词简体和繁体没有影响，英文字母大小写没有影响(此项 Google 也是)。

例8.16.5：要搜寻关于"武侠小说"，但不含"古龙"的网页。

操作提示

① 启动 IE

② 地址栏中输入 http：//www. baidu. com/

③ 在文本框中输入"武侠小说－古龙"

④ 单击【百度搜索】按钮或者按回车键。

16.3 Sciencedirect 搜索引擎

Sciencedirect(http://www.sciencedirect.com)是 Elsevier 公司的核心产品,是全学科的全文数据库,集世界领先的经同行评审的科技和医学信息之大成,得到 70 多个国家认可,中国高校每月下载量高达 250 万篇。它的主要内容分如下几个部分:

● 期刊

– 2 200 多种,780 多万篇全文,包括在编文章

● 图书

– 2 000 多种,包括常用参考书、系列丛书、手册

● 摘要数据库

– 6 000 多万条摘要

(1) 检索界面

Sciencedirect 的检索界面友好,提供了两个检索界面,即基本检索(Basic Search)界面和高级检索(Advanced Search)界面,如图 8 – 16 – 3 所示。

图 8 – 16 – 3 【Sciencedirect 搜索引擎】窗口

① 基本检索:Basic Search

Search all fields 输入检索的任何关键词;

Author name 检索内容的作者名字;

Journal or book title 杂志或者书籍的名字;

Volume 卷号;

Issue 期号;

Page 页号。

② 高级检索:Advanced Search

Sciencedirect 高级检索支持逻辑检索符:逻辑与、逻辑或、逻辑非,如图 8-16-4 所示。

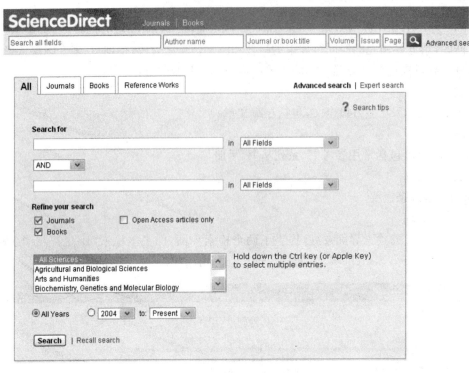

图 8-16-4 【Sciencedirect 高级搜索】窗口

(2) 检索字段

Sciencedirect 能进行字段限制检索,如:Authors,用于作者检索;Title,用于题目检索;source title,用于刊名检索;Keywords,用于关键词检索;abstract,用于摘要检索。

字段限制有两种方法:一种是在所需限制的字段名称后加":"同基本检索相同。另一种则是选用"高级检索"界面,选择下拉字段选择框,选中所需限制的字段,输入检索词。

Sciencedirect 用户可以进行个性化检索设置,包括限制检索结果的信息类型(如网页、文摘、专利等)、信息来源(期刊资源和网络资源)、检索学科与主题范围、检索年限(1973-2004 的任意区间)、每屏显示的检索结果数等。用户可以保存检索设置,以便在今后的检索中继续沿用此设置。

(3) 检索结果

执行检索结果后,首先得到检索结果列表,列出检索出的总数量(包括期刊数量、网络文献数量)和所使用的检索式,Sciencedirect 检索结果的排序,在缺省情况下,Sciencedirect 将检索结果按照相关度进行排序,也可以根据自己的需要,将检索结果按照日期排序。点击选中的某一篇文献的篇名,可显示文献包括文摘在内的详细信息,还可链接看全文、被引情况及保存等功能。

16.4 练习题

1. 利用 Google 搜索 Lisa Oseles 有关"计算机取证(Computer Forensics)"技术方面的 pdf 格式文献。

操作提示

启动 IE,在地址栏中输入"http://www.google.com.hk",选择搜索类别为"网页",在文本框中输入"Lisa Oseles Computer Forensics filetype:pdf",单击【Google 搜索】按钮或者按回车键,就可以找到许多相关文献。

2. 利用百度搜索各类花卉的图片,要求:jpg 格式、中图片。并将搜索结果保存在 C 盘根文件夹。

3. 利用 Sciencedirect 搜索 Lisa Oseles 有关"计算机取证(Computer Forensics)"技术方面的 pdf 格式文献。

操作提示

启动 IE,在地址栏中输入"http://www.Sciencedirect.com",点击"Advanced Search"进入高级搜索界面,在第一个文本框输入"Computer Forensics",在第二个文本框输入"Lisa Oseles",在 file format 栏中选择文件格式为 pdf,就可以找到许多相关文献。

项目九 网页制作软件 DreamWeaver CS4

●●● 目的和要求

    1. 掌握本地网站的建立方法

    2. 掌握建立存放网站文件目录的方法

    3. 掌握网页制作的基本方法

    4. 掌握网页中多媒体制作的方法

    5. 掌握使用表格、框架布局网页的方法

    6. 掌握网页中的动态效果的处理技巧

    7. 掌握网站发布的基本方法

案例 17　创建一个站点

 案例说明与分析

    本案例创建了一个新的站点,并在站点内新建一个首页 index. html。站点首页 index. html 如图 9 - 17 - 1 所示。站点所需的素材文件位于"项目九\素材\案例 17"文件夹中,样张位于"项目九\样张\案例 17"文件夹中。

图 9 - 17 - 1　创建新站点的首页 index. html

本案例主要说明如何新建一个站点，以及在站点中如何编辑简单的网页。主要涉及站点的创建与修改、页面的创建与保存、页面属性的设置，以及文字和图片的编辑。

案例要求

1. 在 C 盘的根目录中建立站点 Mysite。
2. 在该站点中新建网页"index. html"，设置网页的背景图片为"gr1. gif"。
3. 利用表格来完成图片的定位，其中插入的图片为"shu1. gif"。
4. 用层来完成文字的定位，按照图 9-17-1 输入相关文字"书——精神的食粮"。
5. 为文字添加阴影效果。

操作步骤

第1题：在 C 盘的根目录中建立 Mysite 文件夹，并将"项目九\素材\案例17"文件夹下的所有子文件夹（包括 img、html 文件夹）复制到该文件夹中；启动 DreamWeaver CS4，选择【站点】|【新建站点】命令，打开【站点定义】对话框，单击【高级】选项卡，在【高级】选项卡中设置【站点名称】为 Mysite，【本地根目录】为 C:\Mysite，【默认图像文件夹】为 C:\Mysite\img。

第2题：选择【文件】|【新建】命令，打开【新建文档】对话框，在【空白页】选项卡的【页面类型】中选择【HTML】，并单击【创建】按钮确认；选择【文件】|【保存】命令，保存文件"index.html"；选择【修改】|【页面属性】，打开【页面属性】对话框，在【外观(CSS)】分类中，选择【背景图像】为 img 文件夹中的"gr1. gif"文件。

第3题：单击【插入】面板【常用】选项卡，单击表格按钮，在弹出的表格设置对话框中，设置表格的行数：1，列数：1，表格宽度：170 像素，边框粗细：0 像素，然后按【确定】按钮。选中表格，让其居中；单击【插入】面板【常用】选项卡，单击图像按钮，在弹出的选择图像源文件对话框中，选中 c:\Mysite\img\文件夹下的"shu1. gif"图像文件，然后按【确定】按钮。

第4题：根据图 9-17-1，单击【插入】面板【布局】选项卡，单击【绘制 AP Div】按钮，在设计视图上画一个 370×60 像素大小的层，将光标定位到层的里面，输入"书——精神的食粮"字样，选中输入的文字，在【属性】面板中，切换到【CSS】设置选项下，在【目标规则】中选择【新 CSS 规则】，在【字体】下拉列表中设置华文新魏时，系统会弹出"新建 CSS 规则"对话框，在【选择器类型】中选则【类(可以应用于任何 HTML 元素)】，在【选择器名称】中输入:.char，在【规则定义】中选择【(仅限该文档)】，然后按【确定】按钮。设置字体为华文新魏，加粗，大小为 50 个像素，颜色为黑色。

第5题：重复第 4 题的步骤，只是将【选择器名称】中输入:.char1，字体的颜色改为:#0000CC(蓝色)，并将该层和上一层的位置略微错开，形成阴影效果。

技能与要点

17.1 创建本地站点

DreamWeaver CS4 工作区窗口由标题栏、菜单栏、网页文件编辑区、状态栏、属性面板和浮动面板组等部分组成。DreamWeaver CS4 包含八种工作区布局：应用程序开发人员、应用程序开发人员（高级）、经典、编码器、编码人员（高级）、设计器、设计人员（紧凑）和双重屏幕。

这些布局可以通过【窗口】菜单中的【工作区布局】菜单进行相互切换。本书以经典工作区布局为例,介绍它的使用方法。

1. 创建新站点

创建网站的步骤通常包括:

(1) 规划站点

了解建站的目的,收集各种有关的资料。确定站点的主题、风格、网站要提供的服务和网页要表达的主要内容。

(2) 创建站点的基本结构

在计算机中创建本地站点的根目录以及存放各种资料的子文件夹,配置好所有系统的参数和站点测试路径。

(3) 网页设计

充分利用收集到的数据资料,合理地运用 DreamWeaver CS4 提供的技术,完美地设计出能表达网站中心思想的 Web 页面。

2. 创建一个本地站点

所谓本地站点即在本地计算机的硬盘上创建一个文件夹,并把这个文件夹设置为本地站点的根目录。

创建本地站点的操作步骤如下:

(1) 选择【站点】|【新建站点】命令,打开【站点定义】对话框,在【基本】选项卡的站点名称文本框中输入站点名称,本例输入"Mysite"。

(2) 单击【高级】选项卡,在【高级】选项卡中设置本地站点的参数。

(3) 在对话框左侧的【分类】列表中显示了站点设置的多类选择,从中选定不同选项后,其右侧选项卡中将显示不同的设置内容,选择【本地信息】选项可设置本地站点。

(4) 在【站点名称】文本框中输入当前编辑的站点名称。本例可用"Mysite"作为站点的名称。

(5) 在【本地根目录】文本框中输入本地站点所对应的本地根目录,指明当前创建的网页所在的位置。单击文本框右侧的按钮,可用浏览的方式输入本地站点的路径。若在文件列表区域右击鼠标,可利用快捷菜单新建一个文件夹,并可将其指定为本地根目录。

(6) 在【默认图像文件夹】文本框中输入本地站点所对应的图像文件夹,指明当前创建的网页所用图片的位置。单击文本框右侧的按钮,可用浏览的方式输入本地站点的路径。

(7) 在【HTTP 地址】文本框中,输入当前网页将要使用的网址。如果设计者已经申请了域名,可在此文本框中输入申请好的域名。如网站的网址是:http://202.121.160.100,可将此网址输入到【HTTP 地址】的文本框中。

(8) 选中【缓存】这个复选框后,DreamWeaver CS4 会给本地站点设置一个缓存,以提高站点管理的速度。

(9) 完成以上设置后单击【确定】按钮,新的本地站点就创建完毕了。

3. 站点中的文件操作

选择【窗口】|【文件】命令,可以按文件列表的形式查看本地站点,并能进行如下操作:

(1) 在本地站点中新建文件夹

打开【文件】浮动面板,在右上角的菜单上,选择【文件】|【新建文件夹】命令,在本地文件列

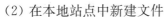

表中命名新建的文件夹。或者在【本地视图】视图的某个文件夹上单击鼠标右键,并选择快捷菜单中的【新建文件夹】命令,便可完成新建子文件夹的操作。

(2) 在本地站点中新建文件

打开【文件】浮动面板,选择【文件】|【新建文件】命令,然后在本地文件列表中命名新建的文件。

或者在【本地视图】视图的根目录上,单击鼠标右键,并选择快捷菜单中的【新建文件】命令,便可完成新文件夹的创建。

(3) 在站点中选择多个文件

在【本地视图】视图中选择多个文件可用以下操作方法:单击第一个文件,按住〈Shift〉,然后单击最后一个要选择的文件,可选择一组连续的文件。按住〈Ctrl〉键,然后单击要选择的文件,可选择一组不连续的文件。

(4) 在本地站点中剪切、拷贝、粘贴、复制、删除、重命名

在【本地视图】视图中对文件的剪切、拷贝、粘贴、复制、删除、重命名操作可先选中要操作的文件,右击选中的对象,在快捷菜单中选择【编辑】命令,然后再选择相应的命令,或按相应的快捷键便可完成相应的文件操作。

17.2　网页文件的基本操作

1. 创建、打开和保存网页文件

网页的创建、打开和保存是制作网页的最基本操作,以下就先来介绍这些基本操作。

(1) 创建 HTML 文档

创建空白文档的操作步骤:在 DreamWeaver CS4 已启动或正在使用的情况下,可选择菜单选择【文件】|【新建】命令可打开新建文档对话框,在【空白页】选项卡的【页面类型】中选择【HTML】,并按【创建】按钮确认。

(2) 打开已建的 HTML 文档

打开已建的 HTML 文档的常用方法有 3 种:

① 在 Windows 操作系统的资源管理器中选中要打开的文件图标,右击鼠标,然后从快捷菜单中选择【Edit With DreamWeaver CS4】命令。

② 在 DreamWeaver CS4 已启动的情况下,选择【文件】|【打开】命令,这时会出现【打开】对话框,选择需要打开的文件,单击【打开】按钮,便可打开该文档。

③ 在【本地站点】视图中双击要打开的文件图标。

用上述 3 种方法打开文件时,系统会在新的 DreamWeaver CS4 网页编辑窗口中打开指定的文件。如果该文件已被打开,则会自动切换到该文件的窗口。

(3) 保存指定文件

保存指定文件的常用方法有 3 种:

① 若在网页文件编辑区同时打开了多个 DreamWeaver CS4 的窗口,应切换到要保存文件的网页编辑窗口,然后选择【文件】|【保存】命令,或按〈Ctrl〉+〈S〉快捷键,保存文件。

② 若希望当前文档以另外的路径和文件名保存,则可选择【文件】|【另存为】命令,然后在【保存为】对话框中,输入正确的路径和文件名,保存当前文件。

③ 在网页设计过程中,有时会同时打开多个 DreamWeaver CS4 窗口,编辑多个网页文

件。若希望保存全部文件,可选择菜单【文件】|【保存全部】命令,则可保存所有打开的 DreamWeaver CS4 窗口中正在编辑的文件。若某些窗口中的文件尚未保存过,则会出现【保存为】对话框,提示输入该文件的路径和名称,然后单击【保存】按钮,即可将其保存。

(4) 关闭文件

选择【文件】|【关闭】菜单命令,关闭文件。若文件尚未保存,则会出现提示对话框,提示你保存文件,单击【是】按钮则保存文件,单击【否】按钮则不保存文件,单击【取消】按钮则放弃关闭操作。

2. 设置网页的页面属性

在创建新网页时,默认的页面总是以白色为背景,没有背景图像、没有标题。设置页面属性的操作方法如下:

选择【修改】|【页面属性】命令,打开【页面属性】对话框,设计者可对网页页面的各项参数进行设置。在【分类】一栏中选择不同的类别,可以对各项参数进行设置。具体而言,各项参数具体意义如下。

【外观(CSS)】中,以使用标准的 CSS 样式来设置:页面字体、大小、文本颜色、背景图像。

【外观(HTML)】中,以使用传统方式(非标准)来设置:页面字体、大小、文本颜色、背景图像。

例如:若要设置页面的背景色为红色,使用【外观(CSS)】设置,则 DreamWeaver CS4 会生成如下样式控制页面背景色:

```
body {
        background - color: #F00;
}
```

使用【外观(HTML)】设置,则 DreamWeaver CS4 会在〈body〉标签中插入如下属性:
〈body bgcolor="#FF0000"〉

【链接(CSS)】中主要设置:链接字体和大小、超链接文字的字体和大小;设置网页文件中默认的文本和链接文本颜色;设置网页文件中访问后链接的文本和动态链接的文本颜色;设置有超链接的文字下面是否需要显示下划线。

【标题(CSS)】中主要设置:设置标题文字的字体、设置页面标题样式。

【标题/编码】中主要设置:在"标题"文本框中输入页面标题(其内容将出现在浏览器窗口的标题栏上)。

【跟踪图像】中主要设置:在"跟踪图像"文本框中,输入页面跟踪图像的路径和文件名。或者单击文本框右边的【浏览】按钮,在打开的【选择图像源文件】对话框中选择跟踪图像的路径和文件名。选中文件后按【是】按钮确认。借助该图片安排网页布局,该图片浏览时是见不到的。

3. 设置网页对象的颜色

对页面的背景、文字等对象设置颜色时,系统打开颜色选取窗口。用吸管在颜色区移动时,窗口中的颜色框将放大显示该颜色,用鼠标单击即可选取该颜色。

在网页设计时还可以用吸管来测试图片上的颜色,然后将获得的带"#"号的 16 进制数字输入到颜色设置的文本框中,用这种方法可以较方便、准确地完成颜色的设置。

4. 网页文本的输入和属性设置

(1) 网页中文本输入

网页中文本输入的方法如下：

①页面文本输入还可以选择【文件】|【导入】|【Word 文档】命令，直接导入 HTML 格式的 Word 文档。

②在文字处理软件的窗口中选定需要的文本，按〈Ctrl〉+〈C〉快捷键将选中的文本复制到剪贴板，然后再切换到 DreamWeaver CS4 网页编辑窗口，按〈Ctrl〉+〈V〉快捷键将选中的文本粘贴到指定的位置。

③直接从键盘上输入西文字符或利用中文操作系统的某种汉字输入法输入汉字。

（2）设置汉字的字体列表

将各种汉字字体添加到字体列表中去的操作方法如下：

①选择【格式】|【字体】|【编辑字体列表】命令，在【可用字体】列表中选择字体，并用按钮 ≪ 将【选择的字体】移到选择的字体列表中候选；用按钮 ≫ 删除【选择的字体】列表中候选的字体。

②在【字体列表】编辑对话框中，可用加号按钮 ＋ 增加或用减号按钮 － 去除一种字体。

所选择的字体必须已经安装在计算机系统内才能使用，否则系统会使用默认字体显示（一般为宋体）。

（3）输入网页中的空格

在编辑网页中文字时，常常要在文档中插入空格。插入空格的操作方法是：

①单击【插入】面板的【文本】选项卡，在【文本】选项卡中单击 ⬇ 按钮

②按〈Shift〉+〈Ctrl〉+〈Space〉键插入空格。每按一次快捷键可插入一个空格。

③用与页面背景颜色相同的字符来完成插入空格。

（4）文本换行

在网页文字编辑时，可使用自动换行、按 Enter 键换行、按〈Shift〉+〈Enter〉键换行、用特殊字符换行。

特殊字符换行：单击【插入】面板的【文本】选项卡，在【文本】选项卡中单击 ⏎ 按钮，可实现与按〈Shift〉+〈Enter〉键相同的换行效果。

（5）文本的属性设置

文本属性面板是 DreamWeaver CS4 的默认的属性面板，对网页中文本设置属性时，只需先选定要进行属性设置的文本，然后在文本的属性面板中选择相应的参数完成属性设置。

例 9.17.1：在网页的页面中输入如图 9-17-2 所示的文字，并设置如下所述的文字的属性，属性要求如下：

设置文本参数，字体为：华文行楷；字体颜色为：红色；字号为：36 号；添加项目符号。

操作提示

①创建网页文档前必须先定义本地站点。

②主页中用到的网页元素应该都放在本地站点下。

设置文字的属性的操作步骤如下：

① 启动 DreamWeaver CS4，新建一个空白网页文档。

② 在网页编辑区中输入如图 9-17-2 所示的文字。

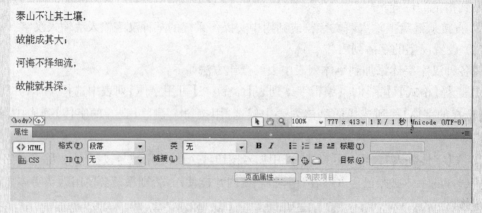

图 9-17-2　文本属性面板(HTML 选项)

③ 用鼠标拖曳的方法选中所有的文字，然后选中【属性】面板中的【CSS】选项（如图 9-17-3所示），在属性面板中设置文本参数：华文行楷；红色；字号为36。

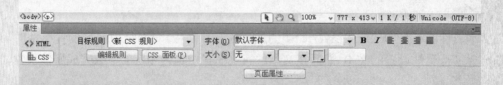

图 9-17-3　文本属性面板(CSS 选项)

若第一次设置华文行楷，则在【属性】面板【CSS】选项下，【目标规则】中选择【新 CSS 规则】，在【字体】下拉列表中设置华文行楷时，系统会弹出"新建 CSS 规则"对话框，在【选择器类型】中选择【类(可以应用于任何 HTML 元素)】，在【选择器名称】中输入:.char，在【规则定义】中选择【(仅限该文档)】，然后按【确定】按钮。

若已经定义过上述文本参数(假设写在.char 规则中)，则再次使用时，只要选中要格式化的文字，单击鼠标右键，在快捷菜单中选择【CSS 样式】|【.char】；或者选中文字后，在【属性】面板【HTML】选项下，在【类】下拉列表中选择【.char】。

若需要修改已经定义好的 CSS 规则（假设修改.char 规则），可以在【属性】面板的【CSS】选项下，【目标规则】中选择【.char】，单击【编辑规则】按钮，在弹出的对话框中可进行字体等的修改，规则修改后，所有使用该规则的文字的样式都会统一发生变化。

注意：关于 CSS 的详细说明和讲解，参见案例 20。

①用鼠标拖曳的方法选中所有的文字，先单击属性面板中【HTML】按钮，然后单击属性面板中的项目符号按钮，在每行文字前添加项目符号。

②按功能键 F12，或选择【文件】|【在浏览器中预览】|【IExplore】命令预览页面。

设计者也可使用菜单命令来完成文本的属性设置。选择【文本】中的【段落格式】、【对齐】、【字体】等命令，可完成上述文本的属性设置。

5. 网页图片的插入和属性设置

（1）插入网页图像的方法

在网页中插入图像的操作方法如下：

①将鼠标指针移到网页中图像的插入位置上。

②选择【插入】|【图像】命令，或单击【插入】面板【常用】选项卡的 按钮，在打开的【选择图像源文件】对话框中选择图像文件的路径和文件名。

③在对话框中，单击【文件系统】单选按钮，直接在本地硬盘上选择图像文件，或者单击【数据源】单选按钮，从数据库中选取图像文件。

④选中图像文件后，可以在对话框的右边用预览方式显示图像。

⑤在对话框下面的 URL 文本框中，会显示当前选中的图像文件的 URL 地址。

⑥在【相当于】下拉式列表框中，如果选择【文档】命令，要插入图像的网页文档应该先保存在本地站点中，此时图像文件是以相对路径插入网页文档；如果选择【站点根目录】命令，则图像文件是以基于站点根目录的路径插入网页文档。

⑦按【确定】按钮确认，便可在网页中插入图片。

（2）图像的属性设置

图像的属性面板中各项参数的意义如下：

①在【图像】文本框中可以设置该图像的名称。

②在【宽】和【高】文本框中设置的是该图像的宽度和高度。

③在【源文件】文本框中输入这个图片的路径和文件名称。

④在【链接】文本框中设置图像超级链接的 URL 地址，此时该图像被设置为一个超级链接的源端点。

⑤在【替换】文本框可输入图像的说明文字。说明：替换文本在鼠标悬停或当网页找不到图片的时候，才会显示出来。

⑥单击【编辑】按钮，DreamWeaver CS4 可打开外部编辑器进行图片编辑。

⑦在【垂直边距】和【水平边距】两个文本框中设置图片四周空出的尺寸。

⑧在【目标】下拉列表中指定图像链接的目标文件的显示方式。如果图像无链接，此项设

置无效。

⑨ 在【边框】文本框中可输入图形边框的宽度。

⑩ 在【对齐】下拉列表可以选择对齐同一行上的图像和文本的方式。

17.3 以代码方式编辑网页特效

1. 超文本标记语言(HTML)简介

HTML 文档也就是网页文件,整个文档由标记构成。HTML 文档的标记为整个文档的编写提供了一个固定的框架,在编写或插入代码的时候,只要在框架中进行填充即可。HTML 文档的结构如下:

〈HTML〉

〈HEAD〉

  头部元素、元素属性和基本内容。

〈/HEAD〉

〈BODY〉

  主体元素、元素属性和基本内容。

〈/BODY〉

〈/HTML〉

2. 插入背景音乐

为网页添加背景音乐的方法一般有两种,第一种是通过普通的〈bgsound〉标记来添加,例如:〈bgsound src="music. mid" loop="-1"〉。另一种是通过〈embed〉标记来添加,例如〈embed src="music. mp3" autostart="true" loop="true" hidden="true"〉〈/embed〉。

3. 背景图像不滚动

在 DreamWeaver CS4 中添加背景后,一般背景会随着网页的浏览而滚动,为了使背景不滚动可以在代码视图下,找到 body 标记的背景属性 Background 后面添加 Bgproperties="fixed"属性。代码如下:

〈BODY Background="bg. gif" Bgproperties="fixed"〉

说明:此特效也可以用 CSS 来做,具体本书将在案例 20 中介绍。

4. 插入滚动字幕

为网页添加滚动文字,可以通过〈marquee〉标记来添加,格式为:〈marquee direction=? bgcolor=? behavior=? scrollamount=? scrolldelay=? bgcolor=? loop=?〉滚动文字〈/marquee〉(? 号处为相应的参数值),其中 direction 为方向属性,bgcolor 为背景颜色属性,behavior 为方式属性,loop 为循环次数,scrollamount 设置速度,srolldelay 设置延时。例如:〈marquee direction="left" bgcolor="♯FF0000"〉从右向左移!〈/marquee〉

5. 插入 Javascript 特效

为了增强网页的效果,可以在 HTML 中插入 Javascript 脚本语言。而 Javascript 脚本一般包含在〈Script〉……〈/Script〉选项卡之间。因此最后插入的位置为:

〈body〉

……

〈script〉

……

〈/script〉

……

〈/body〉

17.4　练习题

制作具有下列要求的网页,如图 9-17-4 所示。

图 9-17-4　结果示例

（1）建立一个名为 site 的本地站点,站点所需的素材文件位于"项目九\素材\案例 1"文件夹中。

（2）新建网页文件名为"index. html",网页的背景图片为"bg0005. jpg"。

（3）在合适的位置插入图片"bg0012. jpg"和"welcome. jpg"。

（4）在网页中输入竖排的文字：

　　　　　　再别康桥

　　　　　　　徐志摩

　　　　　　轻轻的我走了,

　　　　　　正如我轻轻的来；

　　　　　　我轻轻的招手,

　　　　　　作别西天的云彩。

　　　　　　那河畔的金柳

　　　　　　更多……

操作提示

第(1)题：启动 DreamWeaver CS4,选择【站点】|【新建站点】命令,打开【站点定义】对话框,单击【高级】选项卡,在【高级】选项卡中设置【站点名称】为 Site；并将"项目九\素材\案例 1"中的 html 和 img 文件夹复制至本地站点中。

第(2)题：单击【文件】|【新建】命令,新建一个页面；然后单击【文件】|【保存】命令,在弹出的对话框中的【文件名】中输入文件名"index. html",然后按【确定】按钮。然后单击【修改】|

【页面属性】命令,在弹出的对话框的【分类】一栏中选择【外观(CSS)】,或者【外观(HTML)】,二者只要选择其一即可,然后在【背景图像】中选择"bg0005.jpg"文件。

第(3)题:单击【插入】面板中【图像】的按钮,在第一行插入本地站点下 img 文件夹中的文件"bg0012.jpg";选中该图片对象,按〈Ctrl〉+〈F3〉弹出的【属性】面板中,将参数【宽】设置为750 像素。将光标定位在第二行,用上述相同的方法插入文件"welcome.jpg",在【属性】面板中单击【居中】按钮,使图片在页面上居中。

第(4)题:将光标定位在第三行,单击【插入】面板中的【表格】按钮,在页面的添加用以进行文字竖排布局的表格。在【表格】对话框中设置表格参数。

● 设置【行数】为:1;【列数】为:8;【宽度】为:700 像素;

● 设置表格的【边框】为:0,即不使用边框效果;【单元格填充】和【单元格间距】为:0;在表格的【属性】面板中,设置表格的【高度】为:230 像素,选择表格的【对齐】方式为:居中对齐。在本例中使用的表格技术主要用作为文字定位,有关表格详细的使用方法将在后面的案例中作介绍。

在表格中输入文本内容,输入文字前要设置文字的颜色、字体和字号。按快捷键〈Ctrl〉+〈F3〉打开文字的【属性】面板,选中【CSS】选项,在【目标规则】中选择【新 CSS 规则】单击【文本颜色】框右下角的三角形按钮,屏幕将弹出"新建 CSS 规则"对话框。这时在【选择器类型】中选择【类(可以应用于任何 HTML 元素)】,在【选择器名称】中输入:.ch,在【规则定义】中选择【(仅限该文档)】,然后按【确定】按钮。显示颜色选取窗口,用颜色选取吸管测试"welcome"字符的颜色为:♯996633,将其设置为中文文字的颜色;设置中文字体为:华文行楷;设置字号为:24 px。

选择【文件】|【保存】命令,将网页用 index.html 保存在本地站点 site 中。

要点提示

在本例中利用表格来为页面文字定位(关于表格的详细操作将在案例 18 中介绍),一般情况下在表格中输入竖排文字的常用方法有如下三种。

① 在表格的单元格中,每输入一个字符后按回车键〈Enter〉,使得每个字成为一行,实际上是一个段落。浏览器按照对段落显示方法,段前段后都会有间距,因此字符之间距离太大,会影响效果;

② 在表格的单元格中,每输入一个字符后添加换行标识符 BR,则后面的字符与上面的字符仍在同一段内,在显示上各字符单独成行。从 Object 面板的 Character 子面板中选择换行图标来添加换行标识,操作略显麻烦;

③ 最方便的方法是在每个字符后面按快捷键〈Shift〉+〈Enter〉来实现换行,本例采用此法。

案例 18　网页定位与超链接

 案例说明与分析

案例是一个收留流浪动物的主人为了能有更多的人来照顾流浪动物而制作的一个爱心收养站点,站点中的主页如图 9-18-1 所示。站点所需的素材文件位于"项目九\素材\案例 18"文件夹中,样张位于"项目九\样张\案例 18"中。

图 9‐18‐1　爱心站点主页

要创建案例 18 中所示的主页,除了需要用到案例 17 中所学习到的图片、文字的插入、编辑等知识外,还需要网页定位(即如何将文字、图片按照设计者的需要放置)知识,常用的网页定位方法有:表格、AP 元素。此外,在该主页中,还需要创建 email 超链接。

 案例要求

1. 在 C 盘的根目录中建立站点 DWAL2。

2. 在该站点中新建网页"index.html",设置网页的标题为"爱心收养",网页的背景图片为"bg0040.gif"。

3. 利用表格来完成文字和图片的定位。

4. 按照图 9‐18‐1 输入相关文字、插入相应图片。

5. 为文字 1234@126.net 建立 email 链接。

6. 利用 AP 元素插入"home.gif"文件(该文件呈现"带我们回家吧!"字样)。

 操作步骤

第 1 题:在 C 盘的根目录中建立 DWAL2 文件夹,并将"项目九\素材\案例 18"文件夹下的所有子文件夹(包括 img、html 文件夹)复制到该文件夹中;启动 DreamWeaver CS4,选择【站点】|【新建站点】命令,打开【站点定义】对话框,单击【高级】选项卡,在【高级】选项卡中设置【站点名称】为 DWAL2,【本地根文件夹】为 C:\DWAL2,【默认图像文件夹】为 C:\DWAL2\img。

第 2 题:选择【文件】|【新建】命令,打开【新建文档】对话框,选择【空白页】,在【页面类型】列表中选择【HTML】,【布局】选择【无】,并单击【创建】按钮确认;选择【文件】|【保存】命令,保存文件 index.html;选择【修改】|【页面属性】命令,打开【页面属性】对话框,在【外观】分类中,选择【背景图像】为 img 文件夹中的"bg0040.gif"文件,在【标题/编码】分类中,【标题】文本框中输入页面标题"爱心收养"。

第 3 题:选择【插入】|【表格】命令,打开【表格】对话框,在【行数】文本框中输入 4,【列数】文本框中输入 5,【表格宽度】文本框中输入 90,单位选择【百分比】,【边框粗细】文本框中输入 0 px,单击【确定】按钮;选中表格,在【属性】面板中设置,对齐方式为居中对齐;依次选中表格

的每一列,在【属性】面板中设置宽为 20%,水平和垂直对齐方式都为居中;选中第 1 行的第
2—5 列,点击【属性】面板中的【合并】按钮;同样方式合并第 4 行的第 1—5 列。

第 4 题:表格每列按照图 9-18-1 依次在单元格中输入相关文字和图片,并设置图片和
文字的大小:"动物"图片大小为 159×120 px;"箭头"图片的大小为 22×22 px;"欢迎认养"的
字体为方正舒体,大小为 36 px;版权说明文字的字体为宋体,大小为 14 px;其余文字的字体为
宋体,大小为 18 px。

第 5 题:选中文字 1234@126.net,【属性】面板中切换到【HTML】选项下,【链接】文本框中
输入:"mailto:1234@126.net"。

第 6 题:单击【插入】面板组【布局】选项卡中的【绘制 AP Div】按钮,在网页合适位置插
入 AP 元素,AP 元素的大小为 260×90 px;激活该 AP 元素,选择【插入】|【图像】命令,在打开
的【选择图像源文件】对话框中选择 img 文件夹中的"home.gif"文件,单击【确定】按钮,则在
AP 元素中插入了图片。保存文件。

18.1 表格的使用

网页一般可用表格、AP 元素来对网页元素定位。

1. 创建表格

在网页制作时要新建一个表格,可选择【插入】|【表格】命令,或单击【插入】面板组【常用】
选项卡中的【表格】按钮,也可用快捷键〈Ctrl〉+〈Alt〉+〈T〉,此时网页编辑窗口中会打开
【表格】对话框。在对话框中可设置表格的属性,然后单击【确定】按钮确认属性设置后,便可在
页面指定位置上插入表格。

2. 表格的编辑与格式化

要对表格执行编辑操作,首先要掌握表格、行、列以及单元格的选择方法,包括掌握对单个
单元格、多个单元格、多个不相邻单元格的选择方法。

其次,需要掌握以下操作:改变表格或单元格的大小、表格行列的增加和删除、单元格的拆
分和合并、单元格的复制/粘贴/移动和清除以及表格的格式化。

例 9.18.1: 新建两个文件:"dw_l1.html"的网页文件(效果如图 9-18-2 所示)、"dw_l2.
html"的网页文件(效果如图 9-18-3 所示),将其保存到 DWAL2 站点中。在页面上输入 6
行 2 列的表格,表格宽度为 500 px,表格的边框为 0 px,居中显示,合并第 1 行的第 1、2 列,输
入相应文字,合并第 1 列的 2~6 行,dw_l1 中插入图片"pet2.jpg",dw_l2 中插入图片"pet4.
jpg",在表格的第 2 列的 2~6 行依次输入相应文字(文字样式自定)。

图 9-18-2 dw_l1.html 网页效果示例

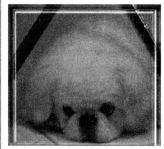

姓名：琳琳

体重：4千克

年龄：2岁

流浪经历：

与主人走失就出来流浪了。

图 9-18-3　dw_l2.html 网页效果示例

操作提示

① 选择【窗口】||【文件】命令，打开【文件】面板，在【文件】下拉列表中选择要打开的站点 DWAL2。

② 选择【文件】||【新建】命令，打开【新建文档】对话框，选择【空白页】，在【页面类型】列表中选择【HTML】，【布局】选择【无】，并单击【创建】按钮确认。

③ 选择【文件】||【保存】命令，保存文件"dw_l1.html"。

说明：新建文件后立即保存文件，可以使得系统自动以相对路径的方式插入图片等对象，避免每次插入图片都出现要求保存文件的提示对话框。

④ 选择【插入】||【表格】命令，打开【表格】对话框，在【行数】文本框中输入6，【列数】文本框中输入2，【表格宽度】文本框中输入500，单位选择【像素】，【边框粗细】文本框中输入0 px，单击【确定】按钮。

⑤ 选中表格，在表格的【属性】面板中，单击【对齐】下拉列表，选择【居中对齐】，选中第1行的第1、2列，选择【属性】面板中的合并按钮▣，同样的方法合并第1列的2～6行。

⑥ 按照图9-18-2输入相应文字和图片，自行设置文字的字体和图片大小。

⑦ 按〈F12〉预览网页，同时保存网页文件。

⑧ "dw_l2.html"网页文件的制作与"dw_l1.html"类似，操作步骤略。

例9.18.2： 新建文件"dw_l3.html"的网页文件（效果如图9-18-4所示），将其保存到DWAL2站点中。创建1个4行3列的表格，表格的宽度为50%，表格的边框为0 px，居中显示，合并第1行的1—3列，输入文字"我们是美丽组合"（字体：方正舒体，大小：36 px，居中对齐），依次在2—4行的1、2列中分别输入文字（字体：宋体，大小：18 px，居中对齐）和图片（pet11.jpg～pet13.jpg，居中对齐，图片大小 150×150 px）；合并第3列的2—4行，并设该列的宽度为 40%,在该单元格中插入一个 2 行 1 列的表格,表格的宽度为 80%,表格的边框为 0 px,该嵌套表格的第 1 行输入"合影照"(字体:宋体,大小:18 px,居中对齐),第 2 行插入图片 (pet1.jpg,图片大小 170×170 px)。

操作提示

该题使用了嵌套的表格来定位网页元素,操作步骤与例 9.18.1 类似,此处略去具体步骤。

图 9-18-4   dw_l3.html 网页效果示例

18.2   AP 元素的使用

AP(Absolutely Positioned 的缩写,绝对定位)元素通常利用 div 选项卡来定位文本、图像或其他任何可放置到 HTML 文档正文中的内容,利用它来设计页面的布局。在 DreamWeaver 8 以及更低的版本中用层来表示,从 CS3 版本中开始用 AP 元素来代替使用已久的层。

1. 创建和删除 AP 元素

在同一个页面中,可以创建多个 AP 元素,可选择【插入】|【布局对象】|【AP Div】命令,或者单击【插入】面板组【布局】选项卡中的【绘制 AP Div】按钮 。选中要删除的 AP 元素,按 DEL 键可删除该 AP 元素。

2. 激活和选中 AP 元素

一个 AP 元素在被激活后,才能将文本、图像、表格、表单、多媒体等网页元素插入到 AP 元素中,单击 AP 元素中任意位置,就可激活 AP 元素,此时光标在 AP 元素中闪烁,AP 元素的左上角出现选择柄,边框线由灰色变为黑色。

选中 AP 元素有多种方法,通常设计者可以先激活 AP 元素,再单击 AP 元素左上角的选择柄□,可选中该 AP 元素,也可单击 AP 元素的边框选中 AP 元素,或者利用 AP 元素面板管理器来完成。如果需要选中多个 AP 元素,可以按住 Shift 键,单击每一个要选中的 AP 元素。

3. 调整、移动和对齐 AP 元素

调整 AP 元素的大小:选中需要调整的 AP 元素,此时在 AP 元素的边框四周出现八个黑色活动块,用鼠标拖曳某个活动块,即可调整 AP 元素的大小。

移动 AP 元素:将鼠标移到 AP 元素的边框线上,当鼠标指针变成四个十字状箭头时,拖动鼠标即可移动该 AP 元素。

对齐 AP 元素:先选中多个要对齐的 AP 元素,选择【修改】|【排列顺序】命令的下一级菜单中的各命令,可对齐选中的 AP 元素或使其具有相同的宽度和高度。

4. AP 元素与表格的互换

选中要转换的表格或者 AP 元素,选择【修改】|【转换】以及相应的下一级菜单可以完成转换。

5. AP 元素的【属性】面板

选中 AP 元素就可打开 AP 元素的【属性】面板,上述编辑 AP 元素的操作也可以利用 AP 元素的【属性】面板来完成。

6.【AP 元素】面板管理器

DreamWeaver 中的【AP 元素】面板管理器是一种能方便、轻松、直观地对 AP 元素进行控制和操作的工具。选择【窗口】|【AP 元素】命令,可打开【AP 元素】面板。

在【AP 元素】面板中可以完成对元素的改名、选定、修改可见性、设置在堆栈中的叠放次序及设置嵌套等操作。

例 9.18.3：新建一个网页"dw_l4. html"(效果如图 9-18-5 所示),将其保存在 DWAL2 站点中,要求如下:

图 9-18-5　dw_l4.html 网页效果示例

① 在页面合适的位置上插入 4 个 AP 元素,AP 元素的大小为 150×150 px。

② 在 AP 元素中插入图片"pet5. jpg""pet51. jpg""pet52. jpg""pet53. jpg",图片大小为 150×150 px。

③ 创建 2 个 AP 元素,AP 元素中均输入文字"我是欢欢"(方正舒体,40 px,颜色分别为 ♯FF00FF 和 ♯000000),将 2 个文字 AP 元素略微错开叠放在一起,设计出文字阴影效果。

操作提示

① 选择【窗口】|【文件】命令,打开【文件】面板,在【文件】下拉列表中选择要打开的站点 DWAL2。

② 选择【文件】|【新建】命令,打开【新建文档】对话框,选择【空白页】,在【页面类型】列表中选择【HTML】,【布局】选择【无】,并单击【创建】按钮确认。

③ 选择【文件】|【保存】命令,保存文件"dw_l4. html"。

④ 在网页的合适位置插入 4 个 AP 元素,AP 元素的大小为 150×150 px,在 AP 元素面板中拖曳 AP 元素,使得 4 个 AP 元素的叠放顺序与示例相同。

⑤ 激活 AP 元素,选择【插入】|【图像】命令,依次插入"pet5. jpg""pet51. jpg""pet52. jpg""pet53. jpg",依次选中图片,在【属性】面板中设置图片的大小为 150×150 px。

⑥ 在网页合适位置上画 2 个 250×60 px 的 AP 元素,按题意分别输入不同颜色的文字,将两个 AP 元素略微错开,设计出文字阴影效果,同时在【AP 元素】面板中拖曳 AP 元素,使得放置黑色(♯000000)文字的 AP 元素位于另一 AP 元素的下方。

⑦ 按 F12 预览网页,同时保存网页文件。

18.3   创建超链接

1. 创建超链接的方法

(1) 在网页编辑窗口中选中源端点对象,然后选择【修改】|【创建链接】命令,打开【选择文件】对话框窗口,选中目标端点便可创建链接。

(2) 在网页编辑窗口中选中源端点对象后右击鼠标,在快捷菜单中选择【创建链接】命令,打开【选择文件】对话框窗口,选中目标端点便可创建链接。

(3) 在网页编辑窗口中选中源端点对象,然后在【属性】面板【HTML】选项下的【链接】文本框中输入目标端点及路径便可创建超链接。或单击【链接】文本框右边的【浏览文件】按钮 🗀 或者【指向文件】按钮 ⊛。

2. 创建 E‐mail 链接的方法

(1) 在网页上选择准备作为邮件链接的文字,例如:"请与我联系"、"请提意见"等。

(2) 选择【插入】|【电子邮件链接】命令,或者在【插入】面板组的【常用】选项卡中单击【电子邮件链接】按钮 ⊡。此时网页编辑窗口打开【电子邮件链接】对话框,在 E‐mail 编辑框中输入自己的电子邮件地址,然后单击【确定】按钮确认。

除了②中叙述的方法外,还可以在【属性】面板中的【链接】文本框中直接输入:"mailto:电子邮件地址"。

3. 创建锚点链接的方法

（1）在网页上选择要插入锚点的位置。

（2）选择【插入】|【命名锚记】命令；或者在【插入】面板的【常用】选项卡的【命名锚记】按钮；也可用鼠标将该按钮拖到网页目标端点处。

（3）在打开的【命名锚记】对话框中，输入锚记的名称，单击【确定】按钮确认。

（4）打开源端点所在的网页，选定图片或一段文本作为源端点。

（5）若源端点和目标端点在同一网页中，可在【属性】面板的【链接】文本框中输入：♯锚点名字，这样就建立了网页的内部链接。若源端点和目标端点不在同一网页中，则要在【属性】面板的【链接】文本框中输入：文件名.html♯锚点名字，才能建立不同页面之间的锚点链接。

4. 创建热点链接的方法

（1）在网页编辑窗口中插入一幅图像，并选中这幅图像。

（2）此时在图像的【属性】面板左下方有一个名为【地图】的文本框，可在其中输入热点链接的名称。

（3）在【地图】文本框下面有四个图标按钮，分别是【指针热点工具】、【矩形热点工具】、【圆形热点工具】和【多边形热点工具】，这些图标的功能分别是调整热点区域、创建矩形、圆形和不规则多边形的热点区域。

（4）单击热点工具按钮，用拖曳鼠标在图形上依次定义热区。

（5）当一个热区被选定后，图像的【属性】面板变成图像热点的【属性】面板。

（6）单击图像热点的【属性】面板中【链接】文本框右边的图标，选择当前热区链接的文件。或者直接在【链接】文本框中输入链接文件的路径和名称。

（7）在【目标】下拉式列表框中设置链接的目标对象的显示方式。

（8）在【替代】文本框中输入所定义的热区的说明文字。在浏览网页时，当鼠标指在热区上将会显示【替代】文本框中的说明文字。

图 9-18-6 dw_l5.html 网页效果示例

例9.18.4：新建一个网页"dw_l5.html"（效果如图 9-18-6所示），将其保存在 DWAL2 站点中，要求如下：

① 插入 2 行 1 列的表格，表格宽度为 600 px，表格的边框为 0 px，居中显示。

② 在第 1 行中输入文字"小虾米的流浪生活"（方正舒体，36 px），第 2 行中插入图片 map.gif。

③ 设置图中杨浦、静安、徐汇为热区，链接地址分别为：http://ypq.sh.gov.cn、http://www.jingan.gov.cn、http://www.xh.sh.cn。

操作步骤

① 选择【窗口】|【文件】命令,打开【文件】面板,在【文件】下拉列表中选择要打开的站点 DWAL2。

② 选择【文件】|【新建】命令,打开【新建文档】对话框,选择【空白页】,在【页面类型】列表中选择【HTML】,【布局】选择【无】,并单击【创建】按钮确认。

③ 选择【文件】|【保存】命令,保存文件 dw_l5. html。

④ 选择【插入】|【表格】命令,打开【表格】对话框,在【行数】文本框中输入2,【列数】文本框中输入1,【表格宽度】文本框中输入600,单位选择【像素】,【边框粗细】文本框中输入0px,单击【确定】按钮。

⑤ 选中表格,在表格的【属性】面板中,单击【对齐】下拉列表,选择居中对齐。

⑥ 在表格的第一行输入文字,并在其【属性】面板中设置字形和大小。

⑦ 在表格的第二行中插入图片,选中图片,在图片的【属性】面板中,单击【矩形热点工具】按钮□,在图片中"杨浦"几个字周围划上矩形,此时,【属性】面板变为热点的【属性】面板,在【链接】文本框中输入 http://ypq. sh. gov. cn。

⑧ 依次按照题意把"静安"和"徐汇"设为热区。

⑨ 按 F12 预览网页,同时保存网页文件。

例9.18.5： 打开 html 文件夹中的"story. html"文件,该文件中有针对每个流浪动物的流浪经历介绍,依次在每个动物的流浪经历前定义锚点,然后在每个网页 dw_l1. html~dw_l5. html 的合适位置加上超链接"心情故事",链接至"story. html"的对应锚点。

操作提示

① 选择【文件】|【打开】命令,在打开的对话框中选择 html 文件夹中的"story. html"文件。

② 把光标移动到"美丽组合"前,选择【插入】|【命名锚记】命令,在打开的【命名锚记】对话框中,输入锚记的名称:meili,单击【确定】按钮确认。

③ 重复步骤②,锚记的名称依次可取为:xiaohua、xiaoxiami、linlin、huanhuan,保存文件 story. html。

④ 打开 dw_l3. html,在网页的恰当位置输入文字"心情故事",选中该文字,在【属性】面板的【链接】文本框中输入:html/story. html♯meili,保存网页。

⑤ 与步骤④相似,在其余4个网页中做类似操作。

5. 创建导航条

① 在网页上选择插入导航条的位置,选择【插入】|【图像对象】|【导航条】命令。此时在网页编辑窗口中会打开【插入导航条】对话框。

② 在【项目名称】文本框中输入导航条元件的名称,名称对中文不支持。所输入的名称将在【导航条元件】列表框里显示。可用按钮 ▲ ▼ 调整导航条元件的次序。

③ 分别单击【状态图像】、【鼠标经过图像】、【按下图像】、【按下时鼠标经过图像】四个文本框右侧的【浏览】按钮,选择图像。这些图像的意义分别是:

【状态图像】表示的图像为页面载入时的初始图像。

【鼠标经过图像】表示的图像为鼠标移到导航条按钮上时所显示的图像。

【按下图像】表示的图像为鼠标单击导航条按钮时所显示的图像。

【按下时鼠标经过图像】表示的图像是单击导航条按钮后将光标移去时所显示的图像。

④ 在【替换文本】的文本框中,该导航条按钮的替换文字。

⑤ 在【按下时,前往的 URL】文本框中,输入要链接的网页地址。并在右侧的下拉式列表中选择在何处打开要链接的网页。

⑥ 如果要在打开网页时先将图像装载到内存中,选中【预先载入图像】复选框。如果要在导航条上显示【按下时鼠标经过图像】的图像,可选中【初始时显示"鼠标经过图像"】复选框。

⑦ 在【插入】下拉列表中选择【水平】或【垂直】选项,在网页上水平或垂直放置导航条。

⑧ 如果要将导航条插入表格中,则选中【使用表格】复选框。

⑨ 单击按钮 ➕ ➖ 新增导航条元件或删除导航条元件。

⑩ 重复步骤第 2～9 步,插入导航条中的其他按钮,完成后,单击【确定】按钮。

如果要修改导航条可以选择【修改】|【导航条】命令,在打开的【修改导航条】对话框中修改导航条。

18.5 练习题

1. 制作具有下列要求的网页,如图 9-18-7 所示。

图 9-18-7 网页效果示例

① 在 C 盘根目录下建立站点 book,站点所需的素材文件位于"项目九\素材\案例 2"文件夹中。

② 新建网页文件名为"index. html",网页的背景图片为 img 文件夹中的"bg0040. gif",在网页的合适位置上插入 1 条水平线,这 1 条水平线将网页分成 2 个部分。

③ 在网页的顶部区域输入标题文字"人生的伴侣知识的源泉"(字体:华文彩云,大小:50 px)。

④ 在网页的中部区域插入导航条,导航条的 6 个按钮对应的图片分别是 img 文件夹中的"a1. gif"、"a2. gif"、"a3. gif"、"a4. gif"、……"f1. gif"、"f2. gif"、"f3. gif"、"f4. gif"。每个按钮分别链接 html 文件夹中的 scie. html、art. html、liter. html、edu. html、elec. html、quali. html。

⑤ 在网页的合适位置上插入图片"t1. gif"、"t2. gif"、"t3. gif"。

⑥ 在网页的底部区域插入图片"wyfy. gif",并为该图片建立 E-mail 链接到 abc@abc. net。

操作提示

第①题:启动 DreamWeaverCS4,选择【站点】|【新建站点】命令,打开【站点定义】对话框,单击【高级】选项卡,在【高级】选项卡中设置【站点名称】为 book,【本地根文件夹】为 C:\book(若该文件夹不存在,系统会自动建立)。选择【窗口】|【文件】命令,打开【文件】面板,在面板中,将"项目九\素材\案例 2"中的 html 和 img 文件夹复制至 C:\book 下。

第②题:新建并保存文件"index. html";选择【修改】|【页面属性】,在【页面属性】对话框中设置背景图片为 img 文件夹中的"bg0040. gif";在网页的合适位置上插入光标,单击【插入】面板组【常用】选项卡的【水平线】按钮▧。

第③题:在网页的顶部区域合适的位置上输入标题文字"人生的伴侣知识的源泉",文字中间的空格可单击【插入】面板的【文本】选项卡,单击▧按钮,并然后选中这些文字,在【属性】面板中按题意设置文字大小和字体。

第④题:在网页的中部区域合适的位置插入光标,选择【插入】|【图像对象】|【导航条】命令。在打开的【插入导航条】对话框中,【项目名称】文本框中设置第 1 个按钮的名称为:a;在下面按钮 4 个状态的文本框中分别单击【浏览】按钮,选中 img 文件夹中的"a1. gif"、"a2. gif"、"a3. gif"、"a4. gif"四个文件;单击【按下时,往的 URL】文本框右侧的【浏览】按钮,选中 html 文件夹中的"scie. html"文件。该项按钮完成后,单击▧按钮,继续添加下一项,重复上述步骤,设置其余 5 个按钮,并按照题意链接相应文件。6 个按钮项添加完成后,选中【预先载入图像】和【使用表格】选项;选择【插入】下拉式列表中的水平方向设置导航条。单击【确定】按钮。

第⑤题:在网页合适的位置上插入 3 个用于图片定位的 AP 元素,并在不同的 AP 元素中插入 img 文件夹中的图片文件"t1. gif"、"t2. gif"、"t3. gif"。

第⑥题:在网页的底部区域插入带图片"wyfy. jpg"的 AP 元素,选中图片,在图片【属性】面板的【链接】文本框中,输入 mailto:abc@abc. net 建立 E-mail 链接。预览并保存网页。

2. 制作具有下列要求的网页,如图 9-18-8 所示。

(1) 在 C 盘根目录下建立站点 knowledge,站点所需的素材文件位于"项目九\素材\案例 2"文件夹中。

(2) 新建网页文件名为:index. html,网页的背景图片为 img 文件夹中的"bg0040. gif"。

(3) 在网页的合适位置创建图 AP 元素,AP 元素尺寸 550×70 px,AP 元素中输入文字"书——人生的伴侣,知识的源泉",字体大小自行定义。

图 9‑18‑8　网页效果示例

（4）定义 3 行 5 列的表格，表格宽度为 90％，分别设置每个单元格中的颜色♯CCCC99、♯FF9900，插入 img 文件夹中的名为"t1. gif"、"t2. gif"、…、"t7. gif"的图片，图片水平垂直居中于单元格中。

操作提示

第(1)(2)题：与前一题类似，略。

第(3)题：选择【插入】|【布局对象】|【AP Div】命令，在网页的合适位置上，绘制图 AP 元素，并在 AP 元素的【属性】面板中设置 AP 元素的大小为 550×70 px，在 AP 元素中输入文字"书——人生的伴侣，知识的源泉"，选中文字，在【属性】面板中设置文字的字体和大小。

第(4)题：选择【插入】|【表格】命令，打开【表格】对话框，在【行数】文本框中输入 3，【列数】文本框中输入 5，【表格宽度】文本框中输入 90，单位选择【百分比】，【边框粗细】文本框中输入 0 px，单击【确定】按钮。分别选中单元格，利用【属性】面板设置相应的单元格的背景颜色为♯CCCC99、♯FF9900，水平、垂直居中。将光标分别插入要放置图片的单元格，选择【插入】|【图像】命令，分别插入 img 文件夹中的"t1. gif"～"t7. gif"文件。预览并保存网页。

案例 19　框架与多媒体网页

案例说明与分析

案例是一个简单阐述艺术与生活的站点，站点中的主页如图 9‑19‑1 所示。站点所需的素材文件位于"项目九\素材\案例 19"文件夹中，样张位于"项目九\样张\案例 19"文件夹中。

本案例需要在掌握框架网页的创建、编辑、保存和框架网页中的超链接设置等知识后正确完成操作。

图 9-19-1　艺术与生活站点主页

 **案例要求**

1. 在 C 盘的根目录中建立站点 DWAL3。
2. 在该站点中新建网页 index. html,设置网页的标题为"艺术与生活"。
3. 利用框架技术创建网页,并设置页面属性。
4. 利用表格来完成对象的定位。按照图 9-19-1 输入相关文字、插入相应图像。
5. 设置网页中的链接。
6. 插入相关多媒体对象。

操作步骤

第1题:在 C 盘的根目录中建立 DWAL3 文件夹,并将"项目九\案例 19\素材"文件夹下的所有文件和子文件夹复制到文件夹 DWAL3 中;启动 DreamWeaver CS4,选择【站点】|【新建站点】命令,打开【站点定义】对话框,单击【高级】选项卡,在【高级】选项卡中,设置【站点名称】为 DWAL3,【本地根文件夹】为 C:\DWAL3,【默认图像文件夹】为 C:\DWAL3\img。

第2题:选择【文件】|【新建】命令,打开【新建文档】对话框,在【空白页】选项的【页面类型】中选择【HTML】,【布局】中选择【无】,并单击【创建】按钮确认;选择【文件】|【保存】命令,保存文件 index. htmll;选择【修改】|【页面属性】,打开【页面属性】对话框,在【分类】列表中选择【标题/编码】选项,并在【标题】文本框中输入页面标题"艺术与生活"。

第3题:选择【插入】|【HTML】|【框架】|【上方及左侧嵌套】命令,在页面中插入框架并调整到合适位置。选择【修改】|【页面属性】命令,打开【页面属性】对话窗口,选择【分类】选项中【外观(CSS)】,分别给 leftFrame、mainFrame 设置【背景颜色】为:♯CCFFFF、♯99ffcc。并将【左边距】、【右边距】、【上边距】、【下边距】都设为 0。

第4题:将本地站点中文件"book. doc"的内容复制到框架网页 mainFrame 中。在网页

leftframe 中插入宽度为 120 像素的 4 行 1 列的表格,并使其居中。在表格中分别插入本地站点文件夹中的图片文件 9-3-2.jpg、9-3-3.jpg、9-3-4.jpg、9-3-5.jpg。"

　　第 5 题:选中【现代文学】按钮,在【属性】面板的【链接】文本框中,设置链接对象为本地站点中文件 literature.html",在【目标】下拉列表中选择被链接对象显示的框架为 mainframe。用同样的方法分别选中"生活艺术"、"文化教育"、"科学技术"三个按钮,为其建立名为"art.html"、"edu.html"、"scie.html"的链接,并设置被链接对象显示的框架为 mainframe。

　　第 6 题:将光标插入框架 topFrame 的合适位置,选择【插入】|【媒体】|【swf】命令,在框架 topFrame 的合适位置上插入本地站点中文件"shu.swf"。

　　选择【文件】|【保存全部框架】命令,用 DW_al3.html 保存框架集文件,用"t.htmll"、"m.html"、"l.html"保存顶框架、左框架和主框架文件,这些文件都保存在本地站点中。按 F12 预览页面,单击【现代文学】按钮,在 mainframe 中可显示有关网页的页面。

技能与要点

19.1　框架的使用

1. 创建框架与框架集

创建一个框架常用的 3 种操作方法如下。

(1) 选择【插入】|【HTML】|【框架】命令,然后在级联子菜单中选择框架的类型。

(2) 单击【插入】面板组中【布局】子面板的【框架】下拉选项。

(3) 在网页编辑器窗口中选中已插入的框架,然后按住 Alt 键的同时用鼠标纵向拖曳或横向拖曳框架,就可以加入上下结构或左右结构的框架。

2. 框架的调整、拆分和删除

可用拆分框架的方法或直接用鼠标拖曳框架的边框线就能完成框架的调整。

选择【修改】|【框架页】命令,然后选择【拆分左框架】、【拆分右框架】、【拆分上框架】、【拆分下框架】4 个命令中的一个命令来完成框架的拆分。

将鼠标指向要删除的框架边框,当光标变成双向箭头时,拖动鼠标到上一级框架的上下或左右边框线处,松开鼠标即可删除框架。

3. 框架和框架集的选择与属性设置

(1) 框架和框架集的选择

选择【窗口】|【框架】命令,或按快捷键〈Shift〉+〈F2〉,打开框架面板。然后在框架面板中单击框架边框线,可选择由多个框架构成的框架集。单击某个框架区域可选择该框架。

(2) 框架和框架集的属性设置

框架和框架集有各自的属性面板。默认框架集属性是无边界、无滚动条、禁止改变框架的大小。在打开的框架集属性面板中可以改变框架集的属性。

创建框架后可以打开框架的属性面板,可以设置和改变框架的属性。

(3) 框架和框架集的保存

框架的内容主要是 HTML 文档,在一个网页中创建了框架结构后,可在属性面板中设置框架页面的超链接。框架结构的网页制作完成后,可以分别保存每个框架文档(鼠标点击框架文件的页面编辑区,选择【文件】|【保存框架】命令);也可单独保存框架集文档(选中框架集,选

择【文件】|【保存框架页】命令);还可以将整个框架集与它的各个框架文档一起保存(选择【文件】|【保存全部】命令)。

例9.19.1: 框架和框架集的创建、选择和保存。

操作提示

① 创建一个名为"exe1.html"的网页文件。选择【插入】|【HTML】|【框架】|【左侧和嵌套的顶部框架】命令和选择【插入】|【HTML】|【框架】|【顶部和嵌套的左侧框架】命令,或单击【插入】面板【布局】子面板中的【左侧和嵌套的顶部框架】按钮▭和【顶部和嵌套的左侧框架】按钮▭,可在网页上插入题目要求的2种框架,比较两种框架的不同之处。

② 用鼠标拖曳框架线到框架的边框,可删除上题中创建的框架。然后单击【插入】面板【布局】子面板中的按钮▭,创建顶框架(Topframe)。光标插在下边的框架中,单击【插入】面板【框架】子面板中的按钮▯,或按住〈Alt〉键,拖曳左边的边框线,把顶框架(Topframe)改为顶部和嵌套的左框架,用鼠标拖曳框架线调整框架的大小。

③ 按住〈Alt〉键并用鼠标单击框架不同区域,便可分别选中主框架(mainframe)、左框架(Leftframe)、顶框架(Topframe)和整个框架集。选择【窗口】|【框架】命令打开框架面板,在框架面板中用鼠标单击框架的不同区域,也可完成题目要求。

④ 将光标插入到主框架(mainframe)中,然后单击【插入】面板【布局】子面板中的按钮▭,将主框架分割成上(Mainframe1)下(bottomframe)两部分。将光标插入到左框架(Leftframe),然后单击【插入】面板【布局】子面板中的按钮▯,将左框架分割成上(Topframe1)下(Leftframe)两部分。

⑤ 按〈Shift〉+F2打开框架面板,在【属性】面板的【行】文本框中分别设置左框架(Leftframe)与底部框架(bottomframe)的值(高度)为80像素。试将顶部框架的值设置为80像素。

⑥ 分别将光标插入框架 Topframe、Topframe1、mainframe、Leftframe、bottomframe 5个框架内,选择【修改】|【页面属性】命令,在【页面属性】对话框中分别给这5个框架设置【背景颜色】#AAFFFF、#CCFFFF、#CCFFCC、#CCFFCC、#CCFFFF。

⑦ 选择【文件】|【保存全部】命令,用 Topframe、Topframe1、mainframe、Leftframe、bottomframe 为框架文件名和 exe1.html 为框架集名,将文件保存在本地站点根文件夹中。

19.2　插入多媒体音频、视频等

1. 插入 Flash 影片

可以通过下列步骤插入 Flash 影片:

(1) 在【文档】窗口的【设计】视图中,将插入点放置到要插入 Flash 影片的地方。

(2) 通过下列步骤插入 Flash 影片:选择【插入】|【媒体】|【swf】命令。

(3) 在【选择文件】对话框中,选取一个 Flash 影片文件(.swf)。【文档】窗口中将出现一个 Flash 占位符;若要设置 Flash 影片的属性,使用【属性】面板。

（4）若要在【文档】窗口中观看 Flash 影片的预览，单击【属性】面板中的【播放】按钮。单击【停止】终止预览，也可以按〈F12〉键在浏览器中预览 Flash 影片。

2．插入声音和视频文件

操作步骤如下：

（1）在【设计】视图中，将插入点放置在需要插入音频文件的地方。

（2）选择【插入】|【媒体】|【插件】命令。

（3）在【选取文件】窗口中，选取相应的声音文件或者视频文件。

（4）在【属性】面板中，设置插件的宽度和高度值；或者在【文档】窗口中，调整插件占位符的大小。这些值决定了声音播放器在页面中显示的大小。

（5）保存网页文件后，浏览网页就可以播放声音。

19.3　插入鼠标经过图像与水平线

1．插入鼠标经过图像

鼠标经过图像可以增加网页的动感效果。浏览网页时，当鼠标经过此图像时，图像就会转换成另外一个图像；当鼠标从图像上移开时，图像就会恢复成原来的图像。

在【文档】窗口的【设计】视图中确定插入点，选择【插入】|【图像对象】|【鼠标经过图像】命令，打开【插入鼠标经过图像】对话框，在对话框中设置【原始图像】、【鼠标经过图像】的路径与文件名，以及【按下时，前往的 URL】等各种参数，可以在光标的位置上插入鼠标经过图像。

2．在网页上插入水平线

水平线是一种非常有效的文本分隔工具，它可以让浏览者在文本和其他网页元素之间形成视觉的隔离，从而有利于网页元素的合理安排。

在需要插入水平线的位置单击鼠标，设置插入点，选择【插入】|【HTML】|【水平线】命令。选中该水平线，在【属性】面板上，设置宽度、高度、对齐方式等参数。

选中水平线，单击右键，在快捷菜单中选择【编辑标签】，可以打开【标签编辑器】窗口，选择【浏览器特定的】选项，就可以改变水平线的颜色。

例 9.19.2：创建一个名为"exe9 - 3 - 2. html"的新网页，并设置背景图像为"bg0006. jpg"。按样张制作鼠标经过图像，将网页保存在本地站点中。

操作提示

（1）新建网页，选择【修改】|【页面属性】命令，设置背景图像为 bg0006. jpg。

（2）按样张居中创建 3 行 3 列的 312×270 像素格，每个单元格的大小为 104×90 像素。

（3）选择【插入】|【图像对象】|【鼠标经过图像】命令，按样张在四个相应的单元格中分别插入本地站点根文件夹中的【原始图像】文件与【鼠标经过图像】，并在【替代】文本框中输入【鼠标经过图像】的替代文字"东风楼"、"小白楼"、"交谊楼"、"办公楼"。

（4）在网页正中间的单元格中插入 AP 元素：apDiv1、apDiv2、apDiv3、apDiv4，并在 4 个 AP 元素中分别插入本地站点根文件夹中的图像文件"9 - 3 - 15. jpg"、"9 - 3 - 16. jpg"、"9 - 3 - 17. jpg"、"9 - 3 - 18. jpg"。将 4 个 AP 元素叠放在单元格正中间合适的位置上。

（5）预览网页后，将网页保存在本地站点下。

图 9 - 19 - 2　鼠标经过图像的网页样张

19.4　练习题

1. 按照图 9 - 19 - 3 样张所示，创建符合下列要求的"下方和嵌套的左侧框架"网页文件。

① 框架集网页文件名为"index. html"；

② 左框架网页文件名为"left. html"，并设置背景图像为"bg0000. gif"，左框架的【列】宽度为 320 像素；

③ 底部框架网页文件名为"bott. html"，【滚动】方式为"自动"，底部框架的【行】高度为 65 像素，并设置背景颜色为 ♯ ddffff，并插入 Flash 文件"camp. swf"；

图 9 - 19 - 3　框架网页练习样张

④ 设置主框架网页文件名为 right. html,页面的【滚动】方式为"自动",设置背景颜色为白色,在网页合适的位置上输入文字"校园景色",字体大小颜色自定;

⑤ 将三个框架网页的页面属性【左边界】、【顶部边界】、【边界宽度】、【边界高度】设为 0,并将全部框架文件保存在本地站点中。

2. 用 photo 子文件夹中的图片创建网站图片相册,其要求如下:

① 网站相册标题为"校园景色",省略副标题。

② 页面图片的缩略图尺寸为 100×100 像素;每行列数为 4 列;缩略图片文件格式为. jpg。

③ 初始图片文件夹为的 photo 子文件夹,目标图像文件夹为本地站点根文件夹。

④ 其他参数默认,用 img 文件夹中的文件"bg0035. jpg"设置网页的背景图片。

⑤ 在页面合适的位置上绘制一个 AP 元素,在层中插入图形文件"return. gif",并为该文件建立返回首页"index. html"的超级链接。

⑥ 网页文件用"index1. html"为名保存在根文件夹中。

3. 创建符合下列要求的网页文件"hz. html",并将此文件保存在本地站点的根文件夹中。

① 按照图 9 - 19 - 4 样张所示,绘制表格。将根文件夹中"hz. doc"中的三段文字内容复制到网页上、中、下三个单元格中。

② 在网页第一段右侧和第三段的左侧分别插入图像文件"hz1. jpg"和"hz2. jpg",在网页顶部输入标题文字"华东政法大学简介"。

③ 在网页中最后一段的文字"……优秀院校之一。"中间插入用于超级链接的名为"aa"的锚点。

华东政法大学简介

　　华东政法大学是新中国创办的第一批高等政法院校。原系司法部部属高等院校,现为司法部与上海市共建、以上海市管理为主的高等院校。学校现有长宁、松江两个校区,占地面积1064亩,建筑面积24万平方米。是"上海市文明单位"、"上海市市级建筑保护单位"、"上海市花园单位"、"长宁区青少年爱国主义教育基地"。

　　1952年6月,经华东军政委员会批准,华东政法大学由原圣约翰大学、复旦大学、南京大学、东吴大学、厦门大学、沪江大学、安徽大学等9所院校的法律系、政治系和社会系等合并组建成立。其后由于历史原因,于1958年和1972年两度停办。1979年经国务院批准复校。现任党委书记杜志淳研究员,校长何勤华教授。

　　经过几代华政人的努力,华东政法大学现已发展为一所以法学学科为主,兼有经济、管理、金融、外语等专业的多科性院校。设有1个法学博士后科研流动站、国际法学、法律史、刑法学、经济法学4个博士点,法学理论、法律史、宪法学与行政法学、刑法学、民商法学、诉讼法学、经济法学、环境与资源保护法学、国际法学9个法学硕士点和1个法律专业硕士点,可以招收在职研究生;设有法学、侦查学、经济学、金融学、行政管理、英语、国际经济与贸易、社会学、治安学、劳动与社会保障、边防管理、政治学与行政学、新闻学、公共事业管理、会计学、知识产权等16个本科专业,法学专业可以招收第二学士学位生。国际经济法学和法律史学学科是司法部重点学科,法学学科是上海市重点学科。出版有《法学》、《犯罪研究》、《青少年犯罪问题》和《华东政法大学学报》等期刊,设有法律古籍研究所、青少年犯罪研究所等30余个科研机构。图书馆藏书60多万册,中外文期刊1200多种。同国内外近百所著名大学、法学院(系)、科研机构与立法、司法、行政机关等建立了长期合作关系。现有教职工约800人,其中教学科研人员400余人,正副高级职称160余人。目前在校生近18000余人。

　　　　　　　　五十年来,华东政法大学坚持贯彻党的教育方针,通过"笃行致知,明德崇法"的校训,立足上海、面向华东、辐射全国,逐步发展成为师资力量雄厚、办学特色鲜明、教学质量过硬、学科水平领先、科研成果突出、合作交流频繁、校园环境优美的高等学府,成为享誉海内外的"法学教育的东方明珠"。2002年教育部对32所普通高校本科教学工作水平评估,我院为13所被评为优秀的院校之一。

图 9 - 19 - 4　文本网页练习样张

④ 用代码方式添加网页背景音乐,音乐文件为 music. mid。

提示:〈bgsound src="音乐文件名"loop="−1"〉

⑤ 为页面左下角图像文件"hz2. jpg"建立返回首页"index. html"的超级链接。

⑥ 网页文件用 hz. html 为名保存在本地站点中。

4. 打开框架网页文件"index. html",并完成下列要求:

① 在左侧框架"left. html"中,按图 9−19−3 所示插入 4 行 1 列,宽度为 150 像素的表格,并适当调整单元格的高度。在其中分别插入鼠标经过图像,原始图像为"t1_1. gif"、"t2_1. gif"、"t3_1. gif"、"t4_1. gif",鼠标经过图形为"t1. gif"、"t2. gif"、"t3. gif"、"t4. gif"。

② 在右侧主框架网页文件中,按样张居中插入 1 个大小为 290×220 像素的表格,在其中插入图像文件"frame. gif"。

③ 在插入"frame. gif"的位置处,分别居中插入大小为 269×202 像素的 2 个 AP 元素,apDiv1、apDiv2,并将 2 个大小一致的 AP 元素叠放在一起。在 2 个层中分别插入 photo 文件夹内的图像文件"p1. jpg"和"p8. jpg"。

④ 保存并预览网页。

案例 20　行为控制与 CSS 样式

案例说明与分析

本案例实际由两个小例子组成,第一个是一个用行为控制 Flash 动画的综合案例。第二个是一个用 CSS 样式的滤镜处理网页上图像的例子。站点所需的素材文件位于"项目九\素材\案例 20"文件夹中,样张位于"项目九\样张\案例 20"文件夹中。

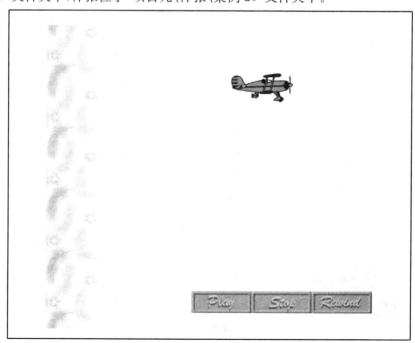

图 9−20−1　设置状态条文本对话框

**案例要求**

1. 创建一个名为"exe9-4-1.html"的新网页,在网页被浏览时,状态栏中显示"欢迎访问本网站"的信息,并在装载网页时,系统弹出的窗口中会显示"单击按钮图像,播放 Flash 动画"的信息。同时网页上的 Flash 动画用播放、停止和回放三个按钮控制。

① 在 C 盘的根目录中建立站点 DWAL4。

② 在该站点中新建网页"exe9-4-1.html",设置网页的标题为"Flash 动画控制",网页的背景图片为"bg0003.jpg"。

③ 利用表格来完成图片和 flash 动画的定位。

④ 按照图 9-20-1 建立相应的行为。

2. 创建一个名为"exe9-4-2.html"的新网页,网页中的图像用 CSS 样式的 Alpha 滤镜处理成如图 9-20-2 所示的羽化效果。预览网页后,将网页保存在本地站点中。

图 9-20-2 Alpha 滤镜效果图

① 将本地站点设为 C 盘的根目录下的 DWAL4。

② 在该站点中新建网页"exe9-4-2.html",设置网页的标题为"CSS 样式的 Alpha 滤镜效果",网页的背景图片为"bg0003.jpg"。

③ 利用表格来完成图像的定位。

④ 按照图 9-20-2 效果,创建 Alpha 滤镜的 CSS 样式和保存该样式的 CSS 样式表文件"imgformat.css",并将该样式表文件,保存在本地站点下。

**操作步骤**

对第 1 题:

第①步:在 C 盘的根目录中建立 DWAL4 文件夹,并将"项目九\案例 20\素材"文件夹下

的所有子文件夹复制到该文件夹中；启动 DreamWeaver CS4，选择【站点】|【新建站点】命令，打开【站点定义】对话框，单击【高级】标签，在【高级】选项卡中设置【站点名称】为 DWAL4，【本地根文件夹】为 C:\DWAL4，【默认图像文件夹】为 C:\DWAL4\img。

第②步：选择【文件】|【新建】命令，创建一个新网页，选择【修改】|【页面属性】命令，并设置【外观】分类中的【背景图像】为 img 文件夹中的"bg0003.jpg"文件，在【标题/编码】分类中，设置【标题】文本框中输入页面标题"Flash 动画控制"。选择【文件】|【另存为】命令，将网页以 exe9-4-1.html 为名保存在本地站点下。

第③步：选择【插入】|【表格】命令，居中插入 2 行 1 列的表格，表格宽度为 550 像素，设置第 1 行单元格的高度为 400 像素，第 2 行单元格的高度为 35 像素，单元格内容【水平】与【垂直】都【居中对齐】。

在 2 个单元格中分别插入 flash 文件"plane.swf"和 img 文件夹中的图像文件"play.jpg"（播放）、"stop.jpg"（停止）。

第④步：单击网页编辑窗口右下角的选项卡〈body〉，按快捷键〈Shift〉+〈F4〉，打开【行为】面板，单击 ➕ 按钮，选择【显示事件】|【IE6.0】命令，设置浏览本网页的浏览器版本。

在【动作】菜单中选择【设置文本】|【设置状态栏文本】命令，在弹出的【设置状态栏文本】对话框中输入文字"欢迎访问本网站"并按确定键。在【事件】菜单中选择 onLoad 命令；再单击 ➕ 按钮，在【动作】菜单中选择【弹出信息】命令，在【弹出信息】对话框中输入"单击按钮图像，播放 Flash 动画"，然后按【确定】按钮确认，选择【事件】菜单中的 onLoad 为默认的事件。

第⑤步：选中 flash 对象，在【属性】面板左上角的文本框中设置 flash 文件的名字为 plane，并将【循环】和【自动播放】两个复选项设置成不选中状态。

选中按钮图像"play.jpg"，在【行为】面板中单击 ➕ 按钮为选中的按钮图像添加行为。在【动作】菜单中选择【控制 Shockwave 或 Flash】命令，在弹出的【控制 Shockwave 或 Flash】对话框中设置【动作】的单选项为【播放】。在【事件】菜单选择 onClick 命令。这个行为表示当用鼠标单击"play"按钮时开始播放名为 plane 的 Flash 动画。

用同样的方法可以设置"stop"按钮的【停止】功能。

第⑥步：按功能键〈F12〉预览网页后，保存网页。

对第 2 题：

第①步：启动 DreamWeaver CS4，选择【站点】|【新建站点】命令，打开【站点定义】对话框，单击【高级】标签，在【高级】选项卡中设置【站点名称】为 DWAL4，【本地根文件夹】为 C:\DWAL4，【默认图像文件夹】为 C:\DWAL4\img。

第②步：选择【文件】|【新建】命令，创建一个新网页，选择【修改】|【页面属性】命令，并设置【外观】分类中的【背景图像】为 img 文件夹中的"bg0013.jpg"文件，在【标题/编码】分类中，设置【标题】文本框中，输入页面标题"CSS 样式的 Alpha 滤镜效果"。选择【文件】|【另存为】命令，将网页以"exe9-4-2.html"为名保存在本地站点下。

第③步：选择【插入】|【表格】命令，居中插入 1 行 1 列的表格，表格宽度为 600 像素，设置第 1 行单元格的高度为 400 像素，单元格内容【水平】与【垂直】都【居中对齐】。

在单元格中插入本地站点下 img 文件夹中的图像文件"campus.jpg"。

第④步：打开【CSS 样式】面板，单击【CSS 样式】面板右上角的菜单按钮，在弹出的菜单中，选择【新建】命令;或者单击浮动面板右下方的【新建 CSS 规则】按钮 ,打开【新建 CSS 规则】对话框。要创建一个新样式,应选择【类(可以应用于任何 HTML 元素)】选项,在【选择器名称】下拉列表框中输入样式的名称。该名称必须以“.”开始,在 CSS 样式【名称】框中输入样式名为:. alpha;在【规则定义】区域中选择【(新建样式表文件)】选项,表示新建的 CSS 样式定义在新的样式表文件中,单击【确认】按钮确认。

在【将样式表文件另存为】对话框中,选择样式表文件的保存位置,并确定新建的层叠样式表文件的文件名为“ingformat. css”,确定文件的类型和文件的保存路径都正确。另外,还要确定新建的层叠样式表文件的路径是相对于【文档】还是相对于【本地站点】的 URL 地址(即保存的层叠样式表文件的路径用绝对路径还是相对路径)。做了这些设定后,新建的名为. alpha的 CSS 样式就可以保存在新建层叠样式表文件中了。单击【确认】按钮,层叠样式表文件“ingformat. css”就可保存在本地站点下。

在【. alpha 的 CSS 规则定义(在“imgformat. css”中)】对话框中设置以下参数:

在【分类】列表中选择【扩展】类型,在【滤镜】下拉式列表中选择 Alpha 选项,并设置 Alpha参数。本案例设置

Alpha(Opacity=100,FinishOpacity=0,Style=2,StartX=0,StartY=0,FinishX=650,FinishY=550)

单击【确认】按钮确定。选中图像文件“campus. jpg”并将 CSS 样式作用于图像。

第(5)步:按功能键〈F12〉预览网页后,保存网页。

技能与要点

20.1 行为及其应用

1. 创建行为

选择【窗口】|【行为】命令,或按快捷键〈Shift〉+〈F4〉,可打开【行为】面板。

单击【行为】面板上的 □ 按钮,显示【动作】菜单,选择其中一种动作并在对话框中设置该动作的参数,确认后就可以为对象创建行为。

初次使用【行为】面板时,应选择【显示事件】命令,并在级联菜单中选择一种合适的浏览器版本。浏览器的版本越高,支持的行为就越多。

2. 修改和删除行为

要修改某个行为,可选中附加了该行为的对象,按快捷键〈Shift〉+〈F4〉打开【行为】面板。

要删除某个行为,可先将该行为选中,然后单击 ━ 按钮或按〈Del〉键。

要改变某个动作的参数,可双击该行为,在弹出的对话框中修改各项参数并按【确定】。

要改变某个事件,可选中该事件,并单击事件列表的下拉三角形按钮,在下拉式菜单中选择需要的事件。

3. 动作和事件

动作是执行某个特定任务的一段 JavaScript 的程序,事件则是指明了执行动作的方法。在【行为】面板中单击 ➕ 按钮,选择【显示事件】命令,在【显示事件】的级联菜单中选定能浏览网页的浏览器版本。选定的浏览器版本不同,事件列表中的事件选项也不同。

例 9.20.1：创建一个新网页，网页中新建 4 个 AP 元素，apDiv1、apDiv2、apDiv3、apDiv4，在 4 个 AP 元素中分别插入本地站点 img 文件夹中的图像文件"campus16_r1.jpg"～"campus16_r4.jpg"，如图 9-20-3 所示。为每个 AP 元素添加拖动层的行为，制作一个简单的拼图游戏。

图 9-20-3　拼图游戏示意图

操作步骤

① 创建一个新网页，在网页中插入 4 个 AP 元素 apDiv1、apDiv2、apDiv3、apDiv4 在 4 个 AP 元素中分别插入"campus16.jpg"图像分割后的 4 个部分，可用本地站点下 img 文件夹中分割好的图像文件"campus16_r1.jpg"～"campus16_r4.jpg"。

② 不选中 AP 元素，选择【窗口】|【行为】命令，打开【行为】面板，单击 ✚ 按钮为 AP 元素 apDiv1 添加行为，在弹出的【动作】菜单选项中选择【拖动 AP 元素】选项。在【拖动 AP 元素】对话框中设置各种参数。

③ 单击【确定】按钮确认【拖动层】动作的设置，并选择事件 onMouseMove。这个行为表示在响应事件 onMouseMove(鼠标移动)时触发【拖动层】的动作。

用同样的方法设置 AP 元素 apDiv2、apDiv3、apDiv4。便可完成拼图游戏的制作。

20.2　CSS 样式

1. 创建 CSS 样式和 CSS 样式表

CSS 样式和 CSS 样式表是两个不同而又相关的概念。一般情况下，CSS 样式可以保存在本地站点下的 CSS 样式表文件中，也可以与当前网页一起保存。一个 CSS 样式表文件中可以保存多个 CSS 样式。在新建一个 CSS 样式时就可以指定该样式的存放方式，CSS 样式共有三种保存方式：

① 创建的 CSS 样式仅作用于当前网页文档，可与当前网页一起保存。

② 创建的 CSS 样式存放在某个已建好的外部 CSS 样式表文件中。创建新的 CSS 样式时，应先附加该样式表文件，然后将新建的 CSS 样式存放其中。

③ 创建的 CSS 样式存放在一个新建的 CSS 样式表文件中。创建新的 CSS 样式时，应先新建该 CSS 样式表文件，然后将新建的 CSS 样式存放其中。

（1）创建 CSS 样式

选择【窗口】|【CSS 样式】命令，打开【CSS 样式】面板。单击【CSS 样式】面板右上角的快捷菜单按钮▤，在弹出的快捷菜单中，选择【新建】命令；或者单击浮动面板右下方的【新建 CSS 规则】按钮◆，打开【新建 CSS 规则】对话框。

要创建一个新样式，应选择【类（可以应用于任何 HTML 元素）】选项，并在【选择器名称】下拉列表框中输入样式的名称。该名称必须以"."开始，确认后便可以创建一个 CSS 样式。

（2）保存新建的 CSS 样式

三种保存方式的操作步骤如下：

① 在【规则定义】选项组中，选择【仅限该文档】选项，此时新创建的 CSS 样式仅对当前网页文档起作用，可以随当前网页一起保存。

② 在【规则定义】选项组的下拉列表中，选择【新建样式表文件】选项，将当前要创建的 CSS 样式定义在新建样式表文件中，此时会显示【保存样式表文件】对话框。在对话框中选择【文件系统】单选项，并确定新建的层叠样式表文件的类型、文件的保存路径和文件名，还要确定新建的层叠样式表文件的路径是相对于【站点根目录】还是相对于【站点和服务器】的 URL 地址（即保存的层叠样式表文件的路径用绝对路径还是相对路径）。做了这些设定后，新建的 CSS 样式就可以保存在新建层叠样式表文件中了。

③ 选择【窗口】|【CSS 样式】命令，打开【CSS 样式】面板。

单击浮动面板右下方的【附加样式表】按钮▦，打开【链接外部样式表】对话框，单击【浏览】按钮，在【文件/URL】文本框中，输入要链接的层叠样式表文件的路径和名称。选择要链接的 CSS 样式表文件，单击【确定】按钮，将层叠样式表文件附加到当前的网页中。

在新建 CSS 样式时，选择【规则定义】选项组的下拉列表中的该层叠样式表文件，便可将新建 CSS 样式保存在该层叠样式表文件中。

（3）设置 CSS 样式的各项属性

利用 CSS 样式可以为设计的网页添加很多特殊的效果，如文字的特效、阴影，图像的淡入淡出、翻转模糊、波浪效果，鼠标指针和超链接等各种多姿多彩的变化，从而使网页变得更加赏心悦目。

确定了 CSS 样式的保存方式后，便可在【CSS 规则定义】对话框设置 CSS 样式的参数。

2. 编辑 CSS 样式和 CSS 样式表

编辑 CSS 样式一般有三种方法。

① 打开包含要编辑的 CSS 样式的网页。按快捷键〈Shift〉+〈F11〉，打开【CSS 样式】面板，双击要编辑的 CSS 样式，就可打开【CSS 规则定义在】对话框，对 CSS 样式的属性进行修改。

② 先附加包含要编辑的 CSS 样式的 CSS 样式文件,按快捷键〈Shift〉+〈F11〉,打开【CSS 样式】面板,双击要编辑的 CSS 样式,就可打开【CSS 规则定义在】对话框,对 CSS 样式的属性进行修改。

③ 在当前网页中按快捷键〈Shift〉+〈F11〉,打开【CSS 样式】面板。选中要编辑的 CSS 样式单击【CSS 样式】面板下部,就可对要编辑的 CSS 样式进行修改。

例 9.20.2: 创建名为 .char1 的层叠样式,并将这个样式定义在新建的 docformat.css 的层叠样式表文件中。其参数设置字体为:方正舒体、大小为:36 像素、样式为:斜体、颜色为:♯ff0000、修饰为:下划线。

操作提示

(1) 选择【窗口】|【CSS 样式】命令,打开【CSS 样式】面板。

(2) 在【CSS 样式】浮动面板中右击鼠标,打开快捷菜单,选择【新建】命令。

(3) 在【新建 CSS 规则】对话框中,选择【类(可以应用于任何 HTML 元素)】选项在【选择器名称】文本框中输入 .char1;并在【规则定义】下拉列表中选择【新建样式表文件】。

(4) 单击【确定】按钮确认。

(5) 在【将样式表文件另存为】对话框中,选择【文件系统】单选项,确定样式表文件的类型,并输入新建的层叠样式表文件的保存路径和文件名,层叠样式表文件名为 docformat.css。最后确定样式表文件相对于【站点根目录】的 URL 地址。

(6) 此时在弹出的【.char1 的 CSS 规则定义(在 docformat.css 中)】对话框中,按题意设置各项参数。

(7) 单击【应用】按钮应用当前样式,或单击【确定】按钮完成样式的创建。

20.3 练习题

1. 制作添加拖曳层、弹出信息、设置状态条文本行为的网页文件"exe9-4-1.html"。

① 创建网页文件"exe9-4-1.html",在网页合适的位置上插入一个 AP 元素,apDiv1 中插入本地站点 img 文件夹中的图像文件"bird.gif"。

② 为 apDiv1 添加行为,在响应事件 onMouseMove 时触发【拖动层】动作。按功能键〈F12〉浏览网页,用鼠标拖曳图像观察效果。

③ 为网页添加行为,在响应事件 onLoad 时触发【设置状态条文本】动作,此时在状态栏中显示"欢迎访问本网站"的信息;

④ 再给网页文件"exe9-4-1.html"添加行为,在响应事件 onLoad 时触发【弹出信息】动作。此行为的功能是在装载网页时,系统弹出的窗口中显示"可用鼠标拖曳图像!"的信息。

⑤ 保存文件,预览网页。

操作提示

第①题:创建网页文件"exe9-4-1.html",选择【插入】面板【布局】子面板,单击【绘制 APdiv】按钮,在网页合适的位置上绘制一个 apDiv1。选择【插入】|【图像】命令,插入 img 文件

夹中的图像文件"bird. gif",调整 apDiv1 的大小;

第②题:选择【窗口】|【行为】命令,打开【行为】面板,单击■按钮,在【动作】菜单中选择【拖动层】命令,在【事件】菜单中选择 onMouseMove 命令(可先选择【显示事件】|【IE 6.0】将事件全部显示出来);

第③题:打开【行为】面板,单击■按钮,在【动作】菜单中,选择【设置文本】|【设置状态栏文本】命令,在弹出的【设置状态栏文本】对话框中输入文字"欢迎访问本网站",并确认。在【事件】菜单中选择 onLoad 命令;

第④题:再单击■按钮,在【动作】菜单中选择【弹出信息】命令,在显示的【弹出信息】对话框中输入"可用鼠标拖曳图像!",然后按【确定】按钮确认,选择【事件】菜单中的 onLoad 为默认的事件。

第⑤题:预览网页,然后将文件保存在本地站点根文件夹中。

2. 制作一个具有特殊效果的网页文件,网页制作要求如下。

① 打开网页文件"art. html",设置网页背景图像为"bg0006. gif",在网页内容滚动时,设置网页背景图像不滚动;

② 改变鼠标指针的类型,将鼠标指针改为 help;

③ 设置网页上文字的【字体】为华文新魏;【大小】为 50 px;【行高】为 25 px;【粗细】为 700;

④ 在网页底部插入水平线,设置水平线的宽度 400 像素,高度 4 像素,水平线颜色为红色;

⑤ 预览网页后,保存网页文件为"exe9 - 4 - 2. html"。

操作提示

第①题:打开 HTML 文件夹中的网页文件"art. html",选择【窗口】|【CSS 样式】命令,打开【CSS 样式】面板。在【CSS 样式】浮动面板中右击鼠标,打开快捷菜单,选择【新建】命令。

在【新建 CSS 规则】对话框中,选择【类(可以应用于任何 HTML 元素)】选项在【选择器名称】文本框中输入:. effect;并在【规则定义】下拉列表中选择【(仅限该文档)】,单击【确定】按钮确认。

在【. effect 的 CSS 规则定义在】对话框中,选择【分类】为【背景】,设置"Background - image"为 bg0006. gif;"Background - repeat"为 repea - y;"Background - attachment"为 fixed。

第②题:选择【分类】为【扩展】,设置【视觉效果】的"cursor"为 help。

第③题:选择【分类】为【类型】,设置"font - family"为华文新魏;"font - size"为 50 px;"font - weight"为 700;"line - height"为 25 px。选中要格式化的文字后,单击右键,在快捷菜单中选择【CSS 样式】|【. effect】,对文字作用 CSS 样式。

第④题:选择【插入】|【HTML】|【水平线】命令,插入并选中水平线。在【属性】面板中设置【宽】为 400 像素,【高】为 4 像素。选中水平线并单击右键,在快捷菜单中选择【编辑标签】命令,并在【hr - 浏览器特定的】对话窗口中设置【颜色】为♯ff0000,单击【确定】按钮完成水平线的设置。

第⑤题:按功能键〈F12〉预览网页后,将网页文件保存件为"exe9 - 4 - 2. html"。

3. 制作一个网页文件"exe9 - 4 - 3. html",用波浪滤镜处理网页上的图像,制作要求如下。

① 创建一个新网页,设置背景图像为 bg0013. jpg;

② 在网页合适位置上插入 1 行 3 列的宽度为 300 像素的表格,每个单元格为 100×220

像素,并在每个单元格中插入 img 文件夹中的图像文件 campus4.jpg;

③ 在 docformat.css 文件中创建新的 CSS 样式.wave1、.wave2,设置波浪滤镜,参数如下:

Wave1(Add=1,Freq=2,LightStrength=70,Phase=50,Strength=10);

Wave2(Add=0,Freq=3,LightStrength=10,Phase=75,Strength=10);

Wave1 作用于左图,Wave2 作用于右图,中间为原始图像,如图 9-20-4 所示。

图 9-20-4　CSS 波浪滤镜效果图

④ 在 docformat.css 文件中创建新的翻转滤镜的 CSS 样式.flip,并完成如图 9-20-5 的图像处理。

图 9-20-5　CSS 翻转滤镜效果图

⑤ 预览网页后,在本地站点下保存网页文件。

操作说明

CSS 样式中波浪滤镜的参数意义为:

- Add 为是否将原始图像加入变形后的图像,0 表示"否";1 表示"是"。
- Freq 表示扭曲效果中出现的波形数目。
- Light Strength 确定波形亮度的深浅,取值越大则越亮。取值范围为 0—100 的整数。
- Phase 表示波形的初相位,该值决定了波形的形状。其取值为 0—100 的整数。

Strength 表示波形的强度。其取值为 0—100 的整数。

操作提示

第①题:创建网页文件"exe9-4-3.html",选择【修改】|【页面属性】命令,设置网页背景图像为"bg0013.jpg"。将网页保存到本地站点下。

第②题:选择【插入】|【表格】命令,居中插入宽为 300 像素的表格,1 行 3 列的表格,每个单元格为 100×220 像素,并在每个单元格中插入 img 文件夹中的图像文件"campus4.jpg";

第③题:打开【CSS 样式】面板,附加样式表文件"docformat.css"链接到当前文档。

在【CSS 样式】面板中单击右键,再选择快捷菜单中【新建】命令,并在【新建 CSS 规则】对话框中设置以下参数。

- 在 CSS 样式【选择器类型】区域中选择【类(可应用于任何 HTML 元素)】选项;
- 在 CSS 样式【选择器名称】框中输入样式名为:".Wave1";
- 在【规则定义】区域中选择【docformat.css】选项,表示新建的 CSS 样式定义在"docformat.css"样式表文件中,单击【确认】按钮确认。

在【.Wave1 的 CSS 样式定义(在"docformat.css"中)】对话框中设置以下参数:

- 在【分类】列表中选择【扩展】类型,在 filter 下拉式列表中选择 wave 选项,并设置 wave 的参数。本例设置

Wave1(Add=1,Freq=2,LightStrength=70,Phase=50,Strength=10)。

用同样的方法设置:Wave2(Add=0,Freq=3,LightStrength=10,Phase=75,Strength=10)。

将波浪滤镜按题目要求作用在网页图像上,预览网页,观察效果。

第④题:创建翻转滤镜的 CSS 样式:

- 在 CSS 样式【选择器类型】区域中选择【类(可应用于任何 HTML 元素)】选项;
- 在 CSS 样式【选择器名称】框中输入样式名为:".fliph";
- 在【规则定义】区域中选择【docformat.css】选项,表示新建的 CSS 样式定义在 docformat.css 样式表文件中,单击【确认】按钮确认。

在【.fliph 的 CSS 样式定义(在 docformat.css 中)】对话框中设置以下参数。

- 在【分类】列表中选择【扩展】类型,在 filter 下拉式列表中选择 Flip H 选项(水平翻转)。

用同样的方法可以在层叠样式表文件"docformat.css"中定义样式 FlipV(垂直翻转)。

将翻转滤镜按题目要求作用在网页图像上,预览网页,观察效果。

第⑤题:将网页保存在本地站点下。

案例 21　表单与站点发布

案例说明与分析

本案例所建立的表单网页是常用的网络信息交互界面。站点所需的素材、软件位于"项目九\素材\案例 21"文件夹中,样张位于"项目九\样张\案例 21"文件夹中。

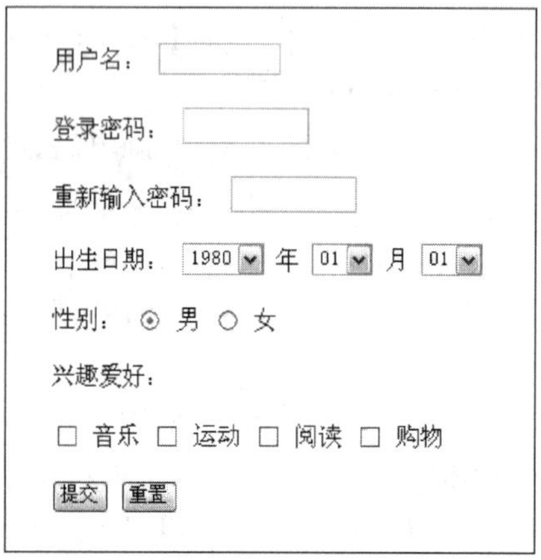

图 9-21-1　新用户注册表单页面预览

在 DWAL5 站点中,新建一个用于某新用户注册的页面——表单网页 newuser.asp,预览样张如图 9-21-1。要创建表单网页需要理解表单对象的作用和设置特点。通过本案例,学习表单网页的建立,文本域、菜单/列表、单选按钮、复选框等表单对象的插入和设置,以及表单预置动作按钮的插入。

案例要求

1. 新建表单网页;
2. 插入表单,插入填写用户名的文本域;
3. 插入以密码形式填写的文本域;
4. 插入并设置列表,实现以下拉列表方式选择出生年月日;
5. 插入单选按钮以供选择性别,默认选择为"男";
6. 插入复选框以采集兴趣爱好;
7. 插入提交或重置按钮对表单预置动作。

操作步骤

第 1 题:在 C 盘的根目录中建立 DWAL5 文件夹,启动 DreamWeaver CS4,选择【站点】|【新建站点】命令,打开【站点定义】对话框,单击【高级】标签,在【高级】选项卡中设置【站点名称】为 DWAL5,【本地根文件夹】为 C:\DWAL5,新建 ASP VBScript 动态页,设网页标题为

"用户注册"。

第2题:插入【表单】,在红色虚框中插入【文本域】,输入标签文字"用户名:",在【属性】面板中按图9-21-2所示设置文本域名称为"username"等文本字段的属性。

图9-21-2　文本域属性面板

第3题:选择【插入】|【表单】|【文本域】命令,选项卡为"登录密码:",名称为"password",字符宽度10,密码类型。

第4题:输入文字"出生日期:",选择【插入】|【表单】|【列表/菜单】命令插入一个选项卡文字为"年"的菜单/列表型表单对象,名称为 selectYear,菜单类型。然后单击【列表值】按钮,在对话框中输入备选年份。输入的每个菜单/列表的每项都有一个选项卡(在列表中显示的文本)和一个值(选中该项时,发送给处理应用程序的值)。如果没有指定值,则将选项卡文字发送给处理应用程序。

类似地,插入选项卡文字为"月",名称为"selectMonth"的菜单/列表型表单对象,列表值为1到12。插入选项卡文字为"日",名称为"selectDay"的菜单/列表型表单对象,列表值为1到31。

第5题:输入文字"性别:",选择【插入】|【表单】|【单选按钮】命令,插入选项卡文字为"男"(默认在表单项后)的单选按钮型表单对象,在属性面板中输入名称为 radioSex,选定值分别为"男",初始状态为【已勾选】。

类似地,再插入一个选项卡文字为"女"的单选按钮型表单对象,在属性面板中输入名称也为 radioSex,形成相互排斥的一组。选定值分别为"女",初始状态为【未选中】。

第6题:输入文字"兴趣爱好:",选择【插入】|【表单】|【复选框】命令,插入一个选项卡文字为"音乐"的复选框型表单对象,名称为默认值,选定值为"音乐",初始状态为【未选中】。类似地,建立其他三个复选框对象。

第7题:选择【插入】|【表单】|【按钮】命令,插入两个按钮型表单对象,动作分别为【提交表单】和【重设表单】。

保存后,按【在浏览器中预览/调试】按钮(或 F12 快捷键)在网页中进行预览。

技能与要点

21.1　表单的制作

1. 表单域

选择【插入】|【表单】|【表单】命令,可在当前的文档窗口中插入表示表单域的红色虚框,即相当于在 html 源代码中插入了 Form 的开始和结束选项卡:〈form name="form1" method="post" action=""〉〈/form〉。在表单属性面板中对"表单名称"、"动作"等属性进行设置。

2. 表单对象

插入表单对象的通用方法是用鼠标单击菜单中的某个表单对象项,就可以把相应的表单对象添加到表单域中。

(1) 文本域

文本域可以接受任何类型的字母数字文本。文本可以单行或多行显示,也可以以密码方式显示。

(2) 复选框

复选框允许在一组选项中选择多个选项。用户可以选择任意多个适用的选项。

(3) 单选按钮

单选按钮代表互相排斥的选择。在某单选按钮组(由两个或多个共享同一名称的按钮组成)中选择一个按钮,就会取消选择该组中的所有其他按钮。

(4) 列表/菜单

使用列表/菜单可以为用户提供可供选择的项目列表,以方便用户操作。【菜单】在下拉列表中显示选项,只能单选。而【列表】可以在滚动列表中显示选项,并且可以支持按〈Shift〉-或〈Ctrl〉-键多选。

(5) 按钮

按钮在单击时执行操作。这些操作包括提交或重置表单。按钮名称或选项卡可以自定义,也可以用预定义的【提交】或【重置】选项卡之一。

(6) 跳转菜单

跳转菜单是提供导航功能的列表或下拉菜单,其中的每个选项都链接到某个文档或某个站点。

(7) 文件域

文件域提供用户浏览自己计算机上的某个文件并将该文件作为表单数据上传的功能。

21.2 交互设置与后台数据库配置

动态网页的关键在于后台数据库,与数据库的互联使得动态网页有了生动的变化和强大的数据处理能力,所以连接数据库对于动态网页的制作非常重要。

完成这些功能主要通过以下几个基本操作步骤:

① 建立 Access 数据库;

② 建立系统 DSN(Data Souce Name);

③ 在 DreamWeaver 中建立数据库联接;

④ 在 DreamWeaver 中创建简单记录集;

⑤ 利用表单向数据库添加新记录。

21.3 网站发布

发布网站即将本地站点的文件上传到远程服务器端,这是网站建设的最后一道工序,通过以超文本传输协议及动态内容处理技术,为访问者提供访问服务。

要访问具有表单对象的动态网页,服务器需要提供动态内容处理技术。目前常用的技术有 JSP、PHP、CGI、ASP 以及微软新推出的 ASP. net,在网站管理中应予以声明。

通过在服务器上安装 Internet Information Server(IIS)可以使服务器具有处理动态网页的能力。但是 IIS 的安装和设置较为繁琐,也可以使用一些绿色的服务软件来替代 IIS,如"Httpserver Port 80"软件。该软件只有一个 exe 文件,只要双击该 exe 文件,在系统状态栏上就会出现一个黑色的 ▣ 图标,计算机就具有处理动态网页的基本能力,网上其他计算机即可通过 http 协议对在该机上所发布的 web 网站进行访问。

在 DreamWeaver 的文件面板中可方便地实现本地与远程站点的文件上传、下载、测试服务器、网站地图管理等站点发布和同步工作。

21.4 练习题

1. 建立"网上订餐"表单网页,如图 9-21-3 所示,其要求如下:

① 在网站中新建名为 order. asp 的网页,第一行文字为"网上订餐",设置其属性为红色、居中、标题 1 格式。第二行文字为"含澳洲牛排一客(150g),现烤面包两个(各 50g),蔬菜若干,饮料一份(550ml),售价:45 元",蓝色、居中。

② 在标题下方插入表单,设置"姓名:"文本字段属性:名称为 XM、字符宽度为 16,"牛排"所在行下拉菜单属性:名称 NP、选项依次为 1 到 10、其中 4 选定。

③ 设置"我的面包是:"所属复选框属性:初始选定状态全未选中;设置"我的饮料是:"所在行各单选按钮属性:组名为 YL、初始选定状态为鲜榨橙汁。

④ 设置"我的地址是:"文本字段属性:字符宽度为 35;提交按钮属性:选项卡为"下订单",复原按钮属性:选项卡为"再考虑一下"。

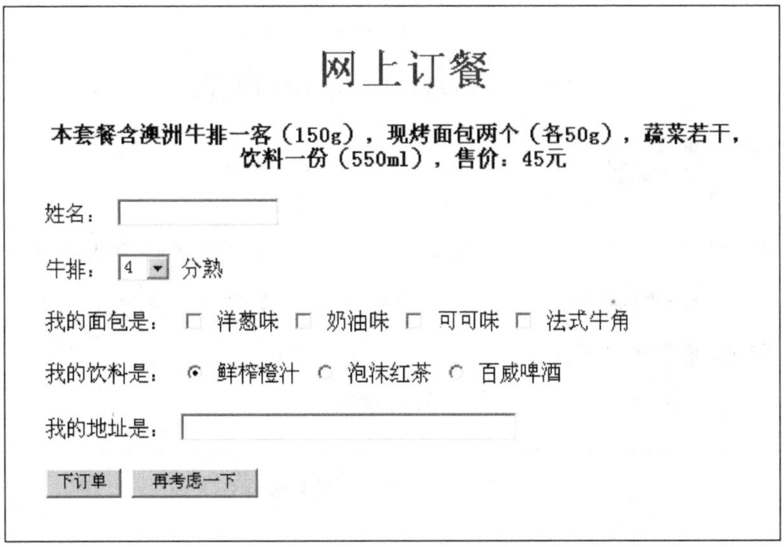

图 9-21-3 网上订餐样张

操作提示

第①题:执行【文件】|【新建】,建立一个 ASP VBScript 类型的动态页,保存为 order. asp。

输入并选中文字"订单",在属性面板中设置红色、居中、标题 1 格式。在第二行输入并选中文字"含澳洲牛排一客(150g),现烤面包两个(各 50g),蔬菜若干,饮料一份(550ml),售价:

45 元",设置为蓝色、居中。

第②题:选择【插入】|【表单】|【表单】命令,文档插入点所在位置出现一个红色的方框。

输入文字"姓名:",选择【插入】|【表单】|【文本域】命令,出现一个默认大小的文本框,选择文本框,在属性面板中设置名称为 XM,字符宽度为 16。

输入文字"牛排:",选择【插入】|【表单】|【菜单/列表】命令,在属性面板中设置名称 NP,单击【列表值】按钮,输入选项依次为 1 到 10、确定返回后在属性面板中选择【选定值】为 4。在列表后输入文字"分熟"。

第③题:输入文字"我的面包是:",选择【插入】|【表单】|【复选框】命令,在出现的复选框后输入文字"洋葱味",类似地创建其他 3 个复选框。

输入文字"我的饮料是:",选择【插入】|【表单】|【单选按钮】命令,选中出现的单选按钮,在属性面板中设置名称为"YL",选定值为"鲜榨橙汁",初始状态为【已勾选】。类似地创建其他 2 个单选按钮,其初始状态都为【未选中】。

第④题:输入文字"我的地址是:"选择【插入】|【表单】|【文本域】命令插入文本框,在属性面板中设置字符宽度为 35。

选择【插入】|【表单】|【按钮】命令插入的按钮,在其属性面板中设置选项卡为"下订单",动作为【提交表单】。

选择【插入】|【表单】|【按钮】命令插入的按钮,在其属性面板中设置选项卡为"再考虑一下",动作为【重设表单】。

保存后按〈F12〉键可在浏览器中预览表单效果。

2. 制作满足下列要求的"网络使用情况调查表"表单网页 net.asp,如图 9-21-4 所示。

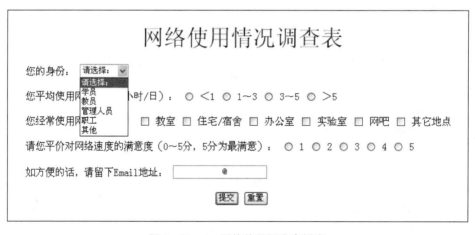

图 9-21-4 网络使用调查表样张

① 用菜单按样张提供用户身份选择。

② 分别用不同组的单选按钮调查平均网络使用时间和对网速的满意度。

③ 用复选框调查经常使用网络的场所。

④ 以单行文本框(初始已填"@")让被调查者留下 E-mail 地址。

操作提示

在本地站点 C:\MySite 中建立表单网页 net.asp,按样张输入并格式化标题"网络使用情况调查表",插入表单域。

第①题:选择【插入】|【表单】|【列表/菜单】命令,在列表/菜单属性面板按样张设置列表值。

第②题:分别在"您平均使用网络时间(小时/日):"和"请您评价对网络速度的满意度(0~5分,5分为最满意):"文字提示后面分别选择【插入】|【表单】|【单选按钮】命令,分别插入名为"hr"和"score"的两组单选按钮,并按样张设置每个单选按钮的选定值,并将状态均设为"未选中"。

第③题:选择【插入】|【表单】|【复选框】命令,插入名称依次为"checkbox1"~"checkbox6"的复选按钮,按样张设定其选定值分别为"教室"、"住宅/宿舍"、"办公室"、"实验室"、"网吧"、"其他地点",状态均为"未选中"。

第④题:选择【插入】|【表单】|【文本域】命令,名称为"textfield",类型为"单行",初始值填"@",其他默认。

分别选择【插入】|【表单】|【按钮】命令,插入动作为"提交表单"和"重设表单"的两个按钮,保存表单网页后按〈F12〉键在浏览器中预览表单效果。

综合实践

1. 实践内容1

(本实践内容所使用的素材位于项目九\素材\实践内容\实践内容1下,样张位于项目九\样张\实践内容下)

(1)打开练习19.4中第1题的框架网页文件index.html,网页如图19-21-5所示,并完成下列要求:

图19-21-5 实践内容样张1

① 给网页左框架中第1个鼠标经过图像添加行为:当鼠标指向该图像时显示apDiv1,此时可以看到图像文件"P1.jpg";

② 当鼠标从该图像上移开时,隐藏apDiv1。单击网页左侧第1个鼠标经过图像时,在主

框架中显示被链接的网站相册文件 index1.html。

③ 给网页左框架中第 2 个鼠标经过图像添加行为：当鼠标指向该图像时显示 apDiv2,此时可以看到图像文件"P8.jpg"；当鼠标从该图像上移开时,隐藏 apDiv2。单击网页左侧第 2 个鼠标经过图像时,在新的浏览窗口中显示被链接的网页。被链接的对象为 hz.html 文件中的锚点 aa。

④ 给网页左框架中第 3 个鼠标经过图像添加行为：双击该图像,停止底部框架页面的 Flash 文件"camp.swf"的播放,单击该图像,开始播放底部框架页面的 Flash 文件"camp.swf"。

⑤ 给网页左框架中第 4 个鼠标经过图像添加 Email 链接,地址为学生本人的邮箱地址。

⑥ 浏览网页后,保存文件。

2. 实践内容 2

(本实践内容所使用的素材位于项目九\素材\实践内容\实践内容 2 下)

(1) 按照图 19-21-6 所示的样张创建符合下列要求的"顶部和嵌套的左侧框架"网页,网页首页文件 index.html,并将此文件保存本地站点根文件夹中。

图 19-21-6 实践内容样张 2

① 框架集网页文件名为"index.html"；

② 顶部框架网页文件名为"top.html",顶部框架的【行】高度为 107 像素,并设置背景颜色为#ddffff,并插入 Flash 文件"ecupl.swf"；

③ 左框架网页文件名为 left.html,并设置背景图像为"bg2.jpg",背景图像为"不重复",左框架的【列】宽度为 185 像素；

④ 设置主框架网页文件名为"right.html",页面的【滚动】方式为"自动",设置背景图像为

"bg3.jpg",在网页合适的位置上输入文字"校园介绍",并将"hz.doc"中文字复制到网页合适的位置上,文字的字体、大小、颜色自定,如样张 2 所示。

⑤ 将三个框架网页的页面属性【左边界】、【顶部边界】、【边界宽度】、【边界高度】设为 0,并将全部框架文件保存在本地站点中。

(2)用 image 子文件夹中的图片创建如图 19-21-7 所示的网站图片相册,其要求如下:

图 19-21-7 实践内容样张 3

① 网站相册标题为"校园景色",省略副标题。

② 页面图片的缩略图尺寸为 100×100 像素;每行列数为 4 列;缩略图片文件格式为 .jpg。

③ 初始图片文件夹为的 image 子文件夹,目标图像文件夹为本地站点根文件夹。

④ 其他参数默认,用 img 文件夹中的文件"bg3.jpg"设置网页的背景图片。

⑤ 在页面合适的位置上插入一个 AP 元素,在 apDiv1 中插入图形文件"return.gif",并为该文件建立返回首页"index.html"的超级链接,如样张 3 所示。

⑥ 用代码方式添加网页背景音乐,音乐文件为"music.mid"。

提示:〈bgsound src="音乐文件名" loop="-1"〉

⑦ 网页文件用"index1.html"为名保存在本地站点根文件夹中。

(3)创建网页 link.html,用 img 文件夹中的文件"bg3.jpg"设置网页的背景图片,背景图像为"不重复"。网页的【左边界】、【顶部边界】、【边界宽度】、【边界高度】设为 0,并将网页文件保存在本地站点中。

① 在网页居中插入 1 行 1 列的表格,表格为 500×300 像素。

② 在表格中间的插入图像文件"e_commerce.jpg",在该图像的计算机显示屏、圆形卫星

天线和人像上分别绘制矩形、圆形和多边形热点,并创建热点超链接,热点被链接的网页分别选自 html 文件夹中的网页文件。

(4) 在框架网页文件"index. html"中继续完成下列要求:

① 在左侧框架 left. html 中,居中插入 4 行 1 列的表格,表格中单元格大小为 120×40 像素,并在其中分别插入图像 an1. gif、an2. gif、an3. gif、an4. gif。

② 按钮图像"an1. gif"、"an2. gif"、"an3. gif"、"an4. gif"分别链接"right. html"、"index. html"、"video. html"、"link. html"。

③ 保存并预览网页。

④ 使框架网页在不同分辨率的显示器下都能居中对齐,并使居中后的网页两侧有合适的背景图像。

提示:新建网页 center. html,在该网页的〈body〉与〈/body〉的标签中输入以下代码。

```
〈table width="800" border="0" align="center" cellpadding="0" cellspacing="0"〉
    〈tr〉
        〈td〉〈iframe src="index. html" width="800" height="700"〉〈/iframe〉〈/td〉
    〈/tr〉
〈/table〉
```

项目十 数据库

● ● ● **目的与要求**

1. 掌握 Access 数据库、数据表的创建与修改,数据查询的建立
2. 掌握 Access 窗体的建立
3. 掌握 Access 数据库的报表建立

案例 22 表 与 查 询

案例说明与分析

本案例是打开一个学生信息数据库,在数据库中修改数据表结构,创建对数据的查询文件,数据库文件位于"项目十\素材"文件夹,数据库文件名为"学生信息.accdb"。

数据表文件和所建立的各种查询文件,均保存在数据库中,要求掌握数据库结构修改、记录的操作、建立数据查询文件等操作技能。

案例要求

1. 打开"学生信息"数据库。

2. 修改表的结构,其中"学生信息"表中的"学号"字段设置为无重复索引属性,"课程表"表中的"课程号"字段设置为无重复索引字段。

3. 将"成绩表"中的数据,按"成绩1"升序排序,同时按"成绩2"降序排序。

4. 建立查询文件"查询1",要求显示"成绩表"中"成绩1"在60分到90分之间和"成绩2"在90分以下的学生成绩,并显示学号、成绩1和成绩2字段。

5. 使用 SQL 语句,查询"成绩表"中"学期"为1、"成绩1"在60分以上的所有学生。该查询结果以查询文件"查询2"保存。

操作步骤

第1题:在 Access 工作窗口,选择【文件】|【打开】命令,选中"学生信息"数据库(或鼠标直接双击"学生信息"数据库),打开"学生信息"数据库。

第2题:在"学生信息"数据库窗口的"表"栏目中,选择"学生信息"表,右键单击选择【设计视图】按钮,选中"学号"字段,并选中【常规】选项卡,设置"索引"为"有(无重复)"。单击【关闭】按钮,并单击【是】按钮,保存更改并返回数据库操作界面。同样的,选择"课程"表设置"课程号字段"为"有(无重复)"。

第3题:打开"成绩表",在设计视图中,选择【设计】|【索引】命令,打开【索引】对话框,在对话框中将"成绩1"设置为"升序"排序,将"成绩2"设置为"降序"排序。

关闭对话框,打开"成绩"表,索引后的"成绩表"数据,将按"成绩1"升序和"成绩2"降序显

示,如图 10-22-1 所示。

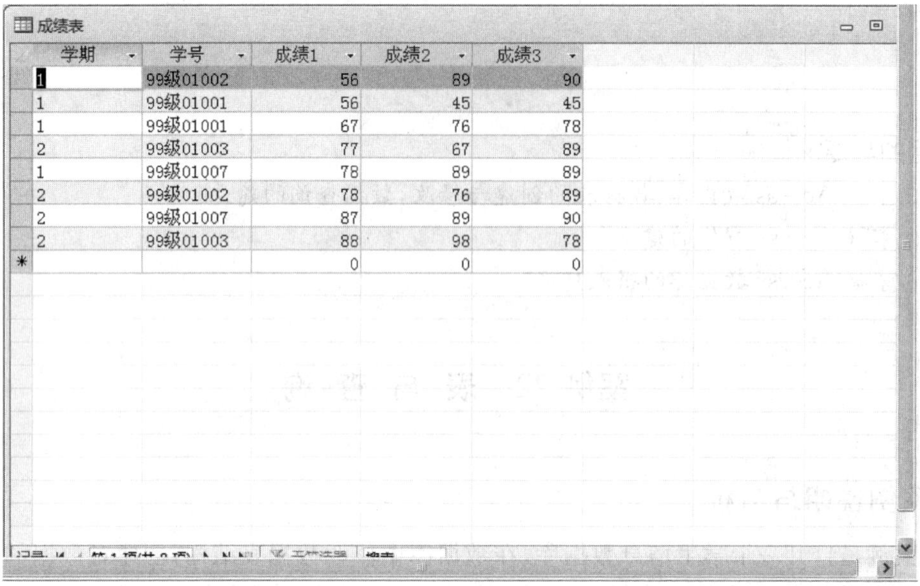

图 10-22-1 【数据表视图】索引结果

第 4 题:在数据库界面窗口中,选择【创建】|【查询设计】,打开【显示表】对话框。选中"成绩表"表,按【添加】命令,"成绩表"被添加到【查询设计】窗口中,关闭【显示表】对话框。在"选择查询"设计窗口中,按图 10-22-2 所示分别设置查询的字段和查询的条件。

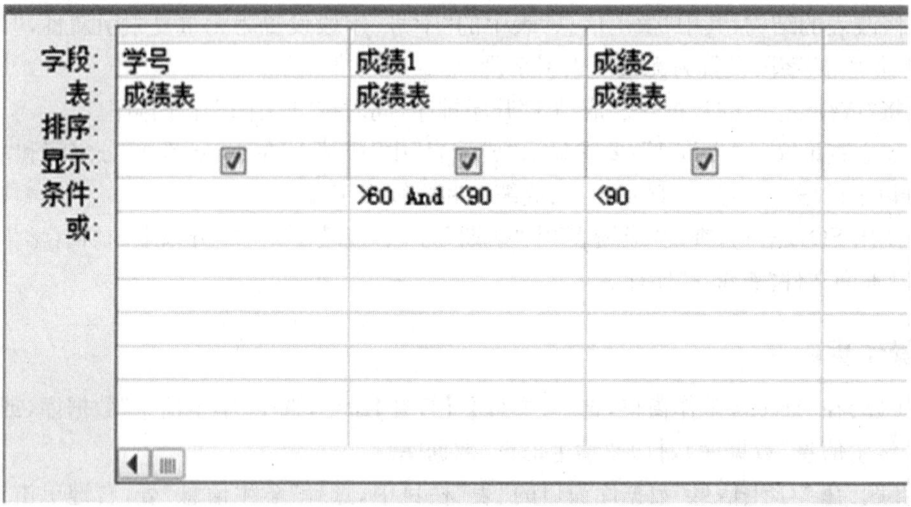

图 10-22-2 查询条件设置

点击【运行】按钮,即显示查询的结果数据。单击【保存】按钮,在【保存对话框】中输入查询文件名,单击【确定】按钮,保存查询文件。

第 5 题:创建一个查询 2,添加成绩表,选择【设计】选项卡中【视图】|【SQL 视图】命令,输入 SQL 查询命令,如图 10-22-3 所示。

SELECT * FROM 成绩表 WHERE 学期="1" AND 成绩1>60:

图 10‐22‐3 SQL 查询语句

点击【运行】按钮，即显示查询的结果数据。单击【保存】按钮，在【保存对话框】中输入查询对象名，单击【确定】按钮，保存查询对象。

技能与要点

22.1 数据库技术的基本知识

1. 数据处理

数据库管理的对象是数据，包括数字、文字、符号、图形图像、声音、视频等能被计算机识别的所有信息。数据处理是将数据以一定的组织方式存放在计算机存储设备中、组成互相关联的数据集合。

2. 数据管理

数据库管理是对上述数据进行采集、存取、计算、分类、汇总、统计、检索和维护等处理。

3. 数据模型

数据库管理系统是对数据进行管理的计算机专用软件。数据模型是数据库系统软件所支持的数据模型结构，主要有层次模型、网状模型和关系型模型等三种形式。其中关系型数据模型，是用表结构来表示数据之间联系的一种结构，即把一个数据集合用一张二维表来表示，因此又称为关系表，这是一种最接近人们生活习惯、因此被最广泛使用的数据模型。案例 22 中的数据表即为关系型数据表。

22.2 数据库、数据表的创建和编辑

1. 创建数据库

① 选择【文件】|【新建】命令。

② 在中间窗格选中"空数据库"项，选择数据库文件要保存的位置，数据库文件名，点击【创建】按钮即新建一个空的数据库文件，Access 2010 数据库文件扩展名为 accdb。

2. 创建数据表

（1）新建数据表

① 在新建数据库时会自动新建一个默认表名为"表 1"的数据表。也可以选择【创建】|【表】创建一个新的数据表。

② 单击【保存】按钮，在出现的【另存为】对话框中，输入表的名称，单击【确定】按钮。

（2）表结构的设计

① 在数据库窗口的对象栏中右击表名|【设计视图】，打开表设计视图。

② 在表"设计视图"中，按行在【字段名称】中输入字段名，在【数据类型】栏单击下拉按钮，

选择数据的类型,在设计视图界面下方的【常规】选项卡中设置字段的各种属性。重复上述步骤,将所有的字段定义完毕。

③ 单击【关闭】按钮,单击【是】按钮,保存当前输入的字段信息。

(3) 数据输入

双击数据表,在数据表视图下按记录输入数据,输入完全部数据后,单击【保存】,并关闭数据表。

例 10.22.1: 新建一个"学生管理"数据库,并创建一个"学生信息"表,其中"学号"字段的"索引"属性设置为"有(无重复)",表内容的要求如表 10-22-1 和表 10-22-2:

表 10-22-1 "学生信息"表结构

字段名	数据类型	字段大小	字段名	数据类型	字段大小
学号	文本型	10	民族	文本型	6
姓名	文本型	8	是否团员	逻辑型(是/否)	
性别	文本型	2	照片	OLE 对象型	
出生日期	日期型	长日期	备注	备注型	

表 10-22-2 "学生信息"表数据

学号	姓名	性别	出生日期	民族	是否团员	照片	备注
99 级 01001	刘 畅	男	1981 年 9 月 2 日	汉族	No		2004 年评为上海市三好学生
99 级 01002	张金鑫	男	1978 年 11 月 11 日	汉族	Yes		
99 级 01003	王丽娟	女	1980 年 1 月 21 日	汉族	No		
99 级 01004	黎 明	男	1981 年 2 月 23 日	回族	Yes		
99 级 01005	和 平	女	1979 年 5 月 16 日	汉族	No		
99 级 01007	张正明	男	1978 年 6 月 30 日	汉族	Yes		

(4) 表结构的修改

① 打开数据库窗口,在对象栏中选择"表"选项,并选择要修改的数据表,单击鼠标右键,选择快捷菜单中的【设计视图】命令,打开表的设计视图。

② 在"设计视图"模式下,选择【插入行】命令,插入一个新字段;选中某字段后,选择【删除行】命令,删除该字段;使用鼠标选中某个字段后,可直接进行修改字段(包括字段名、字段类型、字段属性)。

③ 关闭表设计视图,出现"是否保存对表设计的修改"提示,单击【是】按钮,保存修改。

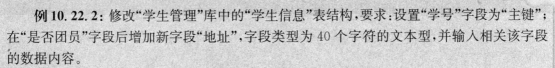

例 10.22.2：修改"学生管理"库中的"学生信息"表结构，要求：设置"学号"字段为"主键"；在"是否团员"字段后增加新字段"地址"，字段类型为 40 个字符的文本型，并输入相关该字段的数据内容。

操作提示

① 打开"学生信息"表的设计视图。

② 选中学号一行，选择【设计】|【主键】命令，将"学号"字段设置为"主键"（对已经建立"主键"的字段，该操作将取消"主键"）。

③ 单击"照片"字段，右键选择【插入行】命令，在出现的新行中输入字段名为"地址"、字段类型为"文本"、在"常规"选项卡中设置"字段大小"为"40"。

④ 双击"学生信息"表，在【数据表视图】下输入新字段的数据内容。

(5)数据表记录的插入与删除

① 双击某一数据表，打开该表的【数据表视图】。

② 在数据表视图中，在前面带星号的空白处（或右键选择【新记录】命令），输入相应的数据内容。

③ 将插入点移至要删除的行，右键选择【删除记录】命令，删除该记录。

④ 关闭数据表视图，系统自动保存增、删记录的数据表。说明：对数据表插入新记录，只能插在原来记录的最后面。

(6) 数据表记录的筛选显示满足条件的记录，不满足条件的记录被隐藏。

方法 1：在数据表视图下，在【开始】选项卡上的"排序和筛选"组中单击【高级】，然后单击【按窗体筛选】。在该字段下选择或输入筛选条件。选择【切换筛选】命令，将显示满足条件的记录。

方法 2：在【开始】选项卡上"排序和筛选"组中，单击【高级】|【高级筛选/排序】。将要作为筛选依据的字段添加到网格中，选择字段并输入筛选条件，选择【切换筛选】命令，将显示满足条件的记录。

3．建立查询

(1) 单表查询对数据库中的一个数据表的数据进行的查询。

① 在数据库中，选择【创建】|【查询设计】命令，打开【显示表】对话框和【查询】设计窗口。

② 选择要建立查询的表，按【添加】命令，将表添加到【查询】设计窗口中，关闭【显示表】对话框。

③ 在【查询】设计窗口中，设置查询的字段和输入查询的条件。选择【设计】|【运行】命令，显示查询的结果数据。

④ 单击【关闭】按钮（或选择【文件】|【保存】命令），输入查询文件名后，保存查询文件。在 Access 中除了选择查询外，可以建立参数查询、交叉表查询、操作查询等。同时能对表中的字段建立汇总和计算等查询。

例10.22.3：使用"学生信息"表,利用"交叉表查询向导"建立一个名为"查询1"的查询文件,要求显示各班级中各种民族的分布情况。

操作提示

① 在数据库中,选中【创建】|【查询设计】命令,打开【显示表】对话框和【查询】设计窗口。

② 在【显示表】对话框中选择"学生信息"表,单击【添加】命令,将表添加到【查询】设计窗口中,关闭【显示表】对话框。

③ 选择【设计】|【交叉表】命令,在【交叉表查询】设计窗口中如图10-22-4所示,设置查询的字段和输入查询的条件。单击工具栏的【运行】按钮,即显示查询的结果数据。

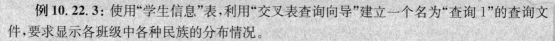

字段:	班级	民族	民族		
表:	学生信息	学生信息	学生信息		
总计:	Group By	Group By	计数		
交叉表:	行标题	列标题	值		
排序:					
条件:					
或:					

图10-22-4 【交叉表查询】设置

④ 单击【关闭】按钮(或选择【文件】|【保存】命令),输入查询文件名后,保存查询文件。

（2）多表查询

对数据库中的多个数据表的数据进行组合查询。

① 在数据库中,选中【创建】|【查询设计】命令,打开【显示表】对话框和【查询】设计窗口。

② 在【显示表】对话框中,选择表格后单击【添加】命令,将多个有关系的表添加到【查询】设计窗口中,关闭【显示表】窗口。

③ 在【查询】设计窗口中,设置查询的字段和输入查询的条件,其中查询字段包含在多个表中。

④ 选择【设计】|【运行】命令,即显示查询的数据。单击【关闭】按钮(或选择【文件】|【保存】命令),输入查询文件名后,查询文件被保存。

（3）SQL查询

SQL即结构化查询语句,SQL选择查询语句格式:SELECT * |〔DISTINCT〕字段列表 FROM 表名〔WHERE 条件〕〔GROUP BY 分组字段〔HAVING 分组条件〕〕〔ORDER BY 字段1〔ASC|DESC〕〔,字段2〔ASC|DESC〕〕〕....〕语句的功能:从"表名"所对应的表中选取满足条件的记录。语句中每一项的解释请查阅有关书籍。

① 在数据库窗口中,选中【创建】|【查询设计】命令,打开【显示表】对话框,直接关闭【显示

表】对话框。

② 在【查询】窗口中,选择【设计】|【SQL 视图】命令,打开的【SQL 查询】窗口中,输入 SQL 查询命令,如 SELECT ＊ FROM 表名。

③ 选择【设计】|【运行】命令,显示运行查询的数据。

④ 单击【关闭】按钮(或选择【文件】|【保存】命令),在保存对话框中输入查询文件名后,保存查询文件。SQL 语句除了查询语句外还有其他操作语句,如创建数据表、删除数据表、删除记录、插入记录、更新数据记录等语句,这里不再赘述。

22.3 练习题

1. 打开"学生信息. accdb"数据库,按下列要求进行操作:

① 修改"成绩表"数据表结构:将"成绩 2"字段的数据类型改为"数字"及"整型"属性,将"学号"字段设置为"主键"。

② 对"学生信息"数据表的"性别"和"出生日期"字段设置索引(一个为升序、一个为降序)。

③ 筛选出"学生信息"数据表中 1980 年 12 月 1 日后的团员和 1978 年 12 月 1 日前的非团员记录,并按出生年月排序。

操作提示

第①题:打开"学生信息"数据库中的"成绩表"数据表,在表设计视图界面选中"成绩 2"字段,在"数据类型"的下拉按钮中选择"数字"和属性设置为"整型",选中"学号"字段,单击【主键】按钮,设置为"主键"字段。

第②题:以设计视图方式打开"学生信息"数据表,选择【索引】命令,将"性别"字段设置升序,将"出生日期"字段设置降序。

第③题:选择【开始】选项卡,在"排序和筛选"组中,单击【高级】|【高级筛选/排序】,在筛选条件中选择和输入如图 10 - 22 - 5 所示的筛选条件。

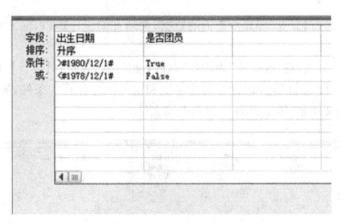

图 10 - 22 - 5 筛选条件

2. 打开"学生信息. accdb"数据库,按下列要求进行操作:

① 使用"学生信息"表,建立"学生查询 1"查询文件,要求查询在 1978 年 12 月 1 日以前出生的男生和全部 1980 年 1 月 1 日以后出生的学生情况,显示学生的学号、姓名和是否团员字段。

② 使用"成绩表",建立"学生查询2"查询文件,要求按"学期"生成"成绩1"的平均分、"成绩2"的最高分、"成绩3"的最高分最小分之间的差字段,并满足"成绩1"大于60分的记录。

③ 使用"学生信息"、"学生成绩"、"课程"表,建立"学生查询3"查询文件,查询期末成绩在60分到90分之间的学生名单,要求显示学号、学生姓名、课程名称和任课老师字段。

④ 用SQL语句,使用"学生成绩"表,建立"更新查询"查询文件,计算"期末成绩"在60分以上的学生总评成绩,总评成绩=(期末成绩+期中成绩+平时成绩)/3。

⑤ 用SQL语句,使用"学生成绩"表,建立"学生查询4"查询文件,查询总评成绩在70分到80分之间的学生名单,显示学号、课程名称和总评成绩。

操作提示

第①题:在数据库窗口中,选中【创建】|【查询设计】命令,打开【显示表】对话框,在【显示表】对话框中选择"学生信息"表,单击【添加】命令,表被添加到"查询设计"窗口中,关闭【显示表】对话框。在【查询】设计窗口中设置查询的字段和输入查询的条件,如图10-22-6所示。

字段	出生日期	性别	学号	姓名	是否团员
表	学生信息	学生信息	学生信息	学生信息	学生信息
排序					
显示	☐	☐	☑	☑	☑
条件	<#1978/12/1#	"男"			
或	>#1980/1/1#				

图10-22-6 查询条件设置

选择【设计】|【运行】命令,即显示查询的数据,关闭查询设计窗口,输入查询文件名"学生查询1"。

第②题:用上述方式,将"成绩表"表添加【查询】设计窗口。选择【设计】|【汇总Σ】按钮,在【查询】窗口中添加了"总计"行,设置查询的字段和输入汇总计算的条件,如图10-22-7所示。最后输入查询文件名"学生查询2"保存查询文件。

字段	学期	成绩1	成绩1	成绩2	最大最小之差: Max([成绩3])-Min([成绩3])
表	成绩表	成绩表	成绩表	成绩表	
总计	Group By	Where	平均值	最大值	Expression
排序					
显示	☑	☐	☑	☑	☑
条件		>60			
或					

图10-22-7 【设置汇总条件】查询窗口

第③题：用上述方式，分别将"学生信息"、"学生成绩"、"课程"表添加到【查询】设计窗口中。在【查询】设计窗口选中需要显示的字段，输入查询的条件，如图 10-22-8 所示。最后输入查询文件名"学生查询 3"保存查询文件。

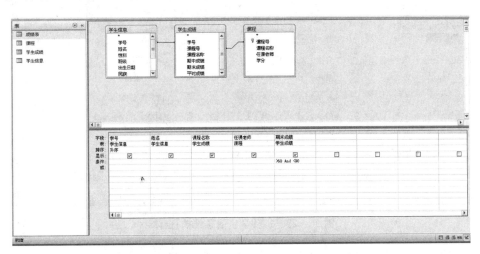

图 10-22-8 【设置多表条件】查询窗口

第④题：用上述方式，直接关闭【显示表】对话框。在【设计】选项卡中，选择【视图】|【SQL 视图】命令，在打开的【SQL 查询】窗口中输入 SQL 命令，如图 10-22-9 所示。最后保存"更新查询"查询文件。

```
UPDATE 学生成绩 SET 总评成绩 = (期末成绩+期中成绩+平时成绩)/3
WHERE ((( 学生成绩. [期末成绩])>60));
```

图 10-22-9 【SQL 语句】

第⑤题：在 SQL 查询窗口中输入 SQL 查询命令，如图 10-22-10 所示。最后保存查询文件"学生查询 4"。

```
SELECT ([期中成绩]+[期末成绩]+[平时成绩])/3 AS 总评成绩, 学生成绩.学号, 学生成绩.课程名称
FROM 学生成绩
WHERE (((([期中成绩]+[期末成绩]+[平时成绩])/3) Between 70 And 80));
```

图 10-22-10 【SQL 语句】

运行"学生查询 4"查询文件，屏幕显示查询的结果数据。

案例 23 窗 体

案例说明与分析

案例 23 中使用的素材位于"项目十\素材"文件夹，本案例的素材文件名为"学生信息.

accdb",案例样张如图 10-23-1 所示。

图 10-23-1 【学生信息维护】窗体

"学生信息维护"窗体的组成:窗体页眉、窗体页脚、主体。窗体元素:标签、文本框、直线、列表框、复选框和命令按钮。

案例要求

启动 Access2010,并打开"学生信息"数据库,完成如下操作:

1. 利用"窗体向导",使用"学生信息"表创建"表格"样式的窗体。

2. 在窗体页眉上添加"学生信息维护"标签,并设置文字格式。

3. 在窗体页脚上添加命令按钮。

4. 在窗体页眉上添加图片样式的"关闭窗体"命令按钮。

5. 取消记录导航,并设置窗体为弹出效果。

操作步骤

打开"学生信息. accdb"文件。

第1题:选择【创建】|【窗体向导】命令,并按照向导步骤进行设置,在"表/查询"中选中"表:学生信息",并添加所需字段,选择窗体布局为"表格",最后单击【完成】按钮,显示窗体内容。打开"学生信息维护"窗体,选择【开始】|【视图】|【设计视图】命令,切换到窗体设计视图状态,在设计视图中调整窗体页眉中各选项卡控件的位置、调整主体中各文本控件的位置,如图 10-23-2 所示。

注意:Access2010 新增"布局视图"选项,可以在窗体浏览状态下调整各个控件的位置与大小。

图 10-23-2 【学生信息维护】窗体

第 2 题：选中窗体页眉上的标签控件，将其内容改为"学生信息维护"。选中标签控件，单击【窗体设计工具】|【设计】|【属性表】按钮，打开"标签"属性对话框，如图 10-23-3 所示，设置文字格式属性：隶书、褐紫红色、22 号字、居中对齐。选中【直线】控件，在窗体页眉上画直线。选中直线，在"直线"属性对话框中设置线条格式属性为：褐紫红色、实线、2 磅。

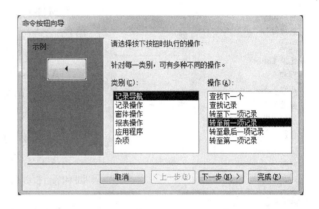

图 10-23-3 "标签"【格式】属性对话框　　　图 10-23-4 【命令按钮向导一】对话框

第 3 题：选择【窗体设计工具】|【设计】命令，在"控件"组中单击【按钮】控件，在窗体页脚上画一个按钮，并按向导步骤完成相关的设置操作，如图 10-23-4、图 10-23-5、图 10-23-6。使用同样的方法在窗体页脚上添加"第一项记录"、"上移记录"、"最后一项记录"、"添加纪录"、"删除纪录"、"保存记录"命令按钮。

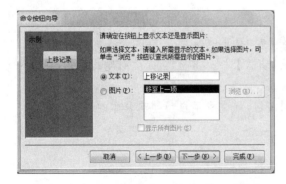

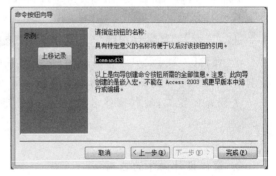

图 10-23-5 【命令按钮向导二】对话框　　　图 10-23-6 【命令按钮向导三】对话框

第 4 题：选择【窗体设计工具】|【设计】命令，在"控件"组中，单击【按钮】控件，在窗体页眉上画一个按钮，并按向导步骤设置命令按钮的类型等。

第 5 题：选择【窗体设计工具】|【设计】|【属性表】按钮，打开属性对话框，在对话框中选中

"窗体"对象,如图 10-23-7 所示,显示"窗体"属性对话框,在【格式】中设置窗体属性,并设置记录选定器:否、导航按钮:否。在【其他】中设置弹出方式:是。

图 10-23-7 "窗体"属性对话框

技能与要点

23.1 窗体的类型与结构

窗体又叫表单,是用户和 Access 2010 应用程序之间的主要接口。利用 Access 窗体,可以使用户轻松地完成数据的各种处理。一般来说窗体具有显示编辑数据、控制应用程序的流程、显示信息、打印数据功能。一个窗体可以同时具有显示数据及打印数据的双重角色。

1. 窗体的类型

Access 2010 窗体按照其显示特性的不同,又可以分为三类:单页窗体和多页窗体、单一窗体和连续窗体、主窗体和子窗体。

2. 窗体的结构

Access 窗体由窗体页眉、页面页眉、主体、页面页脚和窗体页脚 5 个节组成。

23.2 窗体设计

1. 自动创建窗体

自动创建窗体非常简单,打开一个表或查询,然后单击【创建】|【窗体】命令即可。

例 10.23.1:创建"学生成绩"表的自动窗体。

操作提示

① 在"表"对象窗口中选中或双击"学生成绩"表,打开该表。

② 选择【创建】选项卡,在"窗体"组中,单击【窗体】按钮,即产生自动创建的窗体,在这个窗体中,列出了"学生成绩"表的所有字段和记录。

关闭窗体窗口,输入窗体名称后单击【确定】按钮,就完成了自动创建窗体的过程。

2. 窗体设计向导的应用

应用窗体向导创建"单一数据集的窗体"和"多重数据集的窗体"。

(1)单一数据集的窗体设计

例 10. 23. 2：利用"学生信息"表，创建一个纵栏表的"学生信息"窗体，如图 10 - 23 - 8 所示。

图 10 - 23 - 8 【学生信息】窗体

操作提示

① 选择【创建】|【窗体向导】命令。

② 在窗体向导对话框中选择"学生信息"表，以及待显示的字段。

③ 在窗体向导对话框中选中窗体使用的布局：纵栏表。

④ 在窗体向导对话框中输入窗体名称：学生信息。

⑥ 单击【完成】按钮，显示窗体内容。

(2) 多重数据集的窗体设计

Access 2010 处理多重数据源的形式是开设一个子窗体。即主窗体基于一个数据源，而任意一个其他数据源的数据即对应子窗体。子窗体是窗体中的窗体，在显示有"一对多"关系的表或查询中的数据时，子窗体特别有效。

例 10. 23. 3：创建一个带有子窗体的主窗体，用于显示"学生信息"表和"学生成绩"表中的数据。

分析："学生信息"表中的数据与"学生成绩"表中的数据是一对多关系，即每个学号对应多门课程的成绩。在这类窗体中，主窗体和子窗体彼此连接，使得子窗体只显示与主窗体当前记录相关的记录。例如，当主窗体显示学号为"99 级 01001"时，在子窗体中就只会显示学号"99级 01001"学生的各学期的各科成绩，如图 10 - 23 - 9 所示。

图 10-23-9 【学生基本信息】和【成绩】多数据源窗体

操作提示

① 打开【创建】选项卡，单击【窗体向导】按钮。

② 在【窗体向导】对话框中选中"学生信息"表，并选择字段（全部字段）。再选中"学生成绩"表，并选中字段：学号、课程名称、期中成绩、期末成绩、平时成绩。

③ 单击【下一步】按钮，打开如图 10-23-10 所示的【窗体向导】对话框，并按图中项目进行设置。

④ 单击【下一步】按钮，选中子窗体使用的布局：数据表。

⑤ 单击【下一步】按钮，输入窗体名称：学生基本信息、输入子窗体名称：成绩。

⑥ 单击【完成】按钮，显示"学生基本信息"和"成绩"两个窗体。

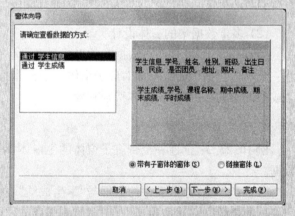

图 10-23-10 【窗体向导】对话框

3. 自定义窗体

窗体设计视图是进行窗体设计的主要工具,可以直接在窗体设计视图中创建窗体,也可以在窗体设计视图中修改已有的窗体。

(1)窗体设计视图

窗体的设计视图主要由标题栏、水平标尺、垂直标尺、窗体控件和窗体页组成。

① 标题栏:显示当前编辑的窗体名称;水平标尺和垂直标尺:用来标准控件的位置;

② 窗体控件:是窗体设计控件的集合,通过拖放为窗体创建控件;

③ 窗体页:是窗体设计的中心,它一般由主体节构成,也可包含窗体页眉、页面页眉、页面页脚及窗体页脚等窗体节。选中窗体主体,单击鼠标右键,通过快捷菜单可切换显示"窗体页眉/页脚"和"页面页眉/页脚"。窗体页眉用于显示窗体标题,窗体使用说明或者打开相关窗体或运行其他任务的命令按钮。窗体页脚用于显示窗体命令按钮或接受输入的非结合控件等对象的使用说明,窗体页脚显示在"窗体"窗口的底部和打印输出文档的结尾处。

(2)窗体设计视图工具栏

窗体设计视图工具栏由视图、主题、控件、页眉/页脚、工具组成。控件是窗体设计的"命令中心"。选择【创建】|【窗体设计】命令,进入【设计】选项卡,显示所有可用于窗体设计的控件,如文本框、标签、按钮等。

(3)窗体控件及控件属性

一个窗体的属性可以分为四类,分别是:格式、数据、事件、其他属性。单击【设计】|【属性表】命令,可对相应属性赋值或选取属性值。

23.3 窗体控件的应用

1. 标签控件的应用

在窗体或报表上可以使用标签来显示说明性文本,其值是固定值。

2. 文本框控件的应用

在窗体或报表上可以使用文本框来显示某个表、查询或 SQL 语句中字段的数值或通过计算得到的数值。文本框控件可以是结合、非结合或计算机型的,结合型文本框控件与基表或查询中的字段相连,可用于显示、输入及更新数据库中的字段。计算机型文本框控件则以表达式作为数据库源。

例 10.23.4: 利用"成绩表"表,创建"总评成绩"表子窗口,增加"总评成绩"一项,总评成绩 = 成绩 $1 \times 30\%$ + 成绩 $2 \times 50\%$ + 成绩 $3 \times 20\%$。

操作提示

① 选择【创建】|【窗体向导】命令,按步骤选择"成绩表"及所需字段,利用向导创建一个标准的表格表窗体"总评成绩"。

② 选中"总评成绩"窗体,选择【视图】|【设计视图】命令,打开"总评成绩"窗体的设计视图。

③ 在"主体"中添加文本框,打开"文本框"属性对话框,选择属性表中"数据"选项卡,并在"控件来源"项单击"…"按钮打开【表达式生成器】窗口,在窗口中输入表达式如图 10-23-11 所示,并单击【确定】按钮。

图 10-23-11 【表达式生成器】窗口

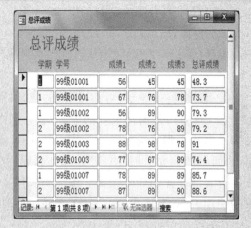

图 10-23-12 【总评成绩】窗体

④ 关闭设计视图,并保存对窗体的修改,运行窗体后显示结果如图 10-23-12 所示。

3. 列表框和组合框的应用

如果在窗体上输入的数据是选自某一个表或查询中的记录的数据,就应该使用组合框控件或列表框控件,可以保证输入数据的正确性,同时还可以提高数据的输入速度。

4. 命令按钮的应用

在窗体上可以使用命令按钮来执行某个操作或某些操作,如:打开窗体、记录定位、记录操作、打开报表或其他操作。使用"命令按钮向导"可以创建 30 多种不同类型的命令按钮。

5. 图像控件的应用

可使用图片工具设置窗体的背景。

6. 添加页眉页脚

窗体包含窗体页眉、页面页眉、页面页脚及窗体页脚。页眉和页脚只能成对添加,如果不需要其中的任何一个,可以将其高度设置为零,或者将其"可见性"属性设置为"否"。也可以在窗体设计视图状态下,在"主体"上单击鼠标右键,通过快捷菜单切换显示或隐藏窗体页眉/页脚、页面页眉/页面页脚。

23.4 练习题

1. 使用"设计视图"按样张自定义窗体,窗体名称:登录,如图 10-23-13 所示,创建的要求如下:

要求在窗体上添加如下控件,并设置属性:

① 标签(Label):标题"学生管理系统登录"、背景样式:常规、特殊效果:凿痕、文字效果:隶书 16 号字、居中对齐、褐紫红色。

② 列表框(List):数值获取方式为"使用列表框查阅表或查询中的值",从"操作人员"表的"姓名"字段中获取数据、列表框的标签为:操作员。文字效果:楷书 10 号字、居中对齐、褐紫

红色。

③ 文本框（text）：标题：请输入密码、背景样式：常规、文字效果：楷书 10 号字、居中对齐、褐紫红色。数据来源属性：凹陷，数据属性：输入掩码：密码、文字属性：楷书 10 号字、居中对齐、褐紫红色。

④ 命令按钮（Command）：单击此按钮时，关闭此窗体（以后可以设置为打开另外一个窗体）。

⑤ 窗体的格式属性：标题：登录、滚动条：两者均无、记录选定器：否、导航按钮：否、自动居中：是；窗体的其他属性：弹出方式：是。

图 10-23-13 【登录】窗体

操作提示

选择【创建】|【窗体设计】命令，新建一个空白窗体，并适当调整窗体的大小。

第①题：在【窗体设计工具】|【设计】命令，"控件"组中，选择【标签】控件，并输入文字"学生管理系统登录"，选择【窗体设计工具】|【设计】|【属性表】，打开"标签"属性对话框，在对话框中设置字体、字号和文字颜色属性。

第②题：使用【列表框】控件在窗体上添加列表框，并按列表框向导步骤，设置数值获取方式为：使用列表框查阅表或查询中的值、并选中从"操作人员"表的"姓名"字段中获取数据。选择【设计】|【属性表】命令，打开"列表框"属性对话框，在对话框中设置字体、字号和文字颜色属性。

第③题：使用【文本框】控件在窗体上添加文本框，修改文本框标签的标题"请输入密码"，并设置文字属性。选中文本框，并选择【设计】|【属性表】命令，打开"文本框"属性对话框，在属性对话框中选中【数据】|【输入掩码】属性，打开【输入掩码向导】对话框，在对话框中选择"密码"项，并单击【完成】按钮。最后设置字体、字号和文字颜色属性。

第④题：使用【命令按钮】控件在窗体上添加命令按钮，并按照"命令按钮向导"步骤设置有关属性。

第⑤题：在属性对话框中"所选内容的类型"中选择"窗体"对象，显示"窗体"属性对话框，在对话框中设置窗体【格式】属性：标题：登录、滚动条：两者均无、记录选择器：否、导航按钮：否、自动居中：是；设置窗体【其他】属性：弹出方式：是。

2. 创建对"部门"表的数据维护窗体"部门数据维护"，如图 10-23-14 所示，要求如下：

① 添加窗体页眉标签"部门数据维护"，文字设置：隶书、褐紫红色、22 号字，居中对齐。添加直线，线条格式：褐紫红色、3 号样式。

② 设置"部门名称"字段的输入为列表框，并通过自行输入的数据而获得。数据为：法律学院、文学院、外语学院、体育学院、政治学院、理科学院、计算机学院。文字设置为：宋体、深蓝色、12 号字。

③ 添加"添加记录"命令按钮，其功能为当鼠标单击此按钮后添加一条空记录，提供用户输入记录的内容。

③ 添加"删除记录"命令按钮，其功能为当鼠标单击此按钮后删除当前记录的内容。

图 10-23-14 【部门数据维护】窗体

⑥ 添加"关闭窗体"命令按钮,其功能为当鼠标单击此按钮后关闭当前窗体。

⑦ 窗体的属性:标题:部门数据维护、滚动条:两者均无、记录选定器:否、导航按钮:否、自动居中:是、弹出方式:是。

操作提示

单击【创建】|【窗体设计】按钮,新建一个空白窗体,并适当调整窗体的大小。在窗体主体中单击鼠标右键,在弹出的快捷菜单中选择"窗体页眉/页脚"命令,在"设计视图"窗口中添加"窗体页眉和页脚"节。

① 在窗体页眉上使用【标签】控件添加标题内容为"部门数据维护"的标签项。设置文字格式:隶书、褐紫红色、22 号字,居中对齐。使用【直线】控件添加直线,设置线条格式:褐紫红色、3 号样式。

② 选择【窗体设计工具】|【设计】|【添加现有字段】命令,打开"字段列表"。将"部门"表中的"部门编号"字段拖到窗体的主体节上。使用【列表框】控件添加列表框,打开【列表框向导】对话框,在【列表框向导】(一)中选择"自行键入所需的值"项,在【列表框向导】(二)中输入部门的数据表,在【列表框向导】(三)中"将该数值保存在这个字段中"项中选择"部门名称"字段,最后单击【完成】按钮。将列表框标签的标题修改为"部门名称:",并修改字体、字号、文字颜色属性。

③ 在窗体页脚节上使用【按钮】控件添加"添加记录"的命令按钮,并在【命令按钮向导】对话框中依次选中"记录操作"、"添加新记录"、"文本"项。

④ 在窗体页脚节上使用【按钮】控件添加"删除记录"的命令按钮,并在【命令按钮向导】对话框中依次选中"记录操作"、"删除记录"、"文本"项。

⑤ 在窗体页脚节上使用【按钮】控件添加"关闭窗体"的命令按钮,并在【命令按钮向导】对话框中依次选中"窗体操作"、"关闭窗体"、"文本"项。

最后选择【设计】|【属性表】打开"窗体属性"对话框,在对话框中将窗体的"滚动条"项设置为"两者均无"、"记录选择器"项设置为"否"、"导航按钮"项设置为"否"、"弹出方式"为"是"。

"部门数据维护"的设计视图如图 10-23-15 所示。

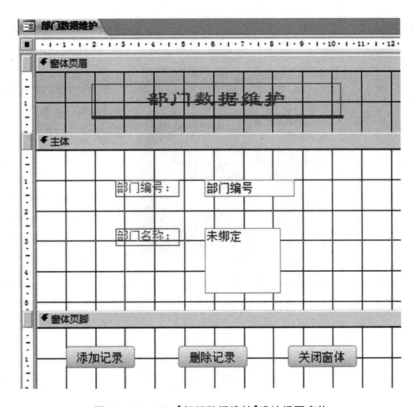

图 10-23-15 【部门数据维护】设计视图窗体

3. 按下列要求创建窗体,窗体名称"信息管理系统",如图 10-23-16 所示。

① 在窗体页眉上按样张添加"信息管理系统"标签,文字格式:华文隶书、橙色、26 号字、居中对齐,并添加直线,直线格式:橙色、实线、2 磅。窗体页眉黄色背景。

② 在主体上嵌入"梦幻背景 10.jpg"图片,图片的缩放模式:拉伸。

③ 在主体上添加"信息查询"命令按钮,当单击此命令按钮时,运行"按姓名查询"查询。

④ 在主体上添加"计算总评成绩"命令按钮,当单击此命令按钮时,运行"计算成绩"查询。

⑤ 在主体上添加"显示学生成绩"命令按钮,当单击此命令按钮时,运行"成绩汇总表"报表。

⑥ 在主体上添加"学生信息与成绩"命令按钮,当单击此命令按钮时,打开"学生信息与成绩"窗体。

⑦ 在主体上添加图片类型"退出"命令按钮,当单击此命令按钮时,关闭此窗体。

操作提示

第①题:设置显示"窗体页眉/页脚"。选择控件组中【标签】控件在窗体页眉上添加标签,并输入文字"信息查询",设置文字格式的属性:华文隶书、橙色、26 号字、居中对齐。选中【直线】控件,在窗体页眉上添加直线,设置直线格式的属性:橙色、实线、2 磅。选择【设计】|【属性表】命令,在"属性"对话框中"所选内容的类型"中选择"窗体页眉",设置窗体页眉的背景格式:黄色;在"属性"对话框中"所选内容的类型"中选择"窗体",设置记录选择器为否。

图 10-23-16 【信息管理系统】窗体

第②题：选择控件组中【图像】控件，在主体上嵌入"梦幻背景10.jpg"图片，图片的缩放模式为：拉伸，并设置【位置】|【置于底层】。

第③题：选择控件组中【按钮】控件，在主体上添加一个命令按钮，按钮的类型设置为：杂项、运行查询，按钮名称"计算总评成绩"。

第④题、第⑤题、第⑥题操作方法类似第③题。

第⑦题：选中【按钮】控件，在主体上添加一个命令按钮，按钮的类型设置为：窗体操作、关闭窗体、图片、停止。

案例24　报　表

 案例说明与分析

案例24使用的素材位于"项目十\素材"文件夹，本案例的素材文件名为"学生信息.accdb"，案例样张如图10-24-1所示。

"学生成绩统计表"报表的数据源是"学生成绩"表，报表的组成：报表页眉、页面页眉、主体、页面页脚和报表页脚、标签、文本框控件。案例要求启动Access，并打开"学生信息"数据库，完成如下操作：

1. 使用"报表设计向导"，对"学生成绩"创建"学生成绩统计表"样式的报表。

2. 在页面页眉上添加"平均成绩"、"等级"标签。

3. 在报表的主体上添加对应"平均成绩"和"等级"的文本框，并绑定文本框的数据：平均成绩：期中成绩＊30％＋平时成绩＊30％＋期末成绩＊40％等级：当平均成绩大于(包含)90分时为"优秀"，平均成绩小于60分时为"不及格"，平均成绩在89~60分之间为"及格"。

4. 添加课程名称页脚，并在课程名称页脚上添加标签文字"考试人数"、"及格率"、"优秀率"，并按课程名称统计考试人数、及格率、优秀率。

5. 在页面页脚上添加标签"制表人："和"审核人："。

6. 按样张设置报表中页眉、主体、页脚部分的背景色。主体部分的数据格式：凹陷，白色背景、宋体、10号字。其余部分的文字或数据按样张设置格式。

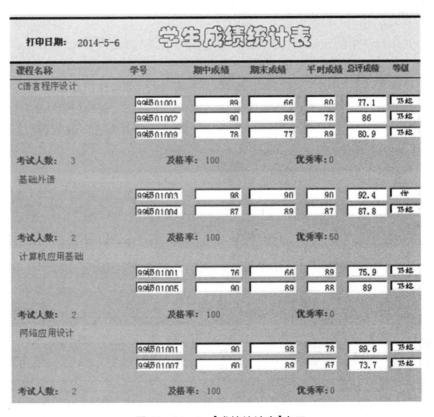

图 10-24-1 【成绩统计表】窗口

操作步骤

打开"学生信息. accdb"文件。

第 1 题:选择【创建】|【报表向导】命令,并按照向导步骤进行设置,最后单击【完成】按钮,显示报表内容。

第 2 题:在"页面页眉"节上添加"总评成绩"、"等级"标签。

第 3 题:在"主体"节上使用"控件"组中的【文本框】按钮分别添加两个文本框,选中第一个新的文本框,选择【设计】|【属性表】命令,出现【属性表】,选择【数据】选项卡,单击【控件来源】右侧的按钮┈,出现【表达式生成器】,在【表达式生成器】窗口中输入表达式"=[期中成绩]＊0.30＋[期末成绩]＊0.40＋[平时成绩]＊0.30"。按照上述方法在第二个文本框的数据控件中输入表达式"=IIf((([期中成绩]＊0.3＋[期末成绩]＊0.4＋[平时成绩]＊0.3)＞=90,"优",IIf((([期中成绩]＊0.3＋[期末成绩]＊0.4＋[平时成绩]＊0.3)＜60,"不及格","及格"))"。

第 4 题:单击【分组与排序】工具按钮,点击【添加排序】,按样张进行排序。使用文本框工具分别在组页脚(课程名称页脚)上添加 3 个文本框,并分别输入文字"考试人数"、"及格率"、"优秀率",在考试人数文本框的数据控件中输入表达式"=COUNT([学号])",在及格率文本框的数据控件中输入表达式"=(Sum(IIf((Int([期中成绩]＊.3＋[期末成绩]＊.4＋[平时成绩]＊.3))＞=60,1,0))/Count([课程名称]))＊100",在优秀率文本框的数据控件中输入表达式"＝(Sum(IIf((Int([期中成绩]＊.3＋[期末成绩]＊.4＋[平时成绩]＊.3))＞＝90,1,0))/Count([课程名称]))＊100)"。

第5题:选中控件中的标签工具在报表页脚上添加标签"制表人:"和"审核人:",并设置文字的格式。

第6题:选中标签文字或文本框并右单击鼠标打开快捷菜单,在快捷菜单中选择【填充/背景色】命令设置背景色、选择【字体/字体颜色】命令设置文字格式、选择【特殊效果】命令设置文字的特殊效果格式等。这些对象可以是报表中的页眉、主体、页脚等。说明:经过上述步骤的修改,"学生成绩统计表"的设计视图如图10-24-2所示。

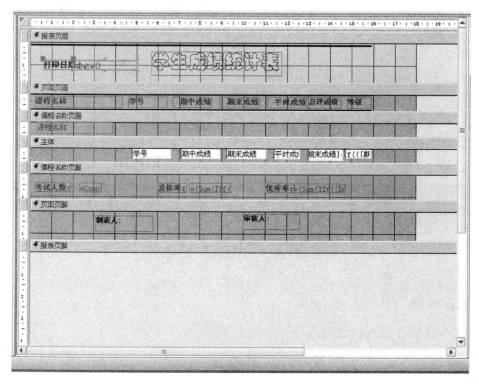

图 10-24-2 "学生成绩统计表"设计视图

保存对报表的修改,双击"学生成绩统计表"报表名称,显示如图10-24-1所示的报表预览结果。

技能与要点

24.1 报表类型和结构

1. 报表的类型

根据数据的打印格式,报表的类型通常可以分为"纵栏式"、"表格式"、"分组式"、"图表式"和"选项卡式"报表等5类,其中较常使用的是"纵栏式"报表、"表格式"报表和"分组式"报表,下面简介这三种报表。

① 纵栏式报表:纵栏式报表,每个字段占据一行,左边 字段名,右边显示字段值。

② 表格式报表：表格式报表，每一行显示一条记录，每一列显示记录中的一个字段值。

③ 分组式报表：分组式报表是按某个字段对记录进行分组并组织成表格形式的报表，如图 10－24－3 所示，该图表示按“班级”字段分组打印各个班的学生成绩。在分组报表中还可以对数值型字段进行计算，如计算总和、求平均值、最大值、最小值或进行统计汇总。

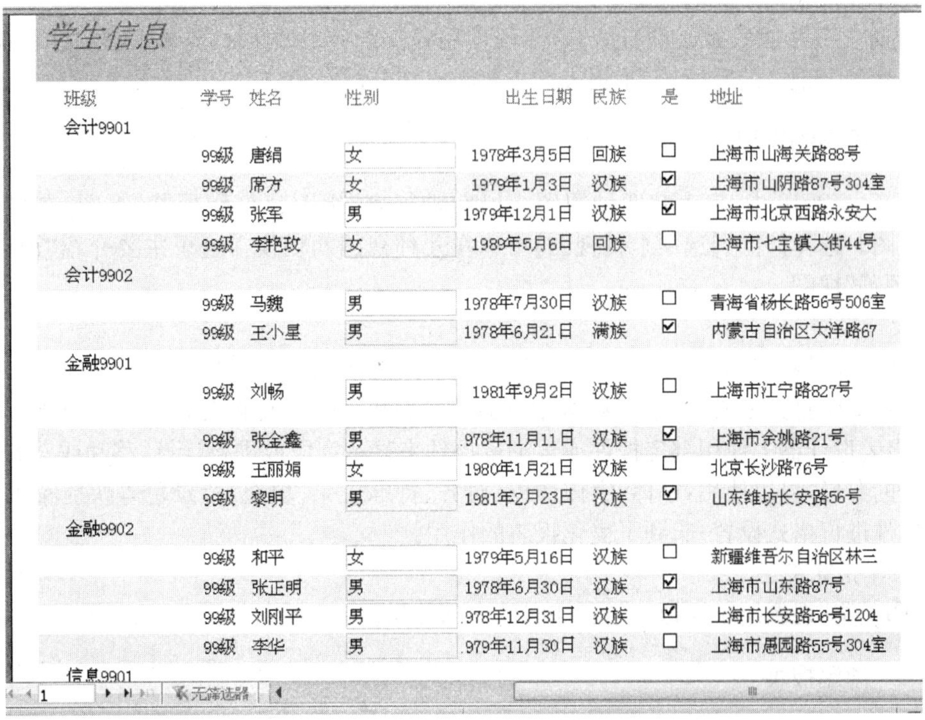
学生信息

班级	学号	姓名	性别	出生日期	民族	是	地址
会计9901							
	99级	唐绢	女	1978年3月5日	回族	☐	上海市山海关路88号
	99级	席方	女	1979年1月3日	汉族	☑	上海市山阴路87号304室
	99级	张军	男	1979年12月1日	汉族	☑	上海市北京西路永安大
	99级	李艳玫	女	1989年5月6日	回族	☐	上海市七宝镇大街44号
会计9902							
	99级	马魏	男	1978年7月30日	汉族	☐	青海省杨长路56号506室
	99级	王小星	男	1978年6月21日	满族	☑	内蒙古自治区大洋路67
金融9901							
	99级	刘畅	男	1981年9月2日	汉族	☐	上海市江宁路827号
	99级	张金鑫	男	.978年11月11日	汉族	☑	上海市余姚路21号
	99级	王丽娟	女	1980年1月21日	汉族	☐	北京长沙路76号
	99级	黎明	男	1981年2月23日	汉族	☑	山东维坊长安路56号
金融9902							
	99级	和平	女	1979年5月16日	汉族	☐	新疆维吾尔自治区林三
	99级	张正明	男	1978年6月30日	汉族	☑	上海市山东路87号
	99级	刘刚平	男	.978年12月31日	汉族	☑	上海市长安路56号1204
	99级	李华	男	.979年11月30日	汉族	☐	上海市愚园路55号304室
信息9901							

图 10－24－3 “按班级分组打印学生成绩”分组式报表

④ 在报表中进行计算：利用报表不仅可以打印每个字段的值，还可以进行各种计算，如计算一组记录的总计、平均值、百分比，或对整个报表或每个分组中的记录进行汇总、计数等。要在报表中进行计算，可以通过在报表中添加计算控件来实现，文本框是最常用的计算控件。

注意：计算控件中的表达式应使用“＝”运算符开头。常用的函数有：

Sum([字段名])　　求指定字段的累加值

Avg([字段名])　　求指定字段的平均值

Count([字段名])　　求指定字段的个数

IIf(条件，值 1，值 2)根据条件返回函数的值，当条件成立时返回“值 1”，否则返回“值 2”

Date()返回系统当前的日期

Int(数值型表达式)取整函数

2. 报表的结构

一个报表通常可由“报表页眉”、“页面页眉”、“主体”、“页面页脚”和“报表页脚”等若干部分构成，每一部分称为报表的一个“节”。所有的报表都必须包含“主体”节，其他的“节”可以根据需要决定取舍。如果对报表进行分组，还会出现“组页眉”和“组页脚”两个节，这是报表所特有的。报表输出的内容是按“节”区别对待，各个节主要作用如下：

① 报表页眉主要用于显示报表的标题或有关报表的说明性文字，放置在报表页眉节中的内容在整个报表开始处只打印一次。

② 报表页脚通常用于显示整个报表的总结性信息,例如显示整份报表的总计数据。

③ 页面页眉主要用于显示报表中每个栏目的标题,放置在该节中的内容,在报表的每一页开头时打印一次。

④ 页面页脚主要用于显示报表的页码、制表人和审核人等信息,放置在该节中的内容将显示或打印在报表每一页的底部。

⑤ 主体是每个报表都必须有的节,一般使用控件绑定数据源的记录,放置在"主体"节中能依次显示各个记录的字段值,是报表的主要组成部分。

24.2 报表的视图

在 Access 2010 中,报表有四种视图,分别是"报表"视图、"打印预览"视图、布局视图和"设计"视图。选择【开始】选项卡|【视图】可以在几种视图间切换。这里主要介绍"设计"视图和"打印预览"视图。

1. 设计视图

报表"设计"视图实际上是一个报表设计器,用于创建报表结构或修改已有的报表结构。在"设计"视图中打开报表时,报表数据源的字段列表和报表工具箱会自动显示出来。如同窗体一样,报表设计器上使用绑定控件或未绑定控件来显示字段或进行计算,移动或对齐控件来调整报表的布局,可以使用:字体/字体颜色、对齐、特殊效果、填充/背景色等快捷菜单对各种类型的控件进行格式设置,起到了美化报表的作用。

2. 打印预览视图

"打印预览"视图用于模拟显示打印时的全部数据。

24.3 创建报表

创建报表实际上是设计报表的格式,打印报表则是针对报表的数据源调用报表格式输出数据。报表数据源一般来自于基表或查询。

创建报表可以采用以下五种方法:

方法一:使用【创建】选项卡中的【报表】命令快速创建报表。

方法二:使用【创建】选项卡中的【报表向导】命令创建报表。

方法三:使用【创建】选项卡中的【空报表】命令创建报表。

方法四:使用【创建】选项卡中的【标签】命令创建标签式报表。

方法五:使用【创建】选项卡中的【报表设计】命令手工创建报表。

在实际应用中,大多先使用"报表向导"创建一个报表框架,然后在"设计"视图中打开报表加以修改,使报表更加美观和完善。

1. 使用向导创建报表

例 10.24.1:使用"成绩表"表,并按学期进行分组,使用向导创建报表"按学期分组"。

操作提示

① 选择【创建】|【报表向导】命令按钮,打开报表向导对话框,在对话框中选中"成绩表",并选择"学期"、"学号"、"成绩1"、"成绩2"、"成绩3"字段,单击【下一步】按钮。

② 在【报表向导】分组对话框中选择"学期"字段作为分组,并两次单击【下一步】按钮。

③ 在【报表向导】布局方式对话框中选择"递阶"布局,单击【下一步】按钮。

④ 在【报表向导】标题对话框中输入报表标题“按学期分组”，并单击【完成】按钮，显示报表内容。

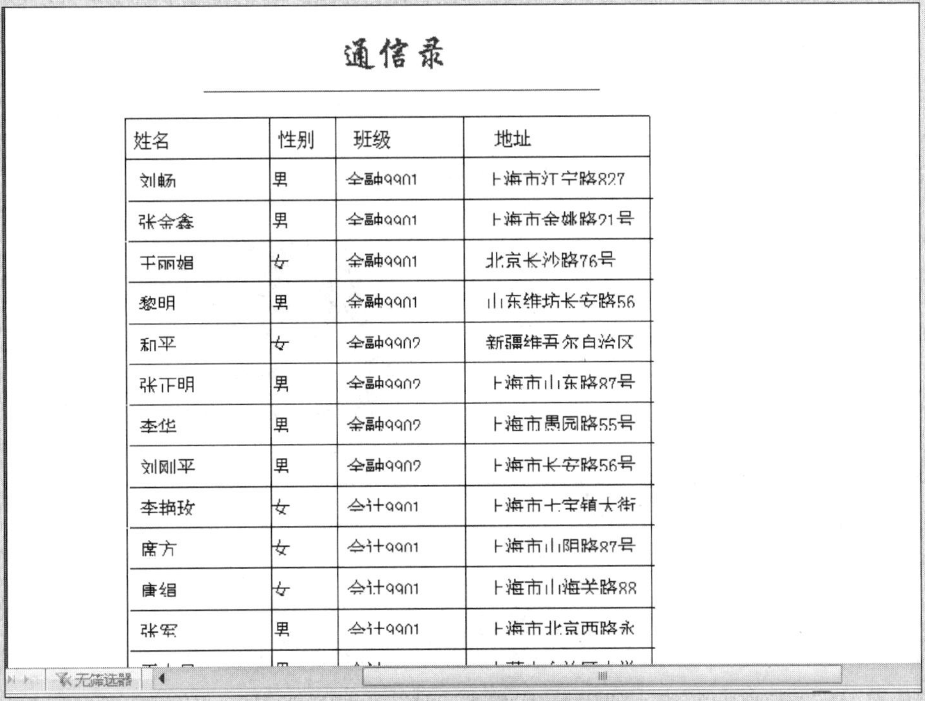

姓名	性别	班级	地址
刘畅	男	金融9901	上海市江宁路827
张金鑫	男	金融9901	上海市余姚路21号
王丽娟	女	金融9901	北京长沙路76号
黎明	男	金融9901	山东维坊长安路56
和平	女	金融9902	新疆维吾尔自治区
张正明	男	金融9902	上海市山东路87号
李华	男	金融9902	上海市愚园路55号
刘刚平	男	金融9902	上海市长安路56号
李艳玫	女	会计9901	上海市七宝镇大街
席方	女	会计9901	上海市山阴路87号
唐娟	女	会计9901	上海市山海关路88
张军	男	会计9901	上海市北京西路永

图 10－24－4 【通信录】报表

2. 使用设计视图创建报表

例 10.24.2：使用“学生信息”表，创建“通信录”报表，报表输出格式如图 10－24－4 所示。

操作提示

① 选择【创建】|【报表设计】命令，打开报表设计视图。

② 添加“报表页眉/页脚”节，并在“报表页眉”中使用标签工具添加“通信录”标签，设置文字格式：华文行楷、紫红色、24 号。使用直线工具画一条直线，直线格式：紫红色。

③ 在“页面页眉”中使用标签工具添加“姓名”、“性别”、“班级”和“地址”标签。设置文字格式：宋体、12 号。

④ 将“姓名”、“性别”、“班级”和“地址”字段拖入“主体”节中，并清除不需要的字段附加标签。设置文字格式：宋体、12 号。

⑤ 在“页面页脚”中使用标签工具添加“99 级通信录”标签，设置文字格式：华文行楷、紫红色、12 号，并设置“报表页脚”的宽度为 0。

⑥ 使用直线工具分别在“页面页眉”和“主体”节上画直线，使之成为封闭的表格。

关闭设计视图，输入报表标题“通信录”，完成报表的创建。

24.4 练习题

1. 利用报表设计视图,使用"学生信息"表创建纵栏式报表"学生登记表",显示所有的字段。并在页面的底部、左边插入如"第×页共 n 页"样式的页码,报表的预览效果如图 10-24-5 所示。

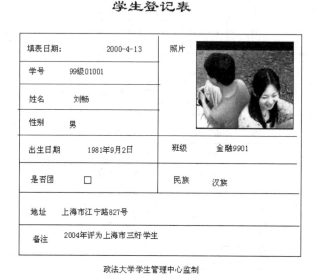

图 10-24-5 "学生登记表"报表

操作提示

① 选择【创建】|【报表设计】命令,打开报表设计视图。

② 使用标签工具在"页面页眉"节上添加内容为"学生登记表"的标签,设置文字格式:隶书、20 号字。

③ 使用矩形工具在"主体"节上画一个矩形,并使用直线工具添加表格线。

④ 使用文本框工具在第一单元各种添加文本框,输入"填表日期"文字,并在文本框的数据控件中输入表达式"=date()"。

⑤ 按图 10-24-5 将字段例表中的字段拖入单元格中。

⑥ 设置表格中的所有文字格式:宋体、10 号字。选择【设计】|【页码】命令打开插入页码对话框,在对话框中设置页码的格式。本题的设计视图如图 10-24-6 所示。

2. 利用报表设计视图,使用"成绩表"表创建报表"成绩统计表",要求如下:

① "等级"字段数据的条件:当平均成绩大于(包含)90 分时为"优秀",平均成绩小于 60 分时为"不及格",在此 89～60 分之间为"中"。

② 其他格式按样张设置(除数据值外),样张如图 10-24-7 所示。

操作提示

① 平均成绩 =Int((\[成绩 1\]+\[成绩 2\]+\[成绩 3\])/3)

② 等级 ＝IIf(([成绩1]＋[成绩2]＋[成绩3])/3＞＝90,"优",IIf(([成绩1]＋[成绩2]＋[成绩3])/3＜60,"不及格","中"))

图 10‒24‒6 【学生登记表】报表设计视图

图 10‒24‒7 【成绩统计表】报表图

257

综合实践

使用"学生信息"数据库,完成下列操作:

1. 创建"CX1",使用"学生成绩"表,按"学号"分组,分别求期中成绩的最高分、期末成绩的最低分、平时成绩的平均分数。

2. 创建"CX2",使用"学生成绩"表,按"课程名称"分组,分别求期中成绩的总分、期末成绩的总分、平时成绩的平均分数,并按平时成绩降序排序。

3. 创建"CX3",使用"学生成绩"表,显示期中成绩、期末成绩、平时成绩、总分(总分=(期中成绩+平时成绩)*30%+期末成绩*70%)和平均成绩(平均成绩=(期中成绩+平时成绩+期末成绩)/3),参加统计的数据均大于80(包含80)分,并按学号升序排序。

4. 创建参数查询"CX4",使用"学生信息"表,当输入姓名或民族(如"汉族")时显示姓名、性别、班级、民族字段,并按性别字段升序排序。

5. 利用窗体向导,使用"学生信息"表,要求:纵栏表样式,窗体标题为"学生信息"。

6. 利用窗体向导,使用"学生信息"表、"学生成绩"表创建窗体。要求:通过"学生信息"表,建立:带有子窗体的窗体、数据表样式,窗体标题为:学生信息与成绩,子窗体标题为:成绩表。

7. 对"部门"表创建数据维护的窗体"部门维护",如图10-24-8所示。要求如下:1)添加窗体页眉标签"部门维护",文字设置:宋体、褐紫红色、18号字,居中对齐。2)添加"添加记录"命令按钮,其功能为当鼠标单击此按钮后添加一条空记录,提供用户输入记录的内容。3)添加"删除记录"命令按钮,其功能为当鼠标单击此按钮后删除当前记录的内容。4)添加"关闭窗体"命令按钮,其功能为当鼠标单击此按钮后关闭当前窗体。如图10-24-8所示。

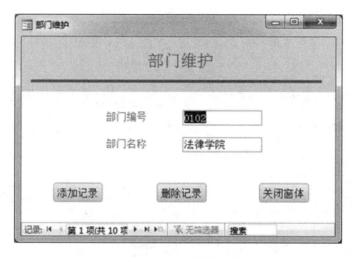

图10-24-8 窗体样张

8. 利用报表向导,使用"学生信息"表创建"学生登记表"报表。要求:纵栏表样式。

9. 利用报表设计视图,使用"成绩表"表创建"按学期汇总表"。要求:按学期汇总,显示学期、成绩1、成绩2、成绩3、平均成绩(成绩1、成绩2、成绩3的平均值)字段,并对"成绩1"求平均分、"成绩2"求总分、"成绩3"求最大值。报表的显示结果如图10-24-9所示。

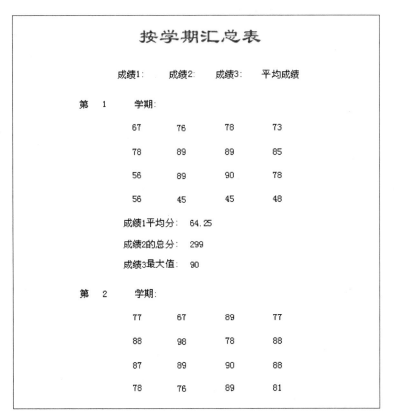

图 10-24-9 【按学期汇总表】报表

10. 使用设计视图创建"学生信息管理"窗体,要求如下:①在窗体页眉上按样张添加"信息查询"标签,文字设置为:华文隶书、橙色、26 号字、居中对齐,并添加直线,直线设置为:橙色、实线、2 磅。②在主体上嵌入"梦幻背景 10.jpg"图片,图片的缩放模式为拉伸。③在主体上添加"计算总评成绩"命令按钮,当单击此命令按钮时,运行"CX3"查询。④在主体上添加"按姓名查询"命令按钮,当单击此命令按钮时,运行"CX4"查询。⑤在主体上添加"学生信息"命令按钮,当单击此命令按钮时,打开"窗体 1"窗体。⑥在主体上添加"数据维护"命令按钮,当单击此命令按钮时,打开"部门维护"窗体。⑦在主体上添加"学生登记表"命令按钮,当单击此命令按钮时,打印预览"学生登记表"报表。⑧在主体上添加图片类型"退出"命令按钮,当单击此命令按钮时,关闭此窗体。

试　卷　1

一、单选题

1. 能在计算机上观看电视的视频卡是_____。

 A. 视频叠加卡 B. 电视编码卡 C. 视频捕捉卡 D. TV 卡

2. 信息安全四大隐患是：计算机犯罪、计算机病毒、_____和对计算机设备的物理性破坏。

 A. 误操作   B. 软件盗版   C. 恶意盗窃   D. 自然灾害

3. HTML 标记中，用于显示水平线的标记是_____。

 A. TR   B. HR   C. BR   D. PR

4. JPEG 格式是一种_____。

 A. 可缩放的动态图像压缩方式   B. 不可选择压缩比例的有损压缩方式

 C. 不可逆压缩编码方式   D. 不支持 24 位真彩色色彩压缩方式

5. "过时的信息没有利用价值几乎是众所周知的事实"是指信息的_____。

 A. 普遍性   B. 存储性   C. 传递性   D. 时效性

6. 每个 IP(IPV4)地址可由四个十进制数表示，每个十进制间用_____间隔。

 A. 。   B. ，   C. ；   D. ．

7. 二进制数 1101001010101111 转换为十六进制数是_____。

 A. C2BFH   B. B2DFH   C. A2BFH   D. D2AFH

8. 新建的一个 Excel 工作簿中含有_____个默认工作表。

 A. 16   B. 256   C. 3   D. 1

9. 以下叙述错误的是_____。

 A. 图形和图像是两个不同的概念

 B. 图形是经摄像机或扫描仪输入到计算机后，转换成由像素组成的数字信号

 C. 图像是经摄像机或扫描仪输入到计算机后，转换成由像素组成的数字信号

 D. 用计算机绘图软件绘制的工程图是图形

10. 对于图层的说法不正确的是_____。

 A. 图层可以合并   B. 可以为背景图层添加图层蒙版

 C. 图层可以设置透明度   D. 可以为每一图层设置图层样式

11. 计算机的存储器呈现出一种层次结构，硬盘属于_____。

 A. 高速缓存   B. 主存   C. 辅存   D. 内存

12. 一幅分辨率为 160×120 的图像，在分辨率为 640×480 的 VGA 显示器上的大小为该屏幕的_____。

 A. 十六分之一 B. 八分之一 C. 四分之一 D. 以上都不对

13. 近代信息技术的发展阶段的特征是以_____为主体的通信技术。

 A. 书信传递   B. 电传输

C．光缆、卫星等高新技术　　　　　　D．信息处理技术

14. 在信息的主要特征中不包含_____。

　　A．共享性　　　　　B．普遍性　　　　　C．时效性　　　　　D．传染性

15. 信息高速公路是指_____。

　　A．装备有通讯设施的高速公路　　　B．电子邮政系统

　　C．国家信息基础设施　　　　　　　D．快速专用通道

16. 计算机系统成为能存储、处理、传播文字、声音、图像等多种信息载体的实体,称为计算机的_____技术。

　　A．智能化　　　　　B．数码化　　　　　C．多媒体　　　　　D．多元化

17. 下列有关的叙述中,正确的是_____。

　　A．图像经数字压缩处理后得到的是图形

　　B．图形属于图像的一种,必须是计算机绘制的画面

　　C．图片经扫描仪输入到计算机后,可以得到由像素组成的图像

　　D．图像和图形都是被矢量化的画面

18. 在信息技术整个发展过程中,经历了语言的利用、文字的发明、印刷术的发明、_____和计算机技术的发明和利用五次革命性的变化。

　　A．农业革命　　　　B．电信革命　　　　C．工业革命　　　　D．文化革命

19. _____不是计算机网络的功能。

　　A．软件共享　　　　B．硬件共享　　　　C．信息交换　　　　D．文字编辑

20. 在 html 中下面_____表示表单。

　　A．form　　　　　　B．table　　　　　　C．hr　　　　　　　D．td

21. 现代信息技术的存储技术主要可分为_____、移动存储、网络存储三方面。

　　A．微电子技术存储　　　　　　　　B．移动硬盘存储

　　C．直接连接存储　　　　　　　　　D．闪存卡存储

22. _____是属于 B 类 IP 地址。

　　A．222.12.256.2　　　　　　　　B．182.13.112.14

　　C．2.202.46.25　　　　　　　　　D．92.26.3.255

23. 选择网卡的主要依据是组网的拓扑结构、_____、网络段的最大长度和节点之间的距离。

　　A．所使用的网络服务　　　　　　　B．使用的传输介质的类型

　　C．使用的网络操作系统的类型　　　D．互联网络的规模

24. 在 Photoshop 中,对滤镜操作说法正确的是_____。

　　A．滤镜可以作用于多个图层　　　　B．滤镜对背景图层无效

　　C．滤镜可作用于某图层的部分区域　D．滤镜效果设置后不能修改

25. 下列有关 DVD 的叙述中,正确的是_____。

　　A．DVD－ROM 驱动器是只读型的 DVD 产品,但只能读取 DVD－ROM 的各种格式

　　B．DVD－R 驱动器是只读型的 DVD 驱动器,可以读取 CD－ROM 的各种格式

　　C．DVD－RW 驱动器是一次性写入的 DVD 驱动器,也称 DVD 刻录机

　　D．DVD－RAM 驱动器是可擦写型的 DVD 驱动器,可重复擦写十万次以上

二、填空题

1. 信号需要通过某种通信线路来传输,这个传输信号的通路称为_____。

2. 使计算机具有"听懂"语音的能力,属于_____技术。

3. 从使用和技术相结合的角度可以把操作系统分为:批处理操作系统、_____操作系统、实时操作系统和网络操作系统。

4. 在计算机中表示一个圆时,用圆心和半径来表示,这种表示方法称作为_____。

5. 为防止未授权用户偷看从结点发送和接收的数据,在结点上增加安全保护措施,这种带有安全保护措施确保数据不泄密的结点称为_____。

要求和说明:将光盘中的"附录\试卷1\ks"文件夹复制到c:\;所有操作题的样张均在"附录\试卷1\样张"文件夹下。

三、Windows 操作题

1. 将"标准计算器窗口"通过剪贴板粘贴到"画图"应用程序,并将其缩小50%,缩小画布大小使之和"标准计算器窗口"图片大小一致,并以单色位图 jsq. bmp 为名将文件保存到 c:\ks 中。

2. 安装打印机 Epson LQ-1600K,将 c:\ks\t. txt 文件打印输出到 c:\ks\t. prn。

四、Office 操作题

1. 打开 c:\ks\excel. xlsx 文件,以样张为准,对 Sheet1 中的表格按以下要求操作,结果以同名文件保存在 C:\KS 目录下。

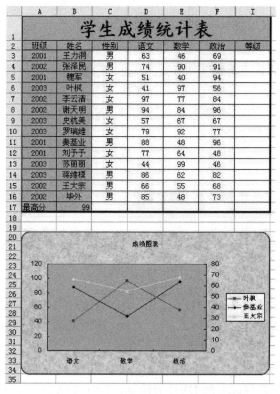

Excel 样张

（1）按 Excel 样张隐藏 G、H 列，插入标题"学生成绩统计表"，设置表格标题为楷体、28 磅、蓝色、粗体，在 A1:I1 区域中跨列居中，并设置表格的边框、填充效果和数值显示格式。

（2）按 Excel 样张将"录取否"列改为"等级"列，计算等级＝（语文、数学、政治三门课中有一门大于 90 分（含 90 分）以上为"优秀"，否则为"合格"），在 B17 单元中计算语文、数学、政治所有成绩项中的最高分（注意：必须用公式对表格中的数据进行运算和统计）。

（3）按 Excel 样张，在 A20：I34 区域中生成图表，图表中所有文字大小均为 12 磅，图表区加带阴影的圆角、蓝色边框，并设置背景："花束"纹理样式的填充效果。其余部分均按样张编辑。

2. 打开 C:\ks\power. pptx 文件，按下列要求操作，将结果以原文件名存入 C:\KS 文件夹。

（1）将所有幻灯片的主题更改为"沉稳"（提示：该主题有深灰色背景），并将背景样式修改为"样式 5"；在每一张幻灯片下方插入日期和幻灯片编号，其中日期格式为"月/日/年"，要求能自动更新。

（2）在第 3 张幻灯片上，对图片应用"强调 脉冲"动画；将所有幻灯片的切换方式设置为："自顶部 棋盘"的华丽型切换方式，并设置每隔 2 秒自动换页。

五、多媒体操作题

1. Photoshop 操作题

启动 Adobe Photoshop，打开 C:\ks\Picture. jpg，利用滤镜工具为照片加上光照方向为左上的"砖型"纹理效果，利用工具在画面的右上方书写"美丽的花朵"，字体为华文新魏、白色、48Pt，将结果以 photo. jpg 为文件名保存在 C:\KS 下。图片最终效果参照样张（除"样张"说明字符外）。

Photoshop 样张

2. 动画制作

打开 C:\ks\sc. fla，按下列要求制作动画，效果参见 flash 样张. swf 文件（"样例"文字除外），并以 donghua. swf 为文件名导出影片到 C:\KS 下。注意添加并选择合适图层，动画总长 30 帧。

(1) 按样例利用库中的元件"风景2"作为动画背景,放置在图层1中;

(2) 将库中的元件"文字1"按样例所示文字动画效果顺时针旋转1次,动画放置在图层2中;

(3) 添加图层,利用库中的图片"文字1"和"风景1",制作如样例所示的遮罩动画效果。

动画截图

六、网页操作题

设置 C:\ks\WY 文件夹为站点,并按1~5题的要求在网站中建立和修改网页。

网页样张

1. 打开 index. html 文件,设置网页标题为"诗与画"。绘制 750×450 像素的布局表格。按样张在网页左上绘制 200×100 像素的布局单元格,插入动画文件 ts.swf。

2. 按样张在网页左下绘制 200×340 像素的布局单元格,插入宽度为 160 像素的 12 行 1 列表格,单元格的边框粗细为 0、边距为 0、间距为 10。按样张分别在 3、6、9、12 单元格内水平居中插入 flash 文本,字体为"隶书"大小为 25,颜色♯660000,使其分别与网页 dm.htm、df1.htm、ww.htm、lb1.htm 链接,并在新窗口中打开。

3. 按样张在网页右上方绘制 540×40 像素的布局单元格,输入文字"唐诗、宋词赏析",文字格式为"华文新魏"、40. 粗体、颜色为♯660000,居中对齐。

4. 按样张在网页右中部绘制两个布局单元格,一个为 340×170 像素的布局单元格,居中插入图片 tp8.jpg,调整图片大小为 310×150 像素。另一个为 200×170 像素的布局单元格,按样张居中插入李白诗词(在 lb1.htm 中),标题格式为"方正舒体"、大小为标题 2、颜色为♯800080。文本格式为"隶书"、大小为标题 4、颜色同上。

5. 按样张在网页右下方绘制 256×230 像素的布局单元格,按样张插入杜牧诗(本站点 dm.htm 中),标题格式为"方正舒体"、大小为标题 2.、颜色为♯800080。文本格式为"隶书"、大小为标题 5、颜色同上。插入三个大小为 140×100 像素的图层,分别插入 tp9.jpg、tp3.jpg 和 tp6.jpg,按样张排放,调整图片大小为 140×100。

答案

一、单选题

1. D　2. A　3. B　4. C　5. D　6. D　7. D　8. C　9. B　10. B　11. C　12. A　13. B　14. D　15. C　16. C　17. C　18. B　19. D　20. A　21. C　22. B　23. B　24. C　25. D

二、填空题

1. 信道　2. 语音识别　3. 分时　4. 矢量法　5. 安全岛

试　卷　2

一、单选题

1. 下列有关的叙述中,正确的是_____。
   A. 图像经数字压缩处理后得到的是图形
   B. 图形属于图像的一种,必须是计算机绘制的画面
   C. 图片经扫描仪输入到计算机后,可以得到由像素组成的图像
   D. 图像和图形都是被矢量化的画面

2. 在 OSI 参考模型中,数据链路层的数据服务单元是_____。
   A. 帧　　　　　B. 报文　　　　　C. 分组　　　　　D. 比特序列

3. 下列叙述中,正确的是_____。
   A. 位图是用一组指令集合来描述图形内容的
   B. 分辨率为 640×480,即垂直共有 640 个像素,水平有 480 个像素
   C. 表示图像的色彩位数越少,同样大小的图像所占的存储空间越小
   D. 色彩位图的质量仅由图像的分辨率决定的

4. 近代信息技术的发展阶段的特征是以为_____主体的通信技术。
   A. 电传输　　　　　　　　B. 信息处理技术

C. 书信传递   D. 光缆、卫星等高新技术

5. _____ 是属于 B 类 IP 地址。

    A. 222. 12. 256. 2   B. 182. 13. 112. 14

    C. 2. 202. 46. 25   D. 92. 26. 3. 255

6. 二进制数 1101001010101111 转换为十六进制数是_____。

    A. D2AFH   B. C2BFH   C. A2BFH   D. B2DFH

7. 完整的微型计算机硬件系统一般包括外部设备和_____。

    A. 主机   B. 运算器和控制器   C. 中央处理器   D. 存贮器

8. 电子信箱地址的格式是_____。

    A. 用户名@主机域名   B. 主机名@用户名

    C. 用户名. 主机域名   D. 主机域名. 用户名

9. _____ 不是计算机中使用的声音文件的扩展名。

    A. MP3   B. MID   C. WAV   D. TIF

10. 一座大楼内的一个计算机网络系统,一般属于_____。

    A. PAN   B. LAN   C. MAN   D. WAN

11. Windows 7 操作系统是一个_____操作系统。

    A. 单用户、多任务   B. 多用户、单任务

    C. 单用户、单任务   D. 多用户、多任务

12. 通常一条指令被分为"操作码"和"操作数"两部分。"操作码"用于说明_____。

    A. 操作对象   B. 操作过程   C. 操作类型   D. 操作流程

13. 信息安全四大隐患是:计算机犯罪、计算机病毒和_____对计算机设备的物理性破坏。

    A. 误操作   B. 软件盗版   C. 恶意盗窃   D. 自然灾害

14. 关于位图与矢量图,叙述错误的是_____。

    A. 位图图像比较适合于表现含有大量细节的画面,并可直接、快速地显示在屏幕上

    B. 二维动画制作软件 Flash 以矢量图形作为其动画的基础

    C. 矢量图放大后不会出现马赛克现象

    D. 基于图像处理的软件 Photoshop 功能强大,可以用于处理矢量图形

15. 一般认为,信息(Information)是_____。

    A. 反映事物属性的原始事实   B. 记录下来的可鉴别的符号

    C. 人们关心的事情的消息   D. 数据

16. 一个 16 位的二进制整数,右起第 10 位上的 1 相当于 2 的_____次方。

    A. 9   B. 11   C. 10   D. 8

17. 下列音频文件格式中,_____是波形文件格式。

    A. WAV 文件   B. CMF 文件   C. PCM 文件   D. MID 文件

18. 在因特网中必须使用的通信协议是_____。

    A. SLIP/PPP   B. SMTP/POP   C. HTTP   D. TCP/IP

19. 执行程序时,CPU 在_____中取得下一条操作指令的地址。

    A. 操作控制逻辑器   B. 程序计数器

    C. 指令寄存器   D. 指令译码器

20. "过时的信息没有利用价值几乎是众所周知的事实"是指信息的_____。

    A. 普遍性   B. 时效性   C. 存储性   D. 传递性

21. 关于对等网,不正确的说法是_____。

    A. 网上任意节点计算机可以作为工作站,以分享其他计算机提供了的资源

    B. 对等网上各台计算机无主从之分

    C. 网上任意节点计算机可以作为网络服务器,为其他计算机提供资源

    D. 当网上一台计算机有故障时,全部网络瘫痪

22. 微型计算机的内存是以字节(byte)为存储单位组成,每个内存字节的唯一编号称为_____。

    A. ASCII 码   B. 指令   C. 机内代码   D. 地址

23. 网络的 OSI 模型共分为_____层次。

    A. 5   B. 6   C. 7   D. 8

24. 以一台计算机为中心处理机,以物理链路与其他入网机相连的网络方式,称为_____。

    A. 总线网   B. 星型网   C. 局域网   D. 环型网

25. 在 html 中,"提交按钮"的 type 属性值为_____。

    A. form   B. submit   C. reset   D. tijiao

二、填空题

1. CAD 是计算机重要应用领域之一,它的含义是_____。

2. 多媒体技术的特性之一是具有_____性,这是指用户可以通过与计算机内的多媒体信息进行交互的方式,来更有效地控制和使用多媒体信息。

3. 目前人们把企图进入未被允许进入计算机、试图攻击计算机系统和数据库的人称为_____。

4. 计算机病毒具有寄生性、传染性、隐蔽性、潜伏性和_____等特征。

5. OSI 将网络体系结构分为物理层、链路层、网络层、_____、会话层、表示层和应用层。

要求和说明:将光盘中"附录\试卷 2\ks"文件夹复制到 c:\;所有操作题的样张均在"附录\试卷 2\样张"文件夹下。

三、Windows 操作题

1. 在 C:\ks 文件夹下创建一个名为"计算器"的快捷方式,其对应的项目为"calc. exe"文件。

2. 在 c:\ks 中新建子文件夹 sub,在 sub 中再建子文件夹 sub1。

四、Office 操作题

1. 启动 Word,打开 C:\ks\word. docx 文件,按下列要求操作,结果以同文件名保存在 C:\KS 文件夹中。

(1) 用文本框设置标题为隶书、二号,混排效果与样张大致相同;将正文中所有段落首行缩进二字符,段后间距为 0.5 行。

(2) 给第一段加"白色-深色 15%"的填充底纹;将最后一段落分为二栏,左栏宽为 12 字符,右栏宽为 25 字符,栏间加分隔线。

(3) 按样张所示,插入图片 C:\ks\father. gif,并加 3 磅橙色双线边框。

注意:分栏及图文混排位置应与样张大致相同。

熟悉计算机发展历史的人大都知道,美国科学家冯·诺依曼历来被誉为"电子计算机之父"。可是,数学史界却同样坚持认为,冯·诺依曼是本世纪最伟大的数学家之一,他在遍历理论、拓扑群理论等方面做出了开创性的工作,算子代数甚至被命名为"冯·诺依曼代数"。

物理学家说,冯·诺依曼在 30 年代撰写的《量子力学的数学基础》已经被证明对原子物理学的发展有极其重要的价值;而经济学家则反复强调,冯·诺依曼建立的经济增长模型体系,特别是 40 年代出版的著作《博弈论和经济行为》,使他在经济学和决策科学领域竖起了一块丰碑。

1957 年 2 月 8 日,冯·诺依曼身患骨癌,甚至没来得及写完那篇关于用电脑模拟人类语言的讲稿,就在美国德里医院与世长辞,只生活了 54 个春秋。

他一生获得了数不清的奖项,包括两次获得美国总统奖,1994 年还被追授予美国国家基础科学奖。他是电脑发展史上最有影响的一代伟人。

Word 样张

2. 启动 Excel,打开 C:\ks\excel.xlsx 文件,以样张为准,对 Sheet4 中的表格按以下要求操作,将结果以原文件名保存在 C:\KS 文件夹中。

(1) 删除"结果"列,用公式统计等级:测试成绩 92 分及以上为一级,不足 80 分为三级,80 分及以上但不足 92 分为二级。(计算必须用公式,否则不计分)

(2) 按样张在 A25 开始的单元格中生成数据透视表,按等级、性别统计人数。

(3) 设置表格标题为:字体为楷体、16 磅、加粗、蓝色;在 A—F 列水平跨列居中,按样张设置表格边框线。

上海市高校普通话测试成绩表					
姓名	性别	任务编号	准考证号码	测试成	等级
宗欢雯	女	110146	11040001	78.2	三级
陈铭	男	110146	11040002	60.9	三级
范佳赟	男	110146	11040003	86.5	二级
顾佳超	男	110146	11040004	93	一级
何远帆	男	110146	11040005	45.6	三级
李登峰	男	110146	11040006	80.6	二级
陆春华	男	110146	11040007	91.8	二级
施振宇	男	110146	11040008	56.4	三级
王驰磊	男	110146	11040009	76.2	三级
吴蒙	女	110146	11040010	89.4	二级
顾敏杰	男	110147	11040011	75.6	三级
沈添怿	男	110147	11040012	83	二级
汤家麟	男	110147	11040013	79.9	三级
王心宇	男	110147	11040014	80.5	二级
谢欣宇	男	110147	11040015	80.3	二级
张轶俊	男	110147	11040016	80.1	二级
朱晓	男	110147	11040017	80.6	二级
张翠	女	110147	11040018	86.2	二级
吴慧玲	女	110147	11040019	90.8	二级
汤娟	女	110147	11040020	87.7	二级
杨爽浩	男	110147	11040021	85.4	二级

计数项:姓名	列标签			
行标签	二级	三级	一级	总计
男	9	6	1	16
女	4	1		5
总计	13	7	1	21

Excle 样张

五、多媒体操作题

1. Photoshop 操作题

启动 Adobe Photoshop CS,打开 C:\KS\Picture.jpg,利用矩形选区选择图片的某一部分,对该选区设置宽度为 6px 的蓝色居外描边,并利用透明彩虹线性渐变工具对其进行编辑,将结果以 photo.jpg 为文件名保存在 C:\KS 下。图片最终效果参照样张(除"样张"说明字符外)。

Photoshop 样张

2. Flash 操作题

打开 C:\ks\sc.fla,按下列要求制作动画,效果参见 flash 样张.swf 文件("样例"文字除外),并以 donghua.swf 为文件名导出影片到 C:\KS 下。注意添加并选择合适图层,动画总长 60 帧。

(1) 将文档大小调整为 550×400 像素,速度设为每秒 10 帧,利用库中的大海作为动画背景;

(2) 按样例利用库中的元件"鹰"制作鹰飞舞的动画,"鹰"在飞行中逐渐缩小消失。

动画截图

六、网页操作题

设置 C:\KS\WY 文件夹为站点,并按 1～5 题的要求在网站中建立和修改网页。

网页样张

1. 建立"顶部和嵌套的左侧框架"的框架集网页 index. html,上框架网页文件名为 top. html,左框架网页文件名为 left. html,右框架网页文件名为 main. html,不显示框架,根据需要时显示滚动条。上框架居中输入文字"唐诗、宋词赏析",文字格式为"华文新魏"、40. 粗体、颜色为♯660000。设置 bj2. gif 为网页背景。

2. 左框架插入居中插入李白诗词(在 lb1. htm 中)标题格式为"方正舒体"、大小为标题 2. 颜色为♯800080。文本格式为"隶书"、大小为标题 4. 颜色同上。输入文字"欢迎加入书友会,请同我联系",宋体,大小为 14,并超链接到 E-Mail:syh@163. com。最后插入动画 ts. swf文件,设置大小为 150×130。

3. 右框架插入宽度为 90% 的 3 行 2 列表格,单元格的边框粗细、边距、间距都为 0,第 1 行第 1 列插入图片 TP8. JPG 并设置大小为 300×200。第 1 行第 2 列居中杜牧诗(本站点 dm. htm 中),标题格式为"方正舒体"、大小为标题 2. 颜色为♯800080。文本格式为"隶书"、大小为标题 4. 颜色同上。合并第二行,插入水平线。

4. 第 3 行第 1 列按样张插入表单,除标题文字外,其余文字的大小为 10。其中姓名和证件号为宽度 10 的文本框,证件号设置为密码域。年龄为列表,列表值为:少年、青年、中年、老年。文本域为宽 30,行数为 3,初始值为建议两字。其余按样张。

5. 第 3 行第 2 列制作鼠标经过图像,原始图片为 TP2. JPG,鼠标经过图像为 TP3. JPG,适当调整大小。在 TP8. JPG 图片的右上角插入椭圆热点并与本站点中的 ww. htm 建立超链接。

答案

一、单选题

1. C 2. A 3. C 4. A 5. B 6. A 7. A 8. A 9. D 10. B 11. A 12. C 13. A 14. D 15. A 16. A 17. A 18. D 19. B 20. B 21. D 22. D 23. C 24. B 25. B

二、填空题

1. 计算机辅助设计 2. 交互 3. 黑客 4. 破坏性 5. 传输层试卷 3

试 卷 3

一、单选题

1. 游程编码(RLE)是一种_____的无损压缩方式。
   A．有损
   B．PCX 和 BMP 图像文件都采用
   C．JPGE 格式主要采用
   D．压缩后总能使图像文件长度变小

2. 网络协议属于计算机网络中_____。
   A．硬件
   B．软件
   C．既可硬件,也可软件
   D．既不是硬件,也不是软件

3. 关于位图与矢量图,叙述错误的是_____。
   A．位图图像比较适合于表现含有大量细节的画面,并可直接、快速地显示在屏幕上
   B．二维动画制作软件 Flash 以矢量图形作为其动画的基础
   C．矢量图放大后不会出现马赛克现象
   D．基于图像处理的软件 Photoshop 功能强大,可以用于处理矢量图形

4. 最高域名 CN 表示_____。
   A．澳大利亚　　　B．中国　　　　C．英国　　　　D．美国

5. 下列叙述中,_____不是声卡应具有的功能。
   A．合成和播放音频文件
   B．编辑加工视频和音频数据
   C．具有与 MIDI 设备和 CD‐ROM 驱动器的连接功能
   D．压缩和解压缩音频文件

6. 计算机内的存储器呈现出一种层次结构的形式,即_____三层结构。
   A．CPU‐Cache‐disk
   B．Cache‐Memory‐disk
   C．Memory‐Cache‐disk
   D．CPU‐Cache‐Memory

7. "B2C"是指的_____电子商务模式。
   A．企业对企业
   B．企业对政府
   C．消费者对消费者
   D．企业对消费者

8. "B2B"是指_____的电子商务模式。
   A．企业对政府
   B．消费者对企业
   C．消费者对消费者
   D．企业对企业

9. 计算机的中央处理器(CPU)内包含有控制器和_____两部分。
   A．存储器
   B．运算器
   C．BIOS
   D．接口

10. 网络浏览器是一种_____。
    A．软件
    B．高级调制解调器
    C．硬件
    D．可以进行网上购物的服务器

11. Internet 的域名地址中,教育机构表示为_____。
    A．com　　　　B．edu　　　　C．mil　　　　D．cn

12. 办公自动化系统的硬件是计算机、计算机网络、_____以及其他计算机外围设备。

A．双绞线　　　　　B．网卡　　　　　C．路由器　　　　　D．通信线路

13. 电子邮件地址信箱中@符号左边的信息是_____。

A．用户名　　　　　B．主机名　　　　　C．城市名　　　　　D．国家名

14. _____不被认为是操作系统中可用来支持多媒体的功能。

A．具有多任务的特点　　　　　　　　B．采用虚拟内存管理技术

C．支持多媒体信息检索功能　　　　　D．具有管理大容量存储器的功能

15. 乐器数字接口的英文缩写是_____。

A．RS232C　　　　　B．USB　　　　　C．MIDI　　　　　D．FM

16. 要有效地利用信息,就需要通过利用信息的_____和信息的反馈来对目标系统进行有效控制。

A．传递　　　　　B．处理　　　　　C．获取　　　　　D．整合

17. 在 Internet 网上,为每个网络和上网的主机部分分配一个唯一的地址,这个地址称为_____。

A．TCP 地址　　　　B．IP 地址　　　　C．WWW 地址　　　　D．DNS 地址

18. 下列音频文件格式中,_____是波形文件格式。

A．WAV 文件　　　B．CMF 文件　　　C．PCM 文件　　　D．MID 文件

19. 微机内存的基本单位是_____。

A．字符　　　　　B．扇区　　　　　C．二进制位　　　　　D．字节

20. 每个 IP 地址可由四个十进制数表示,每个十进制间用_____间隔。

A．。　　　　　B．,　　　　　C．;　　　　　D．．

21. _____是只读存储器。

A．WORM　　　B．CD－ROM　　　C．E－R/W　　　D．CD－RAM

22. 下列叙述中,正确的是_____。

A．位图是用一组指令集合来描述图形内容的

B．分辨率为 640×480,即垂直共有 640 个像素,水平有 480 个像素

C．表示图像的色彩位数越少,同样大小的图像所占的存储空间越小

D．色彩位图的质量仅由图像的分辨率决定的

23. 企业资源规划(ERP)是一个以为_____核心的信息系统。

A．企业间关系　　　B．消费者　　　　C．政府政策　　　　D．管理会计

24. 选择网卡的主要依据是组网的拓扑结构、_____、网络段的最大长度和节点之间的距离。

A．所使用的网络服务　　　　　　　　B．使用的传输介质的类型

C．使用的网络操作系统的类型　　　　D．互联网络的规模

25. 在 HTML 标记中,用于表示表单的标记是_____。

A．〈HTML〉　　　B．〈TITLE〉　　　C．〈HEAD〉　　　D．〈FORM〉

二、填空题

1. 存储容量 1GB,可存储_____MB。

2. 目前主要通过下载和_____传输这两种方式,实现音频、视频等多媒体信息在网络中的传输。

3. 英文缩写_____即为数字通用光盘,采用波长为 635nm～650nm 的红外激光器读取

数据。

4. 信息系统的安全隐患有计算机犯罪、_____、误操作和对计算机设备的物理破坏等几个方面。

5. FTP 是指_____协议(写中文)。

要求和说明：将光盘中的"附录\试卷 3\ks"文件夹复制到 c:\；所有操作题的样张均在"附录\试卷 3\样张"文件夹下。

三、Windows 操作题

1. 在 c:\ks 中新建文本文件 js. txt，并在其中保存 SIN(30)＋COS(30)的计算结果。

2. 将 Windows 中有关"打印文档"的帮助信息窗口中的所有文本内容复制到"记事本"，并以 hp. txt 文件名保存到 c:\ks 文件夹下。

四、Office 操作题

1. 启动 Word 2010，打开 C:\ks\word. docx 文件，参照样张，按以下要求操作，将结果以原文件名保存在 C:\KS 文件夹中。

(1) 将标题居中显示，并将文字设置为小初号、红色、隶书。将文档中所有"网络服务器"替换为楷体、红色文字、带蓝色下划线；将正文前三个段落的段落格式设置为首行缩进 2 字符，行间距 1.5 倍行距。

(2) 按样张调整图片大小，并与正文混排。

(3) 将最后一段的首字下沉 3 行，并将首字设置为"紫色，强调文字颜色 4 深色 25％"、加蓝色边框线；将最后一段分为偏左两栏，加分隔线。

Word 样张

2. 启动 Powerpoint，打开 C:\ks\Power. pptx 文件，按下列要求操作，将结果以同文件名保存在 C:\KS 文件夹中。

(1) 幻灯片标题的动画效果为：飞入(按字/词依次飞入)。

(2) 第 2 张到第 4 张幻灯片使用"设计模板"中的"欢天喜地"模板，第 2 张幻灯片中的文字(即对"奥运精神"解释的文字)存入"云形标注"。

（3）在第 4 张幻灯片插入艺术字（艺术字样式为第 1 行第 1 列）："谢谢观看!"，字号为：44。将所有幻灯片的切换方式设置为：顺时针回旋，8 根轮辐、快速、每隔 2 秒自动切换。

五、多媒体操作题

1. Photoshop 操作题

启动 Adobe Photoshop CS，打开 C：\KS\Picture.jpg，利用"黑白线性渐变"对其编辑，用"文字"工具在画面的右上方书写"美丽的花朵"，字体为华文新魏、白色、48Pt，并对上述文字用红色描边，将结果以 photo.jpg 为文件名保存在 C：\KS 下。图片最终效果参照样张（除"样张"说明字符外）。

Photoshop 样张

2. 动画制作

打开 C：\KS\sc.fla，按下列要求制作动画，效果参见 flash 样张.swf 文件（"样例"文字除外），并以 donghua.swf 为文件名导出影片到 C：\KS 下。注意添加并选择合适图层，动画总长 50 帧。

（1）按样例利用库中的元件"风景 2"作为动画背景，放置在图层 1；

（2）按样例利用库中的元件 1 和元件 2 制作形状渐变，放置在图层 2；

（3）添加图层，利用库中的图片"元件 1"，制作如样例所示的遮照动画效果。

动画截图

六、网页操作题

设置 C:\KS\WY 文件夹为站点,并按 1～5 题的要求在网站中建立和修改网页。

网页样张

1. 新建主页 index. html,设置页面的背景为 bg0005. jpg 图片。在网页中插入 3 行 2 列的表格,表格的边框为 0,按样张在表格第 1 行第 1 列插入图片 f7. jpg,调整图片的大小为 200×150,居中。

2. 在第 2 行左起第 1 列的单元格插入一段 Javascript 代码(代码在 date1. txt 文件中),以显示计算机的当前日期。

3. 在表格第 1 行第 2 列中输入"春色满园"字样,方正舒体,大小 50,颜色♯FF3300,居中,粗体;在其下方输入"雨花台"字样,华文行楷,大小 36,颜色♯0066CC,居中。

4. 合并第 2 行第 2 列和第 3 行第 2 列的单元格,将文件 yu. txt 中的内容复制到合并的单元格内,字体为华文行楷,大小 36,颜色黑色,居中。

5. 按样张在表格第 3 行第 1 列中,插入鼠标经过图像,原图像为 p8. jpg,鼠标经过图像为 p1. jpg。

答案

一、单选题

1. B　2. B　3. D　4. B　5. B　6. B　7. D　8. D　9. B　10. A　11. B　12. D　13. A　14. C　15. C　16. A　17. B　18. A　19. D　20. D　21. B　22. C　23. B　24. B　25. D

二、填空题

1. 1 024　2. 流式　3. DVD 4　4. 计算机病毒　5. 文件传输

图书在版编目(CIP)数据

大学计算机基础与应用实践教程/刘琴,李东方,胡光主编.—2版.—上海:
复旦大学出版社,2014.8(2020.8重印)
21世纪高等院校计算机基础教育课程体系规划教材
ISBN 978-7-309-10776-0

Ⅰ.大… Ⅱ.①刘…②李…③胡… Ⅲ.电子计算机-高等学校-教材 Ⅳ.TP3

中国版本图书馆 CIP 数据核字(2014)第 132984 号

大学计算机基础与应用实践教程(第二版)
刘 琴 李东方 胡 光主编
责任编辑/黄 乐

复旦大学出版社有限公司出版发行
上海市国权路 579 号 邮编:200433
网址:fupnet@ fudanpress.com http://www.fudanpress.com
门市零售:86-21-65102580 团体订购:86-21-65104505
外埠邮购:86-21-65642846 出版部电话:86-21-65642845
江苏句容市排印厂

开本 787×1092 1/16 印张 17.75 字数 432 千
2020 年 8 月第 2 版第 6 次印刷
印数 19 401—21 900

ISBN 978-7-309-10776-0/T·520
定价:36.00 元